CONTANDO

CONTANDO

UMA HISTÓRIA DA HUMANIDADE E DAS VIDAS INFINITAS DOS NÚMEROS

BENJAMIN WARDHAUGH

ALTA CULT
EDITORA

Rio de Janeiro, 2025

Contando

ISBN: 978-85-508-2627-1

Impresso no Brasil – 1a Edição, 2025 – Edição revisada conforme o Acordo Ortográfico da Língua Portuguesa de 2009.

Dados Internacionais de Catalogação na Publicação (CIP)

W267c
1.ed. WARDHAUGH, Benjamin
Contando: uma história da humanidade e das vidas infinitas dos números / Benjamin Wardhaugh; tradução Paulo Aragão - Rio de Janeiro: Alta Books, 2025.
320 p. ; 15,7 x 23 cm.

ISBN 978-85-508-2627-1

1. História da matemática. 2. Números históricos. 3. Contagem - Antropologia. 4. Cultura e ciência. 5. Matemática e sociedade. I. Título.

CDD 510.9

Índice para catálogo sistemático:
1. Matemática - História 510.9

Produção Editorial: Grupo Editorial Alta Books
Diretor Editorial: Anderson Vieira
Vendas Governamentais: Cristiane Mutüs
Produtoras da Obras: Beatriz de Assis & Viviane Corrêa

Tradução: Paulo Henrique de Aragão
Copidesque: Maria Cecilia Madarás
Revisão: Alessandro Thomé & Ederli Fortunato
Diagramação: Junior Santos

ALTA BOOKS
GRUPO EDITORIAL

Rua Viúva Cláudio, 291 – Bairro Industrial do Jacaré
CEP: 20.970-031 – Rio de Janeiro (RJ)
Tels.: (21) 3278-8069 / 3278-8419
www.altabooks.com.br – altabooks@altabooks.com.br
Ouvidoria: ouvidoria@altabooks.com.br

Editora **afiliada à:**
ASSOCIADO

Para William, Ralph e Laurence.

Sumário

Introdução

O que é contar?

O que significa contar?

Uma mulher coleta conchas, perfura-as e passa-as todas por uma tira de couro. Amarra a tira e a usa como adereço.

Pessoas adentram um espaço sagrado nas profundezas da terra carregando tochas, água e pigmentos. Em lugares especialmente escolhidos, marcam as paredes utilizando as mãos: *um dedo, dois dedos, três dedos...*

Um escriba se agacha no chão da maior cidade do mundo; marca em uma placa de argila símbolos que, para ele e seu povo, significam *dois, três, cinco, cabras, sacos de grãos.*

Um sofisticado e letrado cidadão ateniense passa seu dia trocando peças de contar — fichas de votação e moedas — em uma coreografia elaborada que determina o resultado de julgamentos: isso lhe garante sua alimentação e reafirma seu status na cidade e no mundo.

Uma mulher de negócios holandesa cansada examina atentamente uma tabela de símbolos em um livro-razão manuscrito, checando, copiando e corrigindo, até que os números correspondam à realidade.

Uma menina coreana verifica obsessivamente seu telefone para ver quantas curtidas acumulou em seu último vlog.

Uma mulher tonganesa pronuncia um conjunto tradicional e especial de palavras de contar enquanto coloca em ordem centenas de tiras de pândano para fazer um tecido trançado.

Um rei maia, em transe profundo, preside em sua capital a inauguração de um novo monumento, adornado com símbolos elaborados que representam os números, o tempo e os deuses.

A história da contagem é tão ampla, profunda e emaranhada quanto a da cultura humana. É a história do esforço humano em encontrar alguma ordem em um mundo incontrolável; ou, talvez, impor a um mundo relutante a ordem que os humanos encontram em si mesmos. Quase todas as culturas historicamente documentadas fizeram contas de uma forma ou de outra, geralmente de várias. A enorme diversidade de maneiras com as quais as pessoas contam e as razões pelas quais o fazem refletem suas diferentes preferências e preocupações, suas maneiras de pensar e ser.

Contar é a base de uma vasta gama de atividades, desde a realização de censos e gestão de alimentos até a avaliação de popularidade ou o acompanhamento de compromissos e aniversários. A contagem deixou rastros em registros arqueológicos ao longo de dezenas de milhares de anos, começando muito antes das cidades, da agricultura ou da escrita. Contar está na raiz da ciência e da tecnologia, e muitas vezes se sugeriu até que, se os humanos fizerem contato com espécies de outros planetas, uma das primeiras coisas a ser discutidas — talvez até mesmo para começar um assunto de uma conversa — será a contagem.

Mas o que *é* isso?

"Contar" pode parecer uma miscelânea desordenada de ações praticamente não relacionadas: um rótulo que cobre um enorme conjunto de práticas culturais bastante diferentes. A gama de atividades diversas chamadas de contagem parece ampla demais, e, pelo menos superficialmente, não está claro o que todas têm em comum; ou mesmo se têm algo em comum.

A maioria das definições de contagem é problemática, mas uma das melhores é atribuída a Gottfried Leibniz, filósofo alemão do século XVII. Essa definição diz que contagem é atenção repetida. Contar é o que acontece quando você pensa "isso... isso... isso... isso" e tem alguma maneira de manter o controle.

Os meios de se manter o monitoramento podem ser um conjunto de palavras ou de símbolos; um conjunto de marcas ou de contas em um cordão. Há várias outras possibilidades. Mas se você está prestando atenção repetida a objetos ou eventos e tem alguma maneira de manter o controle desse processo, então está contando.

De fato, é nas diferentes maneiras pelas quais os humanos têm de manter o controle que ocorre grande parte da enorme diversidade da contagem.

Contar é diferente de medir, que consiste em comparar um objeto com outro, embora os símbolos que registram o resultado de uma contagem tenham a longa história de serem reutilizados para registrar também o resultado de medições. Contar é diferente de calcular, embora quase todos os métodos de contagem tenham sido adaptados em algum momento para se fazer pelo menos uma aritmética simples: somar duas contas ou subtrair uma da outra

Contar é igualmente diferente de usar palavras ou símbolos numéricos como um conjunto prático de rótulos. Um número de telefone não é o resultado de uma conta, e o "prisioneiro dois-quatro-seis-zero-um" não necessariamente está no fim de uma fila — real ou imaginária — de 24.601 pessoas. Embora possa estar.

A contagem tem um limite menos claro em relação a máquinas que contam; por exemplo, contadores de visitantes nas portas de lojas e de museus. Parece pouco convencional insistir que essas máquinas não sejam de fato "contadoras", embora quebrem qualquer alegação de que a contagem deva envolver atenção humana consciente. Talvez nem todo limite possa ser tão distinto, particularmente em um momento em que as máquinas de contagem estão transformando o mundo de modo tão rápido.

Animais não contam espontaneamente. Com certeza prestam atenção em cada característica de seus ambientes, mas nunca se viu um animal selvagem criando uma maneira de monitorar essa atenção repetida. E mesmo os espécimes mais brilhantes das mais promissoras espécies têm dificuldades para usar técnicas de contar inventadas por humanos — palavras, símbolos — após as primeiras unidades. Por outro lado, animais exibem algumas das capacidades subjacentes à contagem humana: a habilidade de estimar o tamanho de grupos de objetos, em particular. Em termos biológicos, o ato de contar não veio do nada, embora pareça ser exclusividade humana — ao menos neste planeta.

A contagem não tem uma história única. Há muitas maneiras de monitorar as coisas em que se presta atenção; elas têm diferentes vantagens e desvantagens que se tornam importantes em situações diversas. Contar com palavras, gestos, símbolos, usando máquinas: cada meio de contar ascendeu, caiu e ascendeu novamente em diferentes momentos e lugares. Não há como pegar as formas de se contar no mundo e organizá-las em uma linha, da pior para a melhor ou da mais primitiva para a mais sofisticada.

Em vez disso, a história da contagem tem a forma de uma árvore. Tem várias raízes, muitos ramos e inúmeros galhos e folhas. Contar é algo que cresceu e viajou com a espécie humana, ramificando-se em quase todas as culturas do passado e do presente. Às vezes, é possível seguir um único ramo por algum tempo; outras vezes, um ramo cruza e toca (ou quase) noutros ramos. Os símbolos numéricos inventados na Índia, e que agora dominam o mundo, são assim. É possível segui-los desde a origem até sua longa — e contínua — peregrinação pelo mundo e observar sua interação com muitas tradições de contagem diferentes ao longo do caminho.

Em outros lugares, existem conjuntos de ramos — ou melhor, galhos em um único ramo — que têm algo em comum. No Leste Asiático, os dispositivos de contagem são as varas, os ábacos e microchips. Já na Oceania, prefere-se usar palavras e gestos.

Este livro também tem as características de uma árvore. Inicialmente, há dois capítulos sobre as raízes da contagem: as características anatômicas e cognitivas do ser humano, e o ambiente da Idade da Pedra, que tornaram possível o ato de contar e forneceram as maneiras mais básicas, difundidas e duradouras de se monitorar diferentes objetos ou eventos. Os seres humanos têm habilidades inatas relevantes para a contagem, assim como um hábito inato de se concentrar em quantidades espontaneamente. As primeiras formas disponíveis de manter o controle de uma contagem são os objetos para contar, dedos, marcas e palavras: tecnologias que aparecerão repetidamente nos diversos ramos da história mundial da contagem.

Em seguida, há seis capítulos sobre diferentes ramos da história da contagem, organizados em uma jornada global que segue a grande expansão humana desde a África: Oriente Médio, Europa, sul e leste da Ásia, Oceania e, por fim, as Américas. Nesses capítulos, enfatizam-se as características mais proeminentes em cada parte do mundo; por exemplo, a invenção e o uso de símbolos numéricos no Crescente Fértil, ou os objetos e as placas de contar na Europa. Dedica-se um capítulo aos símbolos numéricos indianos e, necessariamente, expande-se para o mundo em busca dessa história. Mais ao leste, o livro destaca as máquinas de contar no Leste Asiático e as palavras de contar no Pacífico. Diferentes escolhas poderiam ter sido feitas; nenhuma parte do mundo tem uma preferência exclusiva em suas formas de contagem.

As histórias contadas em cada capítulo enfatizam o local e o individual: são narrativas de pessoas distintas realmente fazendo contas, por razões específicas. Algumas ilustram novidades e pontos de virada, mas a maioria é sobre como eram os fatos em geral, os tipos de eventos comuns, porém raramente escritos ou lembrados. Em cada capítulo, as ilustrações foram organizadas principalmente por data, mas ainda são galhos de uma árvore, não imóveis em uma rodovia, e que “mais tarde” significarão algo diferente, porém não necessariamente melhor (ou pior).

A história da contagem tem as mesmas propriedades de uma árvore: um olhar mais atento sempre traz mais estruturas à vista. Isso chega ao ápice nas Américas. Foram a última grande massa de terra a ser povoada, e suas línguas e culturas são reconhecidamente diversas, com inúmeros grupos humanos diferentes em milhões de quilômetros quadrados. As formas de contagem nas Américas abrangem toda uma gama de contas e marcas, palavras e símbolos, sem nenhuma preferência clara em todo o continente. Assim, como um epílogo, a parte final apresenta algo mais como uma árvore em si mesma, um microcosmo da contagem do mundo em uma jornada de 15 mil quilômetros desde o Alasca Ártico até a Bacia Amazônica. Mas, primeiro, as raízes.

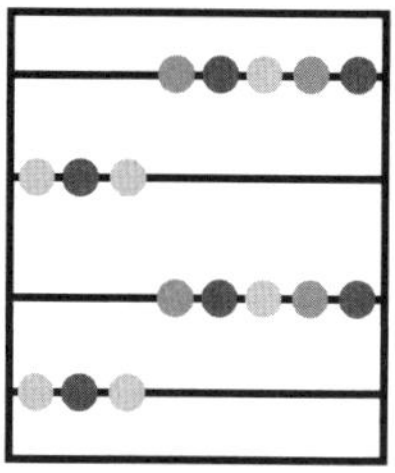

PARTE 1

Raízes

são três: não parece um processo de estimativa, mas também não deve ser um processo de contagem. É mais como reconhecimento de padrões à primeira vista, mas funciona mesmo que os objetos não sejam apresentados em nenhum padrão ou disposição especial.

Assim, muitas vezes, tem sido sugerido que há outra habilidade inata ao lado da estimativa e que lida especificamente com números menores. Às vezes chamada de *subitização*, porque acontece *de súbito*, de repente, essa habilidade tem acumulado controvérsias, com alguns especialistas não convencidos de que as evidências provem que ela sequer existe. Experimentos resistem à replicação; os resultados podem ser explicados de mais de uma maneira. Talvez a subitização seja apenas o que a estimativa se parece quando as quantidades são pequenas. Se for real, no entanto, é outra habilidade que fundamenta as práticas humanas de contagem no mundo todo e pode explicar de alguma maneira por que essas práticas têm as características que têm.

Essas duas capacidades podem ser chamadas de protocontagem. Os humanos as herdaram de um passado evolutivo distante, e elas estão na raiz do que os seres humanos fazem quando contam. Embora sejam sobre animais, elas são uma parte importante da história humana da contagem.

Estimativa e sistema numérico aproximado

> Cayo Santiago, Porto Rico, 1999: uma ilha arborizada em meio às águas do Caribe. Um macaco-rhesus em busca de comida se depara com algo incomum. Dois homens se aproximam. Cada um exibe um balde opaco e colorido; eles os inclinam para o lado, para mostrar que estão vazios, e os colocam no chão. Um homem põe fatias de maçã no balde, enquanto o macaco observa; o outro faz o mesmo. Depois os homens se viram e se afastam. E aguardam.
>
> Após algum tempo, o macaco vai investigar. Os homens percebem, observam, registram. O macaco não consegue ver o conteúdo dos baldes a nenhuma distância. Ainda assim, prefere se aproximar do balde em que viu serem colocados mais pedaços de fruta.

Experimentos como esse têm sido repetidos com muitas espécies, alcançando resultados similares. Não são apenas macacos que demonstram senso numérico. Larvas-da-farinha conseguem distinguir entre diferentes números de potenciais parceiros; chocos conseguem distinguir uma presa de duas, duas de três, e assim por diante, até pelo menos cinco. Certas aranhas demonstram preferência por se estabelecer com apenas um indivíduo de sua espécie, em vez de nenhum ou dois ou três. De sapos que contam seus coaxos a guppys que escolhem o cardume maior para entrar, de papagaios que selecionam o maior número de alimentos a elefantes-africanos que podem aprender a fazer escolhas com estímulos de até dez elementos: algo similar ao ato de contar parece estar em todo o reino animal, presente em praticamente toda espécie em que isso foi testado. Chocos, salamandras, corujas-das-torres, galinhas domésticas, tordos da Nova Zelândia, pombos, ratos, ursos, leões, hienas, cachorros, lobos, uma dúzia de diferentes primatas... Florestas, oceanos e savanas parecem estar fervilhando de números.

Portanto, o ato de contar pode existir mesmo sem linguagem ou muito treinamento — para algumas espécies, sem qualquer treino. E sem um cérebro grande ou um sistema nervoso vertebrado.

Algo como contar, mas não uma contagem de fato. A palavra certa pode ser estimativa; o termo técnico geralmente utilizado para descrever o discernimento animal sobre números é *sistema numérico aproximado*. No entanto, ele não oferece precisão. Ele exibe — e o mesmo acontece em cada espécie testada — um padrão característico de erros, e a discriminação fica menos precisa à medida que as quantidades aumentam. Macacos-rhesus podem diferenciar um de dois, dois de três, três de quatro, quatro de cinco..., mas começam a falhar de cinco em diante. Ratos que aprenderam a pressionar uma alavanca certo número de vezes, de 4 a 24, tornaram-se notavelmente cada vez menos precisos em suas respostas conforme o número crescia: no limite superior do intervalo, apenas produziam uma difusão de números em torno do alvo. É uma observação comum que, ao se testar a precisão animal sobre senso numérico, o tamanho dos números importa.

Da mesma forma, para o propósito de diferenciar um número do outro, a distância entre eles também importa: as respostas são sempre mais rápidas e precisas se a diferença for maior. Dois e quatro são mais fáceis de diferenciar do que dois e três.

Juntando esses dois efeitos, a melhor descrição do sistema numérico aproximado é que ele é governado por uma proporção. A maioria das espécies parece ter uma proporção acima da qual podem distinguir um número de outro de forma confiável, enquanto, abaixo dela, se tornam rapidamente menos precisas. Para peixes, a proporção é de cerca de dois para um: assim, eles podem distinguir 50 objetos de 25, ou 200 de 100. Cães e corvos podem se sair melhor e são precisos até proporções de cerca de três para dois; alguns pássaros se saem ainda melhor com uma proporção limitante de quatro para três. Para macacos-rhesus, talvez a razão seja de seis para cinco: eles podem distinguir, por exemplo, 12 itens de 10 ou 24 de 20. As estimativas variam muito e dependem do tipo de tarefa que está sendo realizada e, claro, da quantidade de treinamento que os animais receberam. E diferentes indivíduos são melhores ou piores nisso do que outros. Um experimento com peixes-zebra descobriu que, de oito peixes testados, alguns só conseguiam distinguir três de dois, mas outros aprenderam a distinguir quatro de três ou até cinco de quatro.

Uma maneira de se pensar nisso é que, se os animais têm algo como uma "reta numérica" mental, ela não apresenta os números uniformemente espaçados. Em vez disso, os números menores são amplamente separados, enquanto os maiores aparecem cada vez mais aglomerados e difíceis de distinguir. Nenhuma espécie na Terra consegue diferenciar 100 itens de 101.

É natural se perguntar se resultados como esses são reais. Afinal, existiram algumas fraudes notórias no campo dos "animais inteligentes": no mundo da habilidade numérica animal, é melhor não mencionar Clever Hans, o cavalo-maravilha alemão que surpreendeu o mundo na década de 1890 com suas respostas precisas a perguntas aritméticas. Último de uma longa linha de cavalos "calculadores" (há uma ilustração de 1594 de um "cavalo baio em transe" fazendo aritmética, possivelmente o mesmo animal referido como o "cavalo dançante" em *Trabalhos de amor perdidos*, de Shakespeare), Hans naturalmente respondeu às solicitações de seu treinador e examinador, movendo a cabeça ou o torso quando avistava a resposta certa. Hans e seus semelhantes lançam uma longa sombra sobre estudos sérios de habilidades numéricas em animais.

Os estudos experimentais recentes são bem diferentes, e parece que os animais de fato reconhecem números diferentes de objetos, como foi alegado aqui. No entanto, é fácil conduzir experimentos "às cegas", com experimentadores incapazes de ver os estímulos ou impedidos de se comunicar com os animais. É mais difícil — mas ainda possível, na maioria dos casos — garantir que os animais não estejam respondendo a pistas não numéricas, como a quantidade total de alimentos, em vez do número real de itens (daí os baldes opacos para as fatias de frutas dos macacos). De fato, algumas espécies animais falham quando tais controles são colocados em prática. Em um estudo, por exemplo, os gatos descobriram que estavam visualmente confiando na área total da superfície ao escolher entre duas quantidades de comida, não no número de alimentos separados (o mesmo ocorreu com os lagartos, um grupo não conhecido por seu senso numérico). As salamandras pareciam avaliar a quantidade de movimento que podiam ver, não o número de moscas-das-frutas apresentadas a elas.

Apesar dessas falhas, para a maioria das espécies testadas, os resultados permanecem: mesmo quando densidade, forma, área e arranjo são controlados ou embaralhados, os animais continuam sendo capazes de selecionar o maior número de itens. De fato, alguns o farão espontaneamente, mesmo quando não é necessário para a tarefa. Há evidências de avaliação espontânea de número em galinhas e em cães, assim como em algumas outras espécies. Há circunstâncias em que o número é positivamente preferido em relação a outros parâmetros, quando os animais fazem uma escolha. Galinhas, por exemplo, se as pistas espaciais e numéricas entrarem em conflito, seguirão as informações numéricas. O mesmo se dá com os macacos, preferindo o número à cor, área de superfície ou forma como base para uma escolha.

Por fim, a avaliação numérica por animais não é apenas uma experiência visual. Macacos podem ser treinados para comparar uma sequência de sons a um conjunto de itens visuais, escolhendo corretamente o conjunto visual que corresponde ao número de sons. São tão precisos nisso quanto o são quando combinam estímulos estritamente visuais. Finalmente — por mais aproximados e difusos que sejam —, os números não parecem ser simplesmente difundidos e espontâneos no mundo animal, mas também surpreendentemente abstratos. Argumenta-se que os números são uma das principais características do mundo, visto que muitos animais passam por tal experiência, orientando decisões e formando parte da informação que seu cérebro automaticamente codifica sobre uma situação, "só por precaução".

Por que os animais têm um senso numérico aproximado? As características evoluem porque conferem uma vantagem: os indivíduos que as possuem têm mais probabilidade de sobreviver, prosperar e, assim, se reproduzir. É bastante fácil imaginar situações em que a seleção natural favoreceria indivíduos que se comportassem de acordo com discernimento numérico: aqueles que se juntassem ao grupo maior, em vez do menor, de sua própria espécie, ficariam mais seguros dos predadores. Isso serve também para aqueles que fogem dos predadores quando estes são numerosos o suficiente para representar uma ameaça real. Também para aqueles que escolhem a pilha maior de nozes para se alimentar ou os que se juntam ao maior grupo de parceiros em potencial. Para certas espécies, acertar qualquer um desses julgamentos lhe conferirá vantagem seletiva no longo prazo. Muitos desses comportamentos foram observados na natureza em animais não treinados e em ambientes completamente naturais.

No mundo mais agressivo dos grupos carnívoros, acredita-se que leões, hienas e lobos avaliam quantos membros de sua própria espécie ouvem o chamado e decidem se respondem ou não, dependendo se tiverem vantagem numérica sobre o grupo rival. Um experimento clássico demonstrou isso ao reproduzir gravações de intrusos para leoas e monitorando suas decisões sobre responder ou não. Também foi observado que chimpanzés atacam um bando vizinho somente se os números estiverem ao seu lado. Essa capacidade de avaliar corretamente as probabilidades numéricas — defensores *versus* intrusos — pode ser crucial para o sucesso de um grupo, e é perfeitamente plausível que seja escolhida no longo prazo.

Curiosamente, em todas essas situações, faz sentido ser mais preciso sobre números pequenos que sobre números grandes. A diferença entre uma e duas maçãs importa mais do que entre 20 e 21. Estar em menor número de 2 a 3 importa mais do que 11 a 10. A diferença entre um cardume de 5 e um de 3 é importante; entre cardumes de 15 e 16, é insignificante. A seleção natural é uma explicação plausível não apenas pela presença do sistema numérico aproximado em muitas espécies, mas para o fato de que ele é aproximado, em vez de exato.

e resultados diferentes — ocasionalmente contraditórios. A estimativa tem um limite superior, por exemplo, quando um conjunto de objetos visíveis é percebido como tendo não um número, mas uma textura. De maneira intrigante, isso demonstra um efeito chamado adaptação, compartilhado com outros tipos de estímulos sensoriais. Se você colocar sua mão em água morna, pelos minutos seguintes, outros objetos parecerão mais frios do que realmente são. Da mesma forma, se olhar para um conjunto de cem pontos, mesmo que por menos de um segundo, outros conjuntos menores de pontos parecerão menos numerosos do que realmente são pelos minutos seguintes. Você subestimará seu número em até um fator de dois. O mesmo efeito ocorre ao contrário: se colocar sua mão em água fria, os objetos parecerão mais quentes do que são pelos minutos seguintes; e se olhar para um grupo de dez pontos, outros conjuntos maiores parecerão mais numerosos do que realmente são, até que o efeito desapareça. O ponto médio — o conjunto de pontos que é aparentemente "normal" o suficiente para não afetar a percepção de conjuntos subsequentes de uma forma ou de outra — fica em torno de cinquenta. O bom é que esse efeito também não se limita ao modo visual de percepção. Em um experimento, os sujeitos foram solicitados a bater os dedos de maneira rápida ou devagar e, em seguida, discernir o número em uma sequência de flashes ou de uma série de pontos. O toque lento os fez superestimar, o toque rápido, subestimar.

O senso numérico já está presente algumas horas após o nascimento, embora apenas de forma bastante difusa, distinguindo, por exemplo, três itens de um. Mas aos quatro dias de idade, os bebês conseguem distinguir palavras de três sílabas de palavras de duas sílabas. A proporção de discriminação continua a se delimitar ao longo da infância. E, como os animais, os humanos fazem espontaneamente julgamentos sobre números, mesmo quando isso não é necessário ou de fato interfere na tarefa em questão. As pessoas não conseguem deixar de processar o mundo em termos de *quantidade*, assim como não conseguem deixar de processá-lo em termos de cor e forma. Apesar de não haver nenhum órgão sensorial óbvio dedicado aos números, eles parecem ser um dos sentidos tanto quanto a visão, a audição e o olfato. Pessoas diferentes o têm em graus diferentes, e essas diferenças são, pelo menos em parte, determinadas geneticamente; um estudo com gêmeos descobriu que cerca de 30% da variação no senso numérico aproximado era herdada.

Uma habilidade tão distinta e bem definida certamente deveria ter uma parte do cérebro dedicada a executá-la, embora o fato de ser encontrada em uma gama tão ampla de espécies animais levante questões sobre a possibilidade de todas realmente usarem regiões cerebrais equivalentes para esse propósito. A técnica clássica de ressonância magnética funcional — que pode mostrar em tempo real quais áreas do cérebro estão sendo ativadas — tem definido progressivamente a região na qual o processamento de números aproximados ocorre: no neocórtex (a camada externa do cérebro); nos lobos parietais (áreas superiores posteriores do neocórtex); nos sulcos interparietais (sulcos que correm ao longo da lateral); e finalmente nos segmentos horizontais dos sulcos interparietais. É seguro afirmar que, em pessoas de diferentes culturas, tanto adultos quanto crianças, esta é a primeira região específica do cérebro que é ativada quando informações numéricas estão sendo extraídas do mundo, mesmo antes de serem convertidas em palavras ou antes de a aritmética ser feita com os números. Tarefas que usam partes distintas do cérebro e que são de fato culturalmente necessárias, a depender se o indivíduo faz aritmética utilizando — ou imaginando — palavras faladas, símbolos escritos ou um ábaco, por exemplo. Números apresentados em qualquer formato — incluindo palavras faladas ou símbolos numéricos escritos —, ativam essa mesma parte do cérebro.

Há resultados semelhantes em animais, com macacos também utilizando uma região do sulco interparietal, enquanto corvos usam uma parte específica de seu cérebro distintamente organizado. Há bastante tempo foi previsto, com base em simulações, que haveria células cerebrais individuais ou grupos de células especializadas para a detecção de números diferentes. Em 2002, uma equipe localizou com sucesso células individuais nos cérebros de macacos cujo disparo estava associado ao número de elementos em uma exibição visual. Certas células estavam de fato associadas a certos números. Apresente ao macaco dois objetos, e um conjunto de células cerebrais dispara. Apresente três objetos, e um conjunto diferente dispara. Mesmo animais completamente destreinados acabaram demonstrando esses "neurônios numéricos". Em 2015, células semelhantes foram encontradas no cérebro de corvos, que aumentavam sua atividade em resposta a estímulos numéricos, respondendo preferencialmente a números específicos.

Os neurônios numéricos acabam fazendo exatamente o que seria esperado se fossem responsáveis pelo senso numérico aproximado. Respondem apenas a informações numéricas, não a outras características, como se o número for apresentado visualmente ou como som ou ritmo. E eles funcionam por proximidade. Cada um é ajustado para responder a um número específico — digamos quatro —, mas também responde mais fracamente a números vizinhos de cada lado — digamos três, cinco e seis. A precisão do ajuste diminui à medida que os números aumentam: os menores têm neurônios ajustados com maior precisão, e números maiores têm neurônios ajustados de forma mais difusa, criando a possibilidade de cometer erros e explicando os limites observados nas habilidades dos animais de discriminar entre um número e seus vizinhos.

É um conjunto empolgante de resultados e confirma o que se suspeitava a partir de simulações de redes neurais: que você não precisa de um cérebro grande ou de um grande conjunto de células cerebrais dedicadas para detectar números em seu ambiente. Simulações de computador envolvendo apenas 25 células dedicadas demonstraram fazê-lo com sucesso; e com algumas centenas de células, pode-se replicar algumas das características mais complexas de se extrair números de uma exibição visual. As simulações também sugerem que formar representações de números é algo que uma rede de algumas centenas de células cerebrais pode começar a fazer espontaneamente, dada a combinação certa de entrada e reforço: em outras palavras, é uma capacidade fácil de adquirir, um potencial que até mesmo os cérebros mais simples podem ter.

À vista de tudo isso, é muito provável que os humanos tenham herdado de seus ancestrais essa habilidade de detectar e codificar a proximidade de informações numéricas do ambiente, a partir de uma gama de diferentes tipos de estímulos, contudo, ainda não está claro o quão antiga é essa habilidade.

O fato de que humanos e macacos usam a mesma parte do cérebro para o sentido numérico aproximado sugere fortemente que essa habilidade estava presente no ancestral comum dos primatas, cerca de 25 milhões de anos atrás, e foi passada aos humanos pela linhagem de hominídeos pré-humanos. Entretanto, os dados para outros mamíferos são muito incompletos para se fazer qualquer afirmação semelhante sobre seu ancestral comum. Porém, é intrigante o fato de que o senso numérico aproximado aparece com um grau relativamente alto de precisão em alguns pássaros, comparável ao dos macacos. O último ancestral comum de pássaros e mamíferos — um animal parecido com um réptil — viveu há cerca de 320 milhões de anos. Os cérebros das duas linhagens evoluíram separadamente desde então, embora em paralelo até certo ponto: o cérebro das aves tem um design bem diferente daquele de um mamífero, tendo evoluído para um peso pequeno (eles têm quase o dobro de neurônios que um cérebro de primata de mesma massa), apesar de fornecer muitas funções semelhantes em resposta a pressões semelhantes do ambiente. É concebível que esse ancestral comum já pudesse detectar e distinguir quantidades, mas talvez seja mais plausível que o senso numérico aproximado tenha evoluído independentemente nas duas linhagens. Essa sugestão é reforçada pelos dados limitados sobre répteis, que geralmente parecem ter habilidades numéricas mais restritas; isso indica, talvez, que as aves adquiriram suas habilidades numéricas depois de se separarem dos dinossauros, cerca de 150 milhões de anos atrás.

E a mesma história ocorreu com os peixes — e ainda mais com os invertebrados —, que demonstraram habilidades numéricas. Embora tenha sido sugerido que as habilidades numéricas remontam a um ancestral comum há meio bilhão de anos, é mais frequentemente postulado que os diferentes grupos desenvolveram suas habilidades de maneira independente: prova de que tanto a força quanto a presença constante das pressões ambientais tornam útil ter um senso numérico aproximado.

De relance: Subitização

Algo curioso sobre o senso numérico aproximado é a forma como as pessoas reconhecem pequenos números apenas num relance. Alguns estudos demonstram isso como uma habilidade separada da estimativa; conjuntos de um, dois, três e quatro itens parecem ser distinguidos imediatamente, sem os efeitos de tamanho e proporção que caracterizam o senso numérico aproximado. Bebês de apenas algumas horas ou dias de idade, por exemplo, foram observados conseguindo diferenciar conjuntos de dois e três objetos, mas não coleções de quatro e cinco. Em poucas semanas, podem distinguir conjuntos de um, dois, três ou quatro itens, todos com igual rapidez e precisão. Mas o desempenho cai drasticamente quando o número de objetos se torna maior. Para adultos, o limite consistente dessa habilidade — a subitização — parece ser quatro, com a diferença entre três e quatro reconhecida como tão confiável quanto a diferença entre um e quatro, com os característicos efeitos de proporção do senso numérico aproximado aparecendo somente quando os números são maiores que isso.

Assim como o senso numérico aproximado, a subitização é intermodal: estímulos ouvidos ou mesmo sentidos podem ser distinguidos de maneira similar. (Muitos leitores podem ter experienciado a diferença entre contar batidas musicais e senti-las, o que certamente tem algo a ver com os limites da subitização no domínio de ritmo.)

Subitização. Você sabe que há três ovelhas sem precisar contar "um... dois... três...".

No entanto, diferentemente do sistema numérico aproximado, a subitização parece parar de funcionar quando sua atenção é distraída. Enquanto o discernimento de números aproximados é formado "por trás" de outras tarefas, a subitização requer concentração nos objetos para conseguir distinguir a quantidade.

De fato, a subitização tem muito a ver com monitorar e prestar atenção em objetos individuais. Muitos pesquisadores sugeriram que isso de alguma maneira funciona como um conjunto de espaços ou compartimentos em sua memória operacional, em que você pode preenchê-los um por vez, mas quando todos os espaços estiverem cheios, você perde o controle e recorre à estimativa. Por essa razão, essa habilidade em particular é às vezes chamada de "sistema de arquivamento de objetos".

Dentro de seu alcance, ela pode até mesmo fornecer algumas informações básicas de aritmética. Em uma questão clássica, dois tigres entram em uma caverna, mas somente um tigre sai. A caverna é segura? Se você estiver monitorando os tigres como indivíduos, saberá que ainda há um deles na caverna, mesmo que nunca tenha aprendido nada como *dois menos um é igual a um*.

É justo enfatizar novamente que a subitização é controversa, e pouco sobre ela está realmente definido. Uma questão intrigante é se a subitização realmente substitui a estimativa para números pequenos, ou se, em vez disso, ambos os sistemas funcionem paralelamente em conjuntos de um a quatro itens. O sistema de arquivamento de objetos pode ser desligado ao se distrair a atenção: nesse caso, a maioria dos estudos mostra que estimativas de numerosidade ainda são feitas com sucesso e que os efeitos de razão e tamanho característicos do sistema numérico aproximado podem ser distinguidos novamente. Isso significa que a aproximação é o sistema mais fundamental, sobreposto em algumas situações por uma capacidade de rastrear até quatro objetos com precisão? Ou, em vez disso, o sistema numérico aproximado normalmente deixa de funcionar quando o sistema de arquivamento de objetos é acionado? A resposta ainda não está clara.

Outra questão é se há alguma espécie animal que tenha a subitização. Seria surpreendente se ela existisse apenas em humanos, mas a evidência para tal habilidade em animais é irregular e, em alguns casos, problemática. Alguns argumentariam que, para certas espécies, os dados são mais bem explicados por um processo semelhante à subitização. Em abelhas, por exemplo, relata-se que podem distinguir com sucesso conjuntos de até três objetos, entretanto caem abruptamente para o nível de adivinhação aleatória quando os conjuntos são maiores. Isso é sinal de haver um sistema de arquivamento de objetos, não um sistema numérico aproximado. O mesmo é verdade para salamandras. Já as habilidades de certas espécies de peixes se parecem mais com os dois sistemas dos humanos: alta precisão para conjuntos de até três objetos, sucedida por uma habilidade cada vez mais difusa de aproximação em números maiores. As evidências para pássaros e mamíferos apontam em várias direções. A subitização foi relatada em tordos, galinhas, pombos e papagaios, bem como em cães, macacos e chimpanzés, e alguns cientistas certamente a consideram como disseminada na árvore genealógica dos vertebrados, portanto, presumivelmente tem alguma idade evolutiva. Mas novos testes nem sempre tiveram sucesso em replicar esses efeitos, e muita incerteza ainda permanece.

Revisões recentes de evidências enfatizam que quase todas as espécies animais testadas mostram sinais de um senso numérico aproximado, enquanto evidências para um segundo sistema permanecem limitadas e inconsistentes. Alguns diriam que a proximidade, que é mais rápida e precisa para números pequenos, pode explicar todas as observações já publicadas. Outros acrescentariam que não é simples pensar em fatores no ambiente que criariam pressão de seleção especificamente para um reconhecimento de números pequenos ao estilo da subitização, em vez de — ou assim como — um sistema de proximidade. Um pesquisador fala de um "impasse na literatura" sobre essas questões.

Afinal de contas, animais sabem contar? Sim e não: mas, em geral, não. Os animais não contam como (a maioria dos) os seres humanos o fazem. Apesar de sua capacidade e longevidade, o sistema numérico aproximado não é um sistema de contagem. Não há números exatos nele: apenas aproximações que se tornam rapidamente mais confusas. Esse é um sistema em que um e dois são distintos, mas três e quatro nem tanto; e em que cem e cento e um são, para todos os propósitos, idênticos. Ao contrário da contagem, quando cada passo de um número para o próximo é do mesmo tamanho, o sentido numérico aproximado postula que a relação entre dois e três é muito diferente daquela entre, digamos, quinze e dezesseis.

Da mesma forma, a subitização — se for real — parece ter mais em comum com o reconhecimento de padrões do que com a contagem: é uma forma de percepção na qual um grupo de dois objetos e um grupo de três são nitidamente distintos, mas não diz nada sobre a diferença entre grupos de quatro e cinco objetos. Caso seja correto pensar nisso como um sistema de arquivamento de objetos — conjunto de espaços mentais a serem preenchidos —, então realmente não contém representações explícitas de *quantos*, e o fato de você obter um número disso é um mero efeito colateral.

Essas habilidades inatas são raízes (ou mesmo sementes?) de uso real para construir práticas de contagem, mas não são a mesma coisa que contar. Elas restringem o que a contagem pode ser e quais espécies podem adquiri-la. Mas ainda há uma lacuna real entre essas habilidades e a contagem. Os humanos não nascem sabendo contar, precisam aprender a fazê-lo. As culturas têm que inventar maneiras de contar e transmiti-las de uma geração a outra, com a possibilidade real de que os meios de contagem possam mudar de forma irreconhecível, morrer ou ser substituídos ao longo do tempo.

2

Contando antes de escrever: África e além

Se as habilidades herdadas são uma raiz da contagem humana, outra são algumas coisas no ambiente chamadas de "retas numéricas selvagens": seixos que podem funcionar como objetos de contagem, marcas de corte que se adaptam para registrar contas, ou mesmo o conjunto de dedos das mãos e dos pés que (quase) todos os seres humanos têm. Cada um pode ser usado para manter o controle de uma sequência e, assim, tornar a contagem possível. Cada um pode servir às funções de um conjunto de números, registrando e comunicando o resultado de uma contagem. E da mesma forma, as palavras, é claro, desde que os humanos começaram a usá-las.

Cada uma dessas quatro retas numéricas selvagens está enraizada na África, como a própria espécie humana. Para objetos e marcas de contagem, a arqueologia africana fornece algumas das primeiras evidências e, portanto, um vislumbre tentador das raízes da contagem na Idade da Pedra. Para contas usando os dedos, a melhor e mais antiga evidência remanescente vem do norte do Mediterrâneo. Quanto às palavras, não há nenhuma evidência direta, embora muito possa ser deduzido das palavras de contagem a partir de línguas vivas. Mas a história começa com as contas.

de quilômetros. O clima era relativamente quente e úmido durante o período final de ocupação, cerca de 70 milênios atrás; a paisagem era uma colcha de retalhos de áreas abertas, arbustos, árvores, cursos d'água e bosques, mudando constantemente sob a pressão de plantas, animais e padrões de chuva que lentamente a alteravam. As pessoas também se deslocavam para procurar alimentos, caçar e dormir.

A caverna de Blombos não é grande, e talvez não mais do que trinta pessoas tenham ficado lá ao mesmo tempo. Mas sua escavação, desde 1991, revelou um conjunto bastante estudado de artefatos, para além do que é usual para seu tempo e lugar. Há milhares de peças de ocre, incluindo algumas com sinais inconfundíveis de entalhes: isso em uma data muito antiga para representações abstratas em qualquer lugar. E há contas.

As contas de Blombos são, até agora, as mais antigas da Idade da Pedra que foram datadas com segurança; na verdade, são os ornamentos pessoais de qualquer tipo mais antigos com datação segura. Elas são do último nível de ocupação na caverna de Blombos, que é aproximadamente de 72 a 75 milênios antes do presente. As contas são feitas de conchas de caracol, cuja espécie é chamada de *Nassarius kraussianus* e vive apenas em estuários. Era um material exótico e caro em termos de tempo e esforço: elas precisavam ser transportadas por rios a 20 quilômetros ou mais da caverna.

Foram encontradas 68 conchas em Blombos. Quase nove em cada dez têm um furo perto da borda, feito com a pressão de uma ferramenta de osso através da abertura principal. Essa foi a ação que as transformou em contas. Uma vez perfuradas, as contas eram enfiadas em um cordão ou tripa — vestígios de desgaste nas bordas dos furos e nas laterais externas das conchas mostram onde elas se esfregaram contra o cordão e umas nas outras. Pode haver apenas duas contas em um colar, ou até duas dúzias; mas a média era de cerca de doze. Elas eram amarradas em pares simétricos, uma voltada para a esquerda, outra, para a direita. As marcas são profundas: os colares de conchas eram usados por meses ou anos.

Contas de conchas também foram encontradas em uma série de outros sítios arqueológicos, com algumas datas possíveis — mais incertas do que as de Blombos —, tão antigas quanto 115 milênios. A maioria dos sítios fica no sul ou leste da África, alguns no Marrocos, e um ou dois em Israel. Um padrão comum é que as conchas eram de espécies exóticas aos locais onde foram encontradas; elas foram levadas de alguma distância. Foram selecionadas espécies e, às vezes, tamanhos particulares. Eventualmente, furos naturais da ação das ondas ou da praia eram usados para amarrar; outras contas, como as de Blombos, eram deliberadamente perfuradas. A tradição das contas de conchas durou muitos milhares de anos e abrangeu mais de 5 ou 6 mil quilômetros; em algum momento pode ter sido comum, sendo o trabalho com contas um dos itens cotidianos da vida humana.

Em termos arqueológicos, as contas são um dos primeiros exemplos visíveis de comportamento simbólico, algo como evidência de cultura, em vez de mera sobrevivência. As contas também são evidências dos primeiros passos em direção à contagem humana?

Aqui o mistério se aprofunda. As contas são de milênios antes da escrita; se tinham um significado, seu contexto arqueológico não consegue demonstrar. Certamente foram feitas pela primeira vez como decorações pessoais, com um significado puramente estético. Mas é provável que alguns dos primeiros objetos foram feitos para comunicar informações — sobre seus usuários e suas comunidades —, tornando-as algumas das primeiras evidências da manufatura e do uso de símbolos por humanos.

As contas também contêm um conjunto sugestivo de propriedades que levaram mais de um estudioso a descrevê-las como uma reta numérica selvagem — na ausência de palavras, gestos ou mesmo conceitos numéricos, foram capazes de fazer algumas das coisas que fazem as sequências de contagem. Se você vir uma criança moderna em idade pré-escolar brincando com contas em um cordão, presumirá que ela está aprendendo coisas importantes sobre sequência, ordem e, por fim, números. Sobre adicionar mais um, ou criar uma nova sequência juntando mais duas. Sobre subtrair de uma sequência para obter uma mais curta, ou mesmo dividir uma sequência em partes iguais.

Se os africanos da Idade da Pedra tinham dispositivos semelhantes nas mãos, certamente aprenderam coisas semelhantes. Com contas, você pode brincar, manipular e contemplar processos como sequenciamento, adição e subtração como ações físicas — talvez por anos, talvez por gerações — antes de finalmente aprender a associar um significado numérico a elas. Não apenas isso, mas comparados com dedos ou a pequenos conjuntos de objetos que podem ser subitizados, colares de contas podem incorporar números bem grandes: até 24, no caso dos artefatos recuperados em Blombos.

Não é necessário ter um conjunto de palavras para usar as contas para contar, para correlacioná-las uma a uma com outros objetos no mundo ou com ações ou eventos. Existem, até hoje, muitas situações em diversas culturas nas quais uma ação ritual é feita uma vez para cada conta em um cordão: orações ou prostrações, por exemplo. Nenhuma palavra de contagem precisa ser proferida e nenhum conceito numérico precisa ser mantido na mente; você simplesmente segura uma conta e executa a ação, então segura a próxima conta e executa a ação novamente. Quando as contas acabam, você para de executar a ação. Não precisa usar ou nem mesmo saber nenhuma palavra numérica para usar um conjunto de contas; de fato, não está claro que uma cultura tenha que apresentar qualquer outra forma de contagem para que um cordão de contas funcione para esse propósito.

Em outras palavras, é possível imaginar um mundo no qual contas em cordões são a principal, a melhor e até mesmo a única maneira disponível de contar. As contas em Blombos e outros locais podem ter existido e sido manipuladas por muitas gerações sem que ninguém as usasse para contar. Mas podem, em algum momento, ter sido usadas para manter o controle de coisas ou objetos — para contar —, mesmo que a cultura da qual faziam parte não contivesse nenhuma outra maneira de contar. Não é certo que tal mundo tenha existido, mas a possibilidade é bastante intrigante.

Do Lago Rutanzige a Laussel: contando com marcas

> Aproximadamente 20 mil ou 25 mil anos antes do presente. Uma mulher faz uma pose segurando o chifre de um bisão. A mãe das crianças está grávida de novo, esperando mais um filho para dali a um mês ou dois, e com sua mão livre faz um gesto para seu abdômen. Ela vira a cabeça para sua direita, para olhar ao longo do chifre entalhado; conforme o faz, seu cabelo recai sobre seu ombro.
>
> No chifre, há entalhadas treze marcas paralelas. Uma decoração? Talvez. Uma contagem? Bastante provável. Mas o que estaria contando?

Algo que o ambiente da Idade da Pedra tinha em grande quantidade eram ossos de animais, muitos deles com ranhuras e marcas de cortes feitos com ferramentas de pedra. Durante a Idade da Pedra Média, há 90 mil anos, alguns grupos humanos começaram a trabalhar ossos, transformando-os em ferramentas pontiagudas e outros artefatos. A combinação de ranhuras e cortes acidentais em ossos, assim como o trabalho cada vez mais habilidoso com tal material, levou alguns humanos a marcar os ossos com ranhuras deliberadas e, eventualmente, a usar essas marcas como meio de registrar ou comunicar informações. Novamente, esse é um mundo de pistas tentadoras e evidências ambíguas; uma vez que o contexto original se foi, raramente é possível ter certeza de quais informações um artefato pretendia comunicar. Mas se, por um lado, uma série de incisões nítidas, simétricas e cruzadas em uma ferramenta de osso se assemelha irresistivelmente a uma decoração, e levanta questões sobre o que pode ter transmitido sobre a identidade de uma pessoa ou de um grupo, por outro lado, uma série de ranhuras mais ou menos paralelas em uma superfície óssea (ou outra) assemelha-se irresistivelmente a uma conta, ao resultado de um processo de contagem: um arranhão para cada objeto ou para cada evento em algum conjunto ou sequência.

O sítio de Blombos fornece, além das contas de conchas, algumas das mais antigas e intrigantes evidências de marcação deliberada em ossos. Certamente, trabalhar ossos era uma atividade regular no local: 28 ferramentas ósseas — furadores, pontas de lança e um retocador — foram recuperadas dos primeiros depósitos arqueológicos. A idade desses artefatos ósseos é de mais de 70 mil anos, e ao menos dois deles têm marcações deliberadas. Um tem onze incisões paralelas ao seu comprimento, enquanto linhas oblíquas mais superficiais cruzam seis delas. Certamente não são marcas aleatórias, e uma análise microscópica mostra que foram produzidas pela mesma ponta de pedra em uma única sessão. O padrão foi pensado desde o início e feito deliberadamente.

Assim como os cordões de contas de Blombos, essas primeiras superfícies marcadas provavelmente não tinham significado numérico, se é que tinham algum significado. Ranhuras podem ter sido feitas em ossos por anos ou gerações como brincadeira ou experimentação antes de significar algo. Mas fazer uma série de marcas em uma superfície é, ao mesmo tempo, outra "linha numérica selvagem": outro artefato do ambiente humano talvez capaz de ser posto em uso numérico. E como as contas em um cordão, isso pode potencialmente funcionar como forma de contar, mesmo em uma cultura que não tenha nenhuma outra forma de fazê-lo.

Evidências arqueológicas de padrões de ranhuras deliberadas em ossos e pedras — e em conchas — estão presentes esporadicamente ao longo da Idade da Pedra Média africana; mas, no final desse período, é possível ter certeza de que havia contagem envolvida. No entanto, arqueólogos enfatizam o fato de que uma proporção das marcas e ranhuras interpretadas dessa maneira são resultados de fenômenos naturais, como mastigação ou danos durante as escavações, ou podem ser interpretadas como marcas de corte não deliberadas, em vez de padrões feitos de propósito. Eles observam que alguns padrões de ranhuras podem ter sido feitos apenas para deixar as superfícies das ferramentas mais fáceis de segurar. E reconhecem que os rabiscos sem sentido, feitos por pessoas da Idade da Pedra, também são uma possibilidade, assim como decorações sem qualquer conteúdo informacional específico.

Porém, o consenso parece ser o de que o passo de decoração a simbolismo foi dado pelas pessoas na Idade da Pedra, e algumas das marcas em artefatos bastante antigos continham informações para as pessoas que o produziram. Tais informações podem ter desempenhado funções diferentes para as sociedades caçadoras-coletoras nas quais os artefatos foram feitos, e algumas funções podem incluir utilização numérica. Em particular, onde há uma sequência de marcas similares em um padrão repetitivo, regularmente espaçado sobre um caminho bem definido, é razoável ver como evidência de contagem; e onde há subdivisões das marcas em grupos (irregulares), essa possibilidade se torna mais forte. Algumas ranhuras certamente indicariam contagem.

Por exemplo: entre 20 mil e 25 mil anos atrás, um grupo humano viveu onde hoje é o lago Rutanzige, na República Democrática do Congo. Era uma comunidade mais estável, talvez, que suas antecessoras e dependia de lanças e arpões para pescar no lago. Eles usavam quartzo para apontar suas ferramentas; uma dessas que se conservou foi feita a partir de uma fíbula de cerca de 10 centímetros de comprimento, de um mamífero, com um fragmento de quartzo fixado em uma cavidade em uma das pontas. Sua finalidade exata como ferramenta é incerta: poderia gravar ou tatuar. Provavelmente é o artefato mais discutido da pré-história matemática, entretanto, entre suas características funcionais, tem dezesseis grupos de linhas gravadas dispostas em três colunas. Para registro, os grupos contêm 11, 13, 17 e 19 marcas na primeira coluna; 3, 6, 4, 8, 10, 5, 5 e 7 na segunda; e 11, 21, 19 e 9 na última coluna. São marcas bem definidas e claramente agrupadas que dificilmente podem ser interpretadas como acidentais ou decorativas. As interpretações sobre o osso se concentraram na suposição de que são marcas feitas como parte de um processo de contagem, e em seu estado final, comunicam a outros os pontos finais dessas contagens. Potencialmente, comunica-os até os dias atuais.

O osso Ishango.

Mas o que os fabricantes desse artefato estavam contando? Parece impossível dizer. Quais posses precisavam contar? Quais recursos gerenciavam? Que eventos estavam rastreando ao longo do tempo? Uma hipótese é a de que se poderia fazer contas para manter o controle das armadilhas feitas para os animais. Outra é a necessidade de contar itens alimentares para garantir a sobrevivência durante o inverno, particularmente se o clima da região estivesse ficando mais frio ou seco. Comércio, aposta ou ritual são outras possibilidades, assim como a distribuição dos excedentes em festividades. Mas todas essas ideias fazem suposições sobre a sociedade em questão que ninguém pode testar.

Houve muita inventividade para tentar discernir alguma regularidade nas contagens, na esperança de que revelassem algo sobre seu significado. Há 168 marcas no total — 60 em cada uma das colunas externas e 48 na do meio —, e é tentador imaginar dividi-la em dúzias. Outras leituras concentram-se na presença de números primos apenas na primeira coluna, pares de números entre 10 e 20 na terceira, e relações de multiplicação por 2 na coluna do meio. Não é impossível que essas contagens tenham surgido a partir de algum tipo de jogo; por outro lado, um calendário parece difícil de se ajustar a esses números, embora isso também tenha sido tentado.

O osso do lago Rutanzige (agora é comumente conhecido como osso Ishango) ilustra a sofisticação que as contagens africanas tinham no final da Idade da Pedra; também ilustra os mistérios que sempre cercarão esse tipo de evidência. Parece razoavelmente claro que o osso vem de uma situação em que as marcas individuais significavam algo, que o objetivo da gravação não era o padrão como um todo, mas seus detalhes. Mas a certeza de que essas marcas pretendiam representar números é ilusória; e a confiança sobre o que os números contavam é bastante incerta.

O *Homo erectus* se espalhou da África para a Eurásia há mais de um milhão de anos; e meio milhão de anos antes do presente, os hominídeos fabricantes de ferramentas podiam ser encontrados desde a ponta da África até a Espanha, Inglaterra e norte da Índia. Desde cerca de 100 mil anos atrás, ondas de humanos modernos (*Homo sapiens*) começaram a deixar a África, alguns com sucesso, outros não. Alguns viajaram pela costa até a Ásia; outros, pelo Levante até a Europa. Por fim, seus descendentes superaram os descendentes do *Homo erectus* que encontraram — denisovanos na Ásia e neandertais na Europa, cujas habilidades e a sofisticação cultural são matérias de debate — e se espalharam ainda mais: para a China, a Austrália, o Japão, a Indonésia, Rússia oriental, América do Norte, América do Sul, bem como migraram de volta para o norte da África. Os humanos chegaram à Austrália possivelmente há 65 mil anos e dominaram a Europa há cerca de 40 mil anos.

As marcas e possíveis marcas de contagem foram se intensificando muito mais durante o período posterior, especialmente na arqueologia pré-histórica da Europa. Artefatos desse tipo foram encontrados em mais de quarenta sítios diferentes, o suficiente para dar a impressão de uma tradição disseminada e talvez contínua por um longo período de tempo. Quase todos os objetos marcados são pequenos; muitos são do tamanho de uma mão ou são objetos portáteis menores, e sua conservação e descoberta foram uma questão de sorte. Parece altamente provável que sejam remanescentes de um número muito maior de objetos que já existiram e que possivelmente incluíam gravações em materiais perecíveis, como madeira, que não sobrevivem no registro arqueológico.

Para os objetos que permanecem, o estudo microscópico e a replicação meticulosa feitos por estudiosos modernos renderam uma riqueza de informações sobre como as marcas foram feitas. As linhas podiam ser feitas com um único traço ou com vários traços, "entalhes" feitos movendo a lâmina cortante para a frente e para trás, "micropontos" girando uma ponta. Ferramentas podiam se desgastar, quebrar ou ser substituídas; elas podiam ser modificadas à mão ou novamente afiadas. Essas marcas registram de forma inusitadamente direta as ações individuais daqueles que as fizeram: as estocadas individuais de uma lâmina em um osso ou em outra superfície. E dão a sensação irresistível de trazer os pensamentos dos povos pré-históricos para perto da atualidade.

No entanto, esses pensamentos permanecem evasivos, pois a razão pela qual as marcas foram feitas prossegue incerta. A história das respostas modernas a essa questão seria, de fato, um estudo por si só. Os primeiros arqueólogos a descobrir tais objetos, durante o século XIX, frequentemente os liam como contagens de animais capturados na caça. Durante o século seguinte, essa visão deu lugar a uma infinidade de interpretações diferentes, incluindo a de que eram registros do número de participantes em rituais ou para uso em jogos. Na década de 1980, era popular a leitura de conjuntos de ranhuras ou entalhes como calendários lunares, em analogia aos calendários indígenas da América do Norte. Uma após a outra, essas leituras foram vítimas da falta de evidências diretas e do fato de que um símbolo pode significar quase tudo quando removido de sua situação original.

De vez em quando, o contexto pode ajudar. Na Europa paleolítica, começou a surgir a arte rupestre — representações de pessoas e animais desenhadas em paredes. Em um abrigo de pedra em Laussel, na Dordonha, as pessoas gravaram uma série de figuras humanas no calcário. Uma dessas figuras foi ao chão (tendo sido "escavada" pelos métodos heroicos do século XIX) e depois foi removida. Nem todas as figuras podem ser facilmente distinguidas, mas certamente há duas mulheres no grupo, bem como um adolescente e — a figura agora removida — uma mulher grávida segurando um chifre de bisão na mão direita.

Essa figura contém o que é, muito provavelmente, uma contagem: o chifre tem uma série de treze marcas. A figura tem cerca de 40 centímetros de altura, e traços de pigmento vermelho — ocre — indicam que já foi colorida no todo ou em partes, talvez imitando o uso do ocre em corpos humanos reais nessa cultura. O período notoriamente produziu grande número de representações femininas, em especial na forma de estatuetas portáteis. Comparando com a arte da era do gelo tardia, não são particularmente esquemáticas: de fato, alguns arqueólogos pensam que, por seus detalhes, são retratos de indivíduos, em vez de representações arquetípicas, menos ainda de deusas (a antiga denominação "Vênus" ainda permanece em algumas). No mínimo, representam de forma real diferentes situações fisiológicas, como juventude, velhice e gravidez, e tendem a negligenciar detalhes como mãos, pés e cabelos.

A mulher de Laussel.

A mulher de Laussel é um exemplar perfeito dessa arte. Particularmente, seu cabelo está representado de forma clara, assim como uma de suas mãos, com todos os dedos, fazendo um gesto na direção do abdômen, como se para chamar a atenção para sua gravidez. Clavícula, cintura e umbigo são todos claramente desenhados ou sugeridos, e sua pose é realística, com um ombro levemente mais alto que o outro, em virtude do movimento de seu braço segurando o chifre. Ela vira a cabeça para olhar ao longo do chifre. Por outro lado, seu rosto não é nem mesmo esboçado e seus pés quase não são sugeridos; as proporções do corpo estão um pouco distorcidas para fazer a pose funcionar. Ela se parece, por tudo isso, mais com uma pessoa real do que um produto da imaginação de um artista.

As marcas no chifre que ela segura parecem formar uma única série. Ao contrário daquelas no osso Ishango, não há estrutura interna proporcionada pelo agrupamento das marcas: isto é, os intervalos entre elas são todos do mesmo tamanho. As próprias marcas não são exatamente idênticas; a penúltima se parece mais com um Y do que com um traço único (há uma marca similar no quadril da mulher, do lado esquerdo), e diferenças no comprimento e na largura podem tornar as onze marcas subsequentes em dois grupos de quatro e um de três. Porém, isso pode ser uma superinterpretação da imagem.

Quem era ela? O que a imagem significa? E o que ela estava contando? Como costuma acontecer com a arte pré-histórica em geral, existiram muitas tentativas de interpretar a mulher de Laussel, desde um registro de animais caçados a um ícone mágico; talvez até mesmo uma requisição de um certo número de animais. O chifre já foi visto como um recipiente para beber, um instrumento musical ou uma cornucópia. Também já se tentou uma leitura como "calendário lunar": treze — o número de marcas — seria uma referência ao número de meses lunares em um ano, e o chifre se assemelharia a uma lua crescente. Interpretações recentes giraram em torno da ideia de um calendário de fertilidade ou um calendário obstétrico, relacionando a óbvia gravidez da mulher à possibilidade de que o chifre registre uma contagem de dias ou meses. Como destaca o Museu da Aquitânia, onde a figura se encontra hoje em dia, "infelizmente, o significado mais profundo dessa arte provavelmente se manterá desconhecido para nós". De fato, as marcas de contagem pré-histórica serão sempre fascinantes.

Cosquer: contando com a mão

Costa norte do mar Mediterrâneo, 27 mil anos atrás. Na longa encosta entre o gelo e o mar, homens e mulheres entram em uma caverna. Eles carregam carvão, ocre e tochas de pinho. Um túnel os leva a uma enorme câmara, grande demais para ser completamente iluminada pelas tochas. Estalagmites, estalactites, pilares e concreções nas paredes aumentam a sensação estranha e sobrenatural do lugar. As pessoas escalam e se equilibram. Uma delas pega um bocado de pigmento, pressiona uma mão no alto da parede e borrifa o pigmento, criando um estêncil.

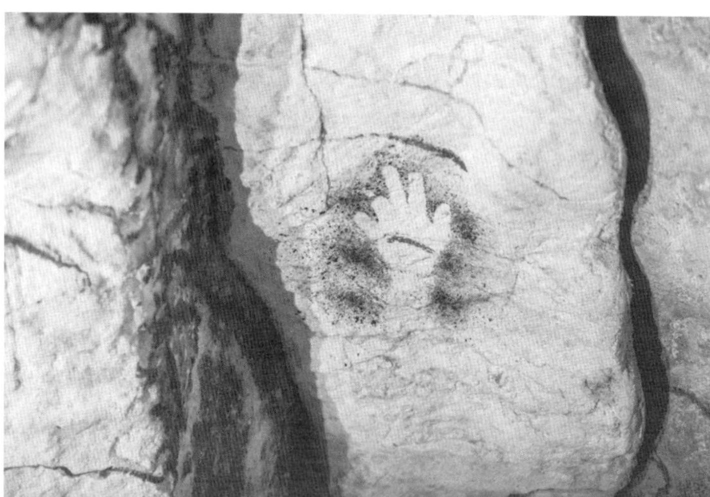

Marcas de mão de Cosquer.

O ambiente da Idade da Pedra incluía contas em fios e marcas em superfícies, cada uma das quais podia ser feita, utilizada, experimentada e manipulada tanto antes quanto depois do ponto em que eram usadas para manter o controle da *quantidade* de algo: serviam para contar. Também estava disponível a mão humana, que fornecia uma opção mais limitada, porém mais imediata, para manter o controle de processos ou coisas.

Comparado com a fala, o gesto demorou para ser registrado por escrito, e demorou também para ser estudado seriamente por pessoas interessadas nas formas e origens da linguagem. Mas agora especula-se muito que os gestos na verdade precederam a linguagem falada em um passado humano distante. De fato, os gestos parecem ser básicos e óbvios — tanto para nós quanto para os outros — e são feitos espontaneamente por crianças, mesmo antes de aprenderem a controlar seu aparelho vocal. (Acontece o mesmo com outros primatas, que geralmente demonstram muito mais espontaneidade e flexibilidade em seus gestos do que com suas vocalizações e têm muito mais sucesso ao aprender quando bebês.) Talvez os primeiros hominídeos apontassem e fizessem pantomimas para direcionar a atenção, obter o comportamento desejado dos outros e facilitar a cooperação, mesmo antes de adquirirem a fala.

Para fins de contagem, ou como uma reta numérica "inculta" existente antes da contagem, os dedos formam uma sequência de ordem estável e estão sempre, literalmente, à mão! Assim como contas em cordões ou marcas em superfícies, os humanos podiam flexionar seus dedos em sequência por muitas gerações antes de começar a usá-los para manter o controle de objetos ou eventos. Assim, são outra possível ponte entre brincar ou experimentar e contar.

Outra vantagem é que os dígitos de uma mão levam você um pouco além do limite de quatro da subitização. Se as quatro primeiras flexões dos dedos podem ser distinguidas e reconhecidas usando a capacidade de subitização, uma única mão fornece mais um item na sequência: um gesto de mão inteira, fácil de fazer e reconhecer. Talvez esse possa ter sido um primeiro passo dos números pequenos — reconhecíveis à primeira vista — para o que vem depois deles.

De maneira similar, estender ou flexionar os dedos de uma mão pode atuar como uma ponte entre contar para si mesmo e se comunicar com os outros. Um gesto não persiste da mesma forma que uma marca ou um artefato, mas pode ser mostrado a outra pessoa, talvez como resposta à pergunta "quantos": uma "palavra numérica", em certo sentido.

Hoje, infelizmente, não é possível verificar quão plausíveis são essas especulações, porque parece não haver nenhuma cultura que ainda use gestos como única forma de contar. Atualmente, em um ambiente moderno, saturado de números, é possível observar crianças pequenas aprenderem cedo a estender um dedo após o outro e associar esses gestos a outras formas de contar. Há evidências convincentes de que elas aprendem gestos numéricos antes das palavras numéricas e são mais precisas usando gestos do que palavras para os números pequenos, nos estágios iniciais da aprendizagem. Há até mesmo evidências de que o aprendizado de gestos precede e facilita o de palavras.

A contagem com os dedos é tão disseminada, que seus traços persistem no manejo de números e cálculos por adultos. Erros de cinco — uma mão inteira — são mais comuns na aritmética de adultos do que erros de outros tamanhos, mesmo quando palavras ou símbolos escritos estão sendo utilizados, em vez de dedos, o que pode sugerir que as pessoas continuam a associar os números, pelo menos em parte, a gestos manuais. A gnosia dos dedos — a habilidade de diferenciar os dedos quando são tocados, sem se poder vê-los — é um bom previsor da habilidade aritmética; na verdade, melhor do que a inteligência geral. Em média, os adultos contam e calculam mais lentamente se forem obrigados a fazer outra coisa com os dedos ao mesmo tempo.

Além dessas evidências modernas, há também vestígios notáveis do uso dos dedos, no Paleolítico, por certos grupos humanos que encontraram uma maneira de fazer seus gestos perdurarem.

Durante a última era do gelo (aproximadamente 30 mil a 10 mil anos atrás), uma faixa de terra onde hoje é a margem sul da Europa foi ocupada por humanos. Embora grande parte do continente fosse tecnicamente um deserto polar, a área habitada, ao lado do mar Mediterrâneo, não era insuportavelmente fria, com temperaturas de até 12°C ou mesmo 15°C no verão e invernos relativamente amenos e suportáveis. Vales protegidos tinham bosques com coníferas e árvores de folhas largas, e havia uma variedade de animais terrestres, bem como fauna marítima, o suficiente para sustentar uma população humana. Tipos comparáveis de ferramentas existiam desde o norte da Espanha até as planícies russas — facas, flechas e lanças —, assim como tradições artísticas comparáveis. Pouco se sabe ao certo sobre o estilo de vida dessas pessoas, que se baseava fortemente na caça, e talvez elas seguissem rebanhos de animais de um lugar para outro durante o ano.

Os estilos de vida eram certamente moldados pelo clima, e, com frequência, eram utilizados abrigos naturais. Um deles foi uma caverna perto da costa sul do que hoje é a França, alguns quilômetros a sudeste de Marselha. Essa caverna se abria no sopé de um penhasco de calcário com uma entrada larga o suficiente para duas ou três pessoas andarem lado a lado. O túnel de entrada subia gradualmente por uma distância de 175 metros até se abrir em uma grande câmara, com 60 metros de largura e, em alguns lugares, três vezes a altura de uma pessoa. Na extremidade mais distante, havia uma cúpula de 30 metros de altura e um poço profundo. A inclinação do terreno significava que a câmara estava muito abaixo da superfície, e havia apenas uma entrada. Era um lugar isolado, misterioso e, exceto pela luz das tochas, completamente escuro.

Ninguém vivia lá. Fogueiras eram acesas para fornecer luz, não para cozinhar. Tochas eram carregadas; carvão caía delas, espalhando-se pelo chão. E as paredes, na luz tremulante, eram decoradas com pinturas e gravuras. As primeiras foram feitas mais de 27 mil anos atrás.

Marcas de dedos foram feitas na calcita macia que cobria as paredes. As pessoas estiveram em todas as partes da caverna, mesmo nas partes mais inacessíveis do teto, cobrindo dezenas de metros quadrados com linhas simples feitas com os dedos. Curvas, zigue-zagues, rolagens cruzando-se umas às outras. Tudo formava um cenário mostrando — além de qualquer outra coisa — que humanos estiveram lá e fizeram daquele o seu lugar.

As pessoas também desenharam e rasparam nas partes rígidas das paredes figuras de bisões, talvez de alguns cavalos. Traçaram rápido, em minutos, com linhas esquemáticas simples, desenhos de um metro ou mais de comprimento. Adicionavam símbolos a alguns: longas linhas farpadas sobrepostas aos animais, ângulos e formas em V, listras em zigue-zague. Seriam ícones de caça? Ou de armas? Ou representações de pegadas e faces de animais?

Na mesma época, dezenas de mãos feitas como estêncil foram adicionadas às paredes, e estas envolveram muito mais esforço, tempo e preparação do que os simples animais e sinais esquemáticos. A técnica era diluir pigmento — argila vermelha ou carvão — com água e soprá-lo da boca, possivelmente usando um tubo.

Uma mão pressionada contra a parede poderia, portanto, fazer uma impressionante imagem em estêncil: um halo vermelho ou preto com uma imagem clara e nítida de uma mão centralizada, na cor da própria rocha. Se uma única baforada de pigmento não funcionasse, ela poderia ser repetida, ou a imagem ser retocada aplicando mais pigmento à mão. O resultado foi um denso conjunto de mãos estampadas em várias partes da caverna.

Mãos em estêncil são uma das icônicas imagens artísticas da era do gelo, conhecidas em três dúzias de cavernas no que hoje são Espanha, França e Itália. Além dessa área cultural, são familiares também, por exemplo, na arte da Austrália aborígene. E a caverna francesa, agora conhecida como La Grotte Cosquer, tem mais de sessenta estêncis de mãos, uma das maiores coleções conhecidas.

As mãos estão distribuídas de forma desigual ao redor das paredes da caverna, exclusivamente nos lados leste e nordeste da caverna: do lado direito de quem entra. Estão concentradas perto do fosso e da abóbada na extremidade leste da câmara principal: isto é, na seção mais perigosa da caverna. Muitas estão em posições que teriam exigido alguma escalada. Há uma pista, talvez, de que um conjunto de mãos, principalmente vermelhas, segue ao redor da câmara principal em direção ao fosso, e um grande conjunto de mãos pretas fica ao lado do próprio fosso, inclusive em uma estalagmite acima dele.

A maior parte parece ser da mão esquerda (assumindo que foi a palma da mão pressionada contra a parede para o estêncil). Se as pessoas eram como hoje, em sua maioria destras, talvez estivessem usando a mão direita, mais hábil, para segurar uma tocha ou um suprimento de pigmento, ou para se agarrar a um suporte quando a posição era difícil.

De quem eram as mãos? O processo de estêncil é mecânico: ele registra as características da mão do criador automaticamente, sem ser afetado por questões de estilo ou de convenção artística. As mãos aproximam — em certo sentido, uma proximidade enganosa — os indivíduos que as fizeram: são os sinais de corpos individuais, até mesmo de identidades individuais, de dezenas de milhares de anos atrás. Parecem quase assinaturas. Os criadores eram adultos: não há estênceis de mãos de crianças em Cosquer. Alguns deveriam ter mais de 2 metros de altura, a menos que ficassem em pé nos ombros uns dos outros ou construíssem andaimes na caverna para alcançar os pontos mais altos nas paredes.

As mãos estampadas eram geralmente grandes e robustas, embora algumas próximas ao fosso mostrem um pulso mais fino; as proporções e os comprimentos dos dedos são muitas vezes, mas nem sempre, consistentes com os de mulheres modernas. A certeza é impossível, mas tanto homens quanto mulheres parecem ter se envolvido. Há também pares de estênceis da mesma mão: um com o dedo indicador anormalmente longo, outro com o dedo anelar mais grosso. Contudo, apenas três dos estênceis foram datados diretamente por arqueólogos até agora, e é impossível dizer quantas mãos de pessoas estão representadas em Cosquer ou quanto período de tempo foi despendido na tarefa. O projeto de estêncil é trabalho de um único dia? De uma vida inteira? Ou um registro de visitas à caverna, feito por muitas pessoas ao longo de centenas de anos, tão misteriosas umas às outras quanto são para os visitantes de hoje?

E as evidências para a contagem? Algumas das mãos em estêncil estão incompletas. Ou seja, alguns dos dedos estão encurtados. Na verdade, dos estênceis de mão totalmente legíveis em Cosquer, mais da metade mostra menos que uma mão completa, e essas mãos são, por algum motivo, muito mais comuns entre os estêncis vermelhos que entre os pretos. Estênceis de mãos incompletas são conhecidos em algumas cavernas na França e na Espanha, mas a maioria está em Cosquer.

Como se produz um estêncil de parte de uma mão? As explicações sugeridas incluem que essas mãos estavam realmente incompletas, porque os caçadores-coletores sofriam de ulcerações de frio, de doenças ou praticavam mutilação ritual. Porém seu grande número — e a impraticabilidade de viver uma vida paleolítica com uma mão mutilada — vai contra essas possibilidades, e a maioria das opiniões parece ser a de que a explicação mais simples está certa: os estênceis incompletos foram feitos dobrando-se certos dedos. Estudos modernos confirmaram que é possível fazer estênceis como os de Cosquer dobrando um ou mais dedos, pressionando a mão contra uma superfície rochosa. Os dedos dobrados impedem que a mão toque totalmente a rocha, resultando em um contorno um pouco difuso nesses pontos: característica que pode ser vista nos estênceis de Cosquer.

Se temos quatro dedos e o polegar, há 32 possibilidades ao se dobrar algum, nenhum ou todos os dedos. Em Cosquer, apenas cinco dessas possibilidades foram utilizadas, especificamente padrões em que os dedos estendidos são apenas o polegar; polegar e indicador; polegar, indicador e dedo médio; polegar, indicador, médio e anelar; e todos os cinco dedos. No entanto, é impossível que isso tenha sido obra do acaso. Além disso, um dos padrões — somente o dedo mínimo dobrado — é relativamente difícil de se fazer. Esse conjunto de cinco formatos de mão foi deliberadamente escolhido por aqueles que fizeram os estênceis em Cosquer.

Por quê? Assim como os outros sinais e protossinais pré-históricos, a questão mais ampla do significado dos estênceis de mão do Paleolítico tem sido debatida por mais de um século; um estudioso afirma apropriadamente que observadores modernos são "convidados indesejados em um sistema de comunicação projetado para outros". Porém, sobre o conjunto de estênceis de mão em Cosquer, é possível ir além e dizer que as cinco posições de mão utilizadas significam algo, e que as outras 27 foram deixadas de fora porque nesse sistema não têm significado. E é quase impossível evitar a especulação de que as posições de mão registradas tenham algo a ver com contagem. Elas formam uma sequência consistente de dedos esticados, um após o outro; são uma das formas mais fáceis de se contar até 5 com os dedos. E são um bom candidato ao vocabulário de contagem mais antigo registrado: um vocabulário não de palavras faladas, mas de gestos; uma linguagem de sinais.

Outras cavernas com estênceis de mão exibem diferentes vocabulários, utilizando combinações de dedos não vistas em Cosquer. Muitos locais mostram apenas mãos completas ou registram um conjunto mais restrito de gestos de dedos dobrados. Talvez a linguagem de gestos manuais difira de um lugar para outro; talvez a chance de sobrevivência de imagens frágeis em ambientes hostis tenha desempenhado algum papel. Entretanto, tudo isso não prejudica a consistência e a sugestividade — para dizer o mínimo — das evidências em Cosquer.

Os números gesticulados — se é o que são — não aparecem com a mesma frequência. A mão completa é, de longe, o gesto mais comum, com a interessante exceção de quatro dedos ser menos comum que três. Um sinal para zero (logicamente, você dobraria todos os cinco dedos e faria um estêncil de seu punho) não aparece de modo algum. Os sinais parecem nunca estar relacionados uns aos outros — sequências de números, pares — nem ocorrem em grupos de duas mãos que possam sugerir uma contagem de números maiores que 5. Em outras palavras, se era um vocabulário numérico, ia *apenas* de 1 a 5.

Assim como outras contagens pré-históricas, é impossível ter certeza do que estava sendo contado. Porém, a proximidade de imagens de animais, incluindo alguns com símbolos como farpas, que podem ser armas esquematizadas, denota uma forte possibilidade de ser a contagem de animais capturados. Outra possibilidade é uma contagem de visitas à caverna.

Também não há certeza de por que as pessoas escolheram esses gestos para fazer os estênceis nessa localização em particular. Transformar um gesto em estêncil é estendê-lo para além do corpo — para além de seu próprio tempo de vida, transmitindo-o a pessoas que você não conhece e às gerações por vir. Além disso, registrar o estêncil na parede de uma caverna profunda requer que aqueles que desejem vê-lo visitem o local. Assim como certas marcas, essas contagens não são portáteis e não podem desempenhar um papel na troca com outros grupos em outras localidades. A posição em uma caverna escura no fim de um longo túnel indica um propósito especial, mas qualquer coisa é igualmente possível, desde um jogo ou uma piada até um importante ritual.

Não está claro por quanto tempo continuou esse uso de Cosquer: anos, séculos ou até mais. Mas ele eventualmente acabou, e a caverna, ao que parece, foi negligenciada por milênios. Até ser utilizada novamente, cerca de 19 mil anos atrás. As paredes começaram a se tornar um palimpsesto, feito por pessoas que nada conheciam umas das outras além do que estava registrado nas paredes da caverna. Esse último período viu alguns dos estênceis de mão serem destruídos, riscados ou sobrescritos com novos sinais, mudando seu significado de maneira que são tão impossíveis de recuperar quanto o significado original da caverna e suas decorações. Ricas pinturas em preto foram adicionadas nessa fase: mais de 150 imagens de cavalos, bisões, veados, bem como focas e os ainda não extintos araus-gigantes.

A caverna foi abandonada mais uma vez e, quando o gelo começou a retroceder, 16 mil anos atrás, o mar subiu até sua entrada. Em algum momento por volta de 5 mil AEC (Antes da Era Comum), a boca da caverna foi fechada pela água, assim como as de muitas outras cavernas ao longo da costa da França, na área de Marselha e Cassis. Outras certamente foram usadas por povos pré-históricos. Por volta de 500 EC (Era Comum), o mar chegou próximo de seu nível atual, com a boca da caverna a mais de 30 metros abaixo da superfície. A água do mar destruiu talvez três quartos das pinturas, estênceis e gravuras, e a

genes, provaram ser inconclusivas, e, se uma mudança na anatomia humana está envolvida — como uma mudança sutil na maneira como o cérebro se organiza —, os vestígios arqueológicos não podem confirmá-la.

Quando a linguagem surgiu, pode muito bem ter existido momentos e lugares em que os humanos criaram palavras para certas coisas, mas nenhuma palavra para contar. Na realidade, palavras e rotinas de contagem verbal não são absolutamente onipresentes entre as culturas atuais. Apesar do fato de que virtualmente todos os humanos modernos são capazes de adquirir palavras de contagem se forem ensinados, nem todos realmente o fazem, e nem todos levam a sequência além de algumas palavras ou dão grande importância a ela. O valor atribuído à contagem varia de uma comunidade para outra, e não se correlaciona, nem deve ser identificado com alguma abstração como "sofisticação" ou "civilização"; para alguns, isso não tem importância. Assim, não há positivamente uma razão para presumir que palavras de contagem são parte da "fundação" do vocabulário humano nem que devam aparecer em qualquer estágio particular no desenvolvimento da linguagem. Certamente, é bastante provável que contas, marcas e mesmo gestos numéricos manuais tenham sido utilizados por pessoas que não tinham meios de contar com palavras.

Por outro lado, quase todas as 7 mil línguas faladas atualmente — ou extintas recentemente o bastante para terem sido documentadas — contêm ao menos algumas palavras de contagem: alguns termos que podem responder a "quantos" de maneira mais precisa que "poucos", "alguns" ou "muitos". Parece razoável para alguns a especulação de que ao menos alguns povos da Idade da Pedra africana tiveram rotinas de contagem verbal com, ou em vez de, outros meios de contar.

Talvez certos grupos humanos tenham produzido conjuntos ritualizados de sons que acompanhavam ações repetidas e, ao longo do tempo, esses sons adquiriram certa característica de uma reta numérica "selvagem". Depois, esses sons vieram a ser considerados palavras como quaisquer outras e foram utilizadas como adjetivos para descrever *quantos* grupos de objetos ou sequências ou ações. Talvez outros conjuntos de palavras tenham se derivado deles para responder a questões relacionadas como *quantas vezes* ou *qual em uma sequência*. (A amplitude de maneiras que a lista de palavras de contagem pode ser modificada é mais longa do que se pode pensar. Em inglês, não há apenas os números cardinais *um, dois, três* e os ordinais *primeiro, segundo, terceiro*, mas também sequências como *once, twice, thrice*[1]; ou *único, duplo, triplo*; e ainda *individual, duplicado, triplicado*. Outras línguas têm uma variedade similar de opções, conhecidas como numerais "distributivos" e "frequentativos", utilizadas para responder a questões como *quantos de cada* ou *em quantas partes*. São tão difundidos entre as línguas documentadas, que sugere que alguma seleção desses tipos de palavras numéricas pode ter ocorrido em línguas muito antigas.)

Não há meio de saber como soavam essas antigas palavras numéricas. Tentativas de reconstruir o vocabulário e a fonologia de várias dezenas de milhares de anos atrás são feitas ocasionalmente, mas não encontraram aceitação de linguistas convencionais, e por uma boa razão. Levou apenas mil anos para o latim se tornar italiano (e romanche, francês, catalão, espanhol, português...). Multiplique esse grau de alterações — em sons, estruturas e significados — por setenta ou mais, e fica claro que o ruído suplantará o sinal. É praticamente impossível terem restado informações a respeito do som ou da estrutura da língua do tempo anterior ao êxodo africano.

Talvez alguns humanos da Idade da Pedra tenham ido mais longe na contagem verbal. Se seu conjunto de palavras de contagem tiver, digamos, apenas cinco, sete ou dez itens, é bem aceitável que tenham sons arbitrários e não relacionados.

Mas acima de um certo ponto, para não fazer exigências intoleráveis à memória das pessoas, para ser aprendido por crianças e lembrado por adultos, haverá necessidade de algum tipo de estrutura interna. A norma hoje é reutilizar um conjunto relativamente pequeno de palavras de maneira repetida, empregando multiplicação e adição para atingir números maiores; por exemplo: "dezessete" significa *dez e sete*; "vinte e quatro" significa *duas dezenas e quatro*. O número que ocorre regularmente como multiplicador em tal sistema é chamado de "base"; é perfeitamente possível, e até mesmo bastante comum, que um sistema de palavras numéricas tenha mais de uma base. Novamente, essa característica não é onipresente, mas é comum o suficiente em línguas modernas para ser plausível que alguns daqueles que contavam na África da Idade da Pedra possam ter usado palavras de contagem com esse tipo de estrutura interna.

[1] Em português: *uma vez, duas vezes, três vezes*. [N. da T.]

Mais uma vez, não é possível saber quais bases numéricas eram usadas no passado distante. Dez é, de longe, a base mais popular no mundo hoje, e é tentador supor uma relação de causa e efeito com a anatomia humana: os dez dedos de ambas as mãos. Já se apontou muitas vezes que em diversas línguas a palavra usada para "cinco" deriva da palavra "mão", ou que a palavra "dígito" significa também "número". Mas não está claro que criaturas com cinco dígitos em cada um dos seus quatro membros devam sempre chegar a 10 como base para a contagem. É perfeitamente possível chegar a 4 como base, contando os dedos, mas não o polegar, ou a 6, incorporando o pulso; ou chegar a um sistema de base 5 usando apenas uma das mãos. Contar os dedos dos pés também lhe dará a base vinte, e é igualmente possível chegar à base 12 usando o polegar para contar as três articulações de cada um dos quatro dedos... A história e a etnografia, de fato, mostram uma ampla seleção de outras bases (2, 3, 4, 5, 6, 7, 12, 15, 20...) sendo usadas em vários momentos e lugares. A prevalência do 10 hoje é em parte efeito do acaso, como resultado de sua adoção por um pequeno número de línguas e famílias linguísticas bem-sucedidas. Em suma, não há nenhuma boa razão para projetar no passado distante a preferência generalizada de hoje pelas dezenas.

Uma hipótese cautelosa seria a de que os grupos de caçadores-coletores da Idade da Pedra africana teriam tanta variação em seus conjuntos de palavras de contagem quanto as culturas observadas hoje em dia. Ou seja, alguns teriam listas curtas de palavras de contagem com pouca ou nenhuma estrutura interna; outros teriam conjuntos maiores de palavras de contagem estruturadas em bases numéricas e, finalmente, alguns não teriam nenhuma variação. (Muitos podem ter tido a característica chamada de "número gramatical": uma distinção entre formas singulares e plurais para certos tipos de palavras, ou mesmo entre um conjunto maior de opções como singular, dual (dois itens), trial (três) e plural. Mas nem todos precisariam ter essa característica, já que nem todas as línguas vivas a têm.) Os diferentes sistemas foram transmitidos culturalmente; não foram biologicamente determinados. E com certeza devem ter mudado ao longo do tempo, talvez se desenvolvendo além de qualquer reconhecimento, ao longo de centenas de gerações.

Portanto, em certos momentos e lugares, o ambiente humano da Idade da Pedra continha ao menos três conjuntos de objetos físicos que podem ter sido retas numéricas "selvagens", apoiando a transição da não contagem para a contagem: dedos, contas em cordões e marcas em superfícies. É possível que uma série convencionada de sons acompanhando ações repetidas tenha tido função similar e se tornado as primeiras palavras de contagem. Também é possível que objetos de contagem soltos — que seriam impossíveis de se distinguir de seixos comuns ou fragmentos de ossos ou outros materiais nos registros arqueológicos — também tenham servido como apoio à contagem no mundo da Idade da Pedra, embora, por não terem uma ordem natural, sua capacidade de funcionar como uma reta numérica "selvagem" não seja tão clara.

Como esses diferentes precursores e meios iniciais de contagem interagiam? Qual veio primeiro? Muitos cenários foram propostos, mas não há desfecho claro para a misteriosa história da origem da contagem.

Alguns argumentam que a linguagem deve ter vindo primeiro, pois ninguém faria marcas de contagem sem ter palavras para os números contados. Ou que podem ter existido palavras para os números subitizáveis, de um a quatro, em um estágio bastante inicial, antes que a contagem fosse depois estendida para dedos, contas e marcas. Outros talvez representem o equilíbrio de opinião no momento e acreditam que a linguagem não é essencial para contar, que não se inventa palavras para coisas que ainda não foram experienciadas, e que dedos, contas e marcas provavelmente vieram antes de palavras de contagem. Ou talvez que essas palavras tenham evoluído ao mesmo tempo que as formas materiais de contar.

Talvez a busca por um único cenário seja em si mesma um erro. No contexto da arte pré-histórica, já foi dito que o desenvolvimento deve ser imaginado não como uma reta ou uma escada, mas como um arbusto. Da mesma forma, talvez o desenvolvimento da contagem na Idade da Pedra tenha sido mais como um jardim em nó do que uma trilha. Mais como uma coletânea de contos do que um romance. As escalas de tempo e distância são enormes, mesmo considerando as estimativas mais conservadoras para o surgimento e a difusão do *Homo sapiens*, e é perfeitamente possível que, ao longo de milhares de quilômetros e dezenas de milhares de anos, diferentes formas de contar surgiram e foram esquecidas — até mesmo múltiplas vezes — por povos que nunca se encontraram, na África ou além.

Seja qual for a verdade dessas questões, formas de contar com contas, marcas, dedos e palavras foram encontradas em todo o mundo, e é quase certo que quando os humanos modernos começaram a povoar o mundo além da África — talvez por volta de 70 mil anos atrás —, estavam fazendo tudo isso. O cenário estava preparado para a imensa fase global da história humana da contagem.

INTERLÚDIO

Os números

Em algum ponto da história da contagem, as pessoas começaram a tratar as palavras de contagem não apenas como ruídos em sequência, mas como propriedade de conjuntos de objetos: como adjetivos. Depois, em algum ponto, começaram a tratá-las não como adjetivos, mas eventualmente como substantivos (em algumas línguas, há alterações concomitantes na exata forma das palavras): palavras como "três" denotariam não apenas uma certa propriedade que conjuntos de eventos ou objetos poderiam ter ("eu tenho três machados"), mas também certos objetos abstratos ("três é um número pequeno"). Nem todas as línguas são assim e, em muitas, as palavras numéricas ocupam uma posição instável entre adjetivo e substantivo, sendo algumas (não todas) capazes de se modificar por caso ou gênero, ou mesmo ter formas plurais separadas (em inglês, pode-se falar em "centenas" de algo, mas não em "noventenas"). Porém, a maioria (não todas) das culturas parece ter uma categoria de "números" cujos nomes são ao menos construídos a partir de palavras de contagem.

O estudo das relações entre números é chamado de aritmética ou, em níveis mais elevados, de teoria dos números. Colocá-los em correspondência com outras coisas ou ideias — para além de usá-los como um conjunto de meros rótulos — chama-se numerologia. Tais estudos certamente remontam à pré-história e aparecem nos primeiros textos escritos, mas não há como saber quando ou onde exatamente começaram. Alguns viram artefatos como as marcas em Ishango ou Laussel como as primeiras tentativas do estudo de números, em vez de meras contagens.

Mas o que são os números?

Uma percepção comum é a de que por trás das diferentes maneiras de contar deve haver *algo* que garanta sua integridade e consistência mútua: algum conjunto de objetos abstratos com as propriedades corretas para dar conta das experiências de contagem de todos. Em outras palavras, os números sendo uma realidade independente das mentes humanas e da realidade física, vivendo eternamente em um reino separado. Nessa visão, a natureza das coisas restringe as maneiras como as pessoas podem contar, e a história da contagem pode ser vista como uma luta em direção à verdade real sobre os números. Os números e suas propriedades seriam uma das raízes da contagem humana, certamente a mais importante, que sustenta tanto as percepções inatas que as pessoas podem ter de número e quantidade quanto as propriedades encontradas em conjuntos de contas, marcas, dedos e palavras de contagem.

Contudo, essa percepção não é universal e resiste a provas ou refutações satisfatórias. Se os números vivem fora do tempo e do espaço, como "entram" e afetam o mundo, ou se tornam perceptíveis às mentes humanas? E é realmente crível que não apenas 1, 2 e 3, mas 2.938.239.856.837.641 existem desde o início dos tempos esperando que alguém fizesse uso deles? Certamente deve haver uma maneira menos extravagante de explicar o que acontece quando as pessoas contam.

Outros diriam que os números não têm realidade exceto como estruturas das coisas no mundo; nesse caso, os números seriam abstrações de experiências que as pessoas têm, e sua consistência ao longo do tempo e do espaço é fornecida pela consistência dessas experiências. Nessa visão, as percepções das pessoas sobre números pequenos seriam as memórias de experiências com pequenos conjuntos de objetos, enquanto suas ideias compartilhadas sobre números maiores seriam a consequência de todos jogarem os mesmos jogos aritméticos seguindo as mesmas regras. Não há necessidade de supor que 2, 3 ou qualquer outro número tenha uma existência separada das propriedades de conjuntos de objetos ou sequências de eventos. Assim, se há restrições à contagem humana, são aquelas proporcionadas pelos acidentes da fisiologia humana e pelos tipos de ambiente em que os seres humanos têm vivido ao longo dos milênios.

Outros, ainda, diriam que, qualquer que seja a verdade sobre a natureza real dos números, o cérebro humano é, na verdade, programado para ver os números de uma maneira particular: reconhecer certos tipos de estruturas em experiências, ou mesmo impor essas estruturas a eles. Nessa visão, ao menos algumas das restrições sobre as maneiras como os seres humanos contam surgiriam do acaso de como o cérebro é organizado; e, no final, são as consequências do que foi adaptado no passado evolutivo, não necessariamente do que foi verdade. Essa visão abre a possibilidade bastante surpreendente de que os números sejam, até certo ponto, uma ilusão compartilhada.

Não há consenso sobre tais assuntos. Evidências realmente convincentes a favor ou contra qualquer uma dessas posições provou ser extremamente evasivas. Na antiga tradição filosófica grega, Platão estava de um lado (números são reais) e Aristóteles, de outro (números são abstrações da experiência). Entre seus sucessores, nenhum filósofo posterior surgiu com um argumento que convencesse a *todos* sobre uma posição ou outra. Assim, continua sendo uma questão controversa até que ponto a contagem humana é limitada pelos dados da fisiologia humana, até que ponto ela é limitada — se for — pela natureza das coisas, e até que ponto é livremente escolhida e transmitida como uma questão de cultura humana.

Felizmente, para o propósito de explorar as muitas maneiras pelas quais os seres humanos de fato contaram, não parece haver necessidade de escolher entre essas posições. Este livro tentará manter a mente aberta.

PARTE 2

Ramos

3

Contando com palavras e símbolos no Crescente Fértil

Saia da África em direção à terra fértil, ou seja, siga para o vale do Nilo (a única maneira de cruzar o Saara) e depois para a hospitaleira faixa do Levante entre o Deserto da Arábia e o Mediterrâneo. Depois, corte pelas montanhas da Anatólia e, virando à direita, siga para o Tigre ou o Eufrates, possivelmente até o mar: o moderno Golfo Pérsico. Essa rota foi importante para os humanos, mas também para os animais e plantas, expandindo-se para fora da África ao longo de dezenas de milhares de anos. Toda a rota — agora conhecida como Crescente Fértil — tornou-se um local importante para a cultura humana. Ela fica entre três continentes — África, Ásia, Europa — e entre três placas tectônicas, cujo encontro e movimento criaram os grandes vales e montanhas da região: o rifte do Mar Morto, os vales dos rios Tigre e Eufrates e as montanhas da Anatólia e do Cáucaso. Por consequência, é uma região de enorme variação: pântanos, desertos, vales fluviais em cursos que lentamente se alteram e montanhas.

Um ramo da história da contagem floresceu no Crescente Fértil desde o início da escrita, cerca de 5 mil anos atrás, até o período helenístico, mais de três milênios depois. Da Suméria, da Assíria e do Egito, desde os primeiros escritos ao florescimento final da escrita egípcia sob dominação grega, e desde a primeira cidade do mundo aos últimos séculos dos faraós, o ato de contar sempre esteve presente na administração e ostentação, no controle e como prova de quem possuía algo ou de quem pagou algo a alguém.

A região era, claro, uma colcha de retalhos de diversas culturas, falando línguas diferentes e fazendo artefatos — incluindo contas — de maneiras diferentes. Mas é justo identificar palavras e símbolos como características importantes da contagem nesse lugar e época. É um local em que se pode aprender algo mais específico sobre palavras numéricas: as mais antigas palavras numéricas documentadas vêm da Suméria, na Mesopotâmia. Também foi um dos lugares onde um novo item crucial foi adicionado ao repertório humano dos meios de contagem: os símbolos numéricos.

Suméria: contando símbolos

Agache-se no chão à luz do sol na maior cidade do mundo. Molde um pedaço de argila em uma tabuleta plana que caiba na palma da sua mão. Pegue um estilete de madeira e faça um desenho na argila: uma cabra. Gire o estilete sobre um extremo e faça furos na argila: "Dish, min, esh." Significa "três cabras". Cinco mil anos depois, ainda significará "três cabras". A luz brilhante da escrita altera tudo.

O extremo oriental do Crescente Fértil, agora às vezes chamado de Mesopotâmia, contém em si grande parte da diversidade da região. Por estar próximo de rios, as cheias anuais tornam aquela terra fértil. Pântanos ladeiam as margens. Os recursos vão desde peixes, argila, juncos, cevada e trigo silvestres até ovelhas e cabras selvagens, gado, porcos e camelos. O potencial para caça e pesca é excelente. As pessoas estão na região há muitos milênios.

À medida que o clima melhorava desde o ponto mais baixo da era glacial, esta foi a primeira região do mundo onde os seres humanos assumiram o controle do seu suprimento de alimentos cultivando cereais: selecionando, semeando, colhendo e armazenando. As povoações mudaram-se do norte da Mesopotâmia para as planícies ao lado dos rios e, por volta de 7000 AEC, existiam em todo o Oriente Próximo, onde quer que houvesse chuva suficiente para sustentá-la; a dependência das eras de caça e coleta havia praticamente desaparecido.

No final do quarto milênio AEC, as planícies no sul do que é hoje o Iraque estavam se tornando densamente povoadas, sustentadas por solo fértil e pela irrigação cada vez mais elaborada. As povoações cresceram e as primeiras cidades surgiram.

Para seus habitantes, a maior de todas era simplesmente "a cidade": "Uruk", localizada no extremo sul da Mesopotâmia, no Eufrates, perto do Golfo Pérsico. Pode ter sido formada a partir de duas povoações nos dois lados do rio, e, por volta de 3000 AEC, cobria 600 acres ou mais; cerca de 2,5 quilômetros quadrados. A população podia chegar a 40 mil pessoas. O mundo literalmente jamais havia visto nada como aquilo.

Fisicamente, Uruk era dominada por um complexo de templos que cobria 75 acres: áreas cerimoniais dispostas em plataformas, sendo algumas construídas em pedra, com paredes decoradas com mosaicos de argila branca, preta e vermelha e visíveis a longas distâncias pela planície. Culturalmente, a cidade dominava as vilas próximas, consumindo muitos dos alimentos que produziam e estabelecendo uma especialização laboral entre os produtores: pescadores, fazendeiros, jardineiros, caçadores, pastores. Mas também havia tecelões, oleiros, metalurgistas e outros tipos de especialistas. No entanto, madeira, rocha e metal precisavam ser importados, o que resultou na formação de redes de trocas de longa distância.

Tudo isso exigia organização em diversos sentidos. Havia um governante e algum tipo de assembleia municipal, embora o funcionamento das instituições do quarto milênio AEC seja bastante obscuro. Organizar pessoas e coisas nessa escala exigia uma língua, é claro, e os habitantes de Uruk e adjacências falavam o chamado sumério, que não tem outros vínculos conhecidos e cuja gramática e fonética não são totalmente compreendidos.

E exigia também a contagem.

O sumério tinha um conjunto de palavras numéricas: *dish* ou *ash*, *min*, *esh*, *leemu*, *ya*. Esse conjunto primário de 1 a 5 foi composto para formar palavras de 6 a 9: *ya-ash* tornou-se *yash*; *ya-min* tornou-se *imin*, e assim por diante. Além disso, os sumérios contavam em sistema decimal, com 10 sendo *hu*, 20 *nish*, 30 *ushu*, e assim por diante até 60: *gi* ou *esh*. As limitadas evidências sugerem que, para números maiores, 60 era usado como base, então, para 73, se deveria dizer o correspondente a "sessenta, dez, três", e "dois-sessentas, quarenta, dois" para 162. *Shar* parece ter significado 3.600 (ou seja, 60 vezes 60), e (alguns estudiosos dizem) *shar-gal*, 216.000 (ou seja, 60 vezes 60 vezes 60).

Indiretamente, o uso de 5 e 10 no conjunto de palavras de contagem sugere um interesse nos dedos, usados como conjunto de cinco, da mesma forma que em algumas línguas e famílias linguísticas, mas não em todas. É muito provável que os sumérios contassem nos dedos às vezes, porém não há evidência direta do fato; não existe nenhuma impressão de mãos como as de Cosquer. Da mesma forma, é possível que às vezes fizessem marcas de contagem, mas nenhuma foi encontrada em contextos antigos.

Mais provável é que objetos para contar fossem usados no mundo mesopotâmico. Seixos sem identificação não podem ser confiavelmente identificados como contadores nos registros arqueológicos, entretanto, já a partir de 8000 AEC, pequenos objetos de argila apareceram em lugares na Síria e no Irã, e uma interpretação interessante é a de que alguns deles, ao menos por algum tempo, funcionassem como objetos de contagem. Milhares foram encontrados em todo o Oriente Próximo, do Mediterrâneo à Pérsia, e parece bastante provável que aqueles com formas mais elaboradas, ou aqueles perfurados para talvez se passar um cordão, tivessem outros usos e significados além de numéricos (que se tornaram mais comuns aproximadamente após 4000 AEC). Ainda assim, da mesma maneira que contas de períodos muito anteriores, eles testemunharam no ambiente humano a presença de objetos cuja manipulação poderia formar uma sequência ordenada e serem utilizados para contar. Quando exatamente e com que frequência isso acontecia, nesse caso, é algo que permanece obscuro.

Ao fim do quarto milênio AEC, as exigências de um comércio de longas distâncias e a administração do suprimento de alimentos e materiais da maior cidade do mundo provocaram uma variedade de experimentos visando ao armazenamento de informações. Argila úmida poderia ser usada como um selo, assim como a cera em outras épocas e lugares — ao redor do gargalo de um saco ou da tampa de um jarro —, e poderia ter a impressão de algum grafismo para segurança extra. A estampagem simples já havia aparecido por volta de 6000 AEC. Mais sofisticado do que um simples carimbo plano eram os selos cilíndricos, que eram rolados sobre a argila úmida para fornecer a impressão de seu desenho. Eles apareceram pela primeira vez em meados do quarto milênio AEC, podiam ser feitos de conchas, ossos ou rochas e eram pequenos (raramente tinham mais de 3 centímetros de comprimento); seu entalhe envolvia uma considerável habilidade e tempo, já que as cenas esculpidas eram, às vezes, elaboradas e detalhadas. Presumivelmente, o dono do selo poderia ser identificado pelo desenho por aqueles que o conheciam, e o uso crescente de selos demonstra uma comunidade na qual a memória, o boca a boca e a confiança não eram mais ferramentas adequadas para identificar e proteger a propriedade, efeito do tamanho e da complexidade daquela sociedade.

Um experimento diferente de manutenção de registros também usou a argila, mas na forma de esferas ocas ou envelopes, nos quais pequenas fichas de argila podiam ser colocadas antes que o invólucro fosse fechado. Muito possivelmente, o tamanho, a forma e o número de fichas no envelope representavam tipos e números de objetos do mundo real, e é possível que essa técnica estivesse diretamente relacionada ao uso de fichas para significar as mesmas coisas em outros contextos. O exterior do envelope poderia ser marcado com um selo ou com símbolos correspondentes ao número de fichas dentro dele, no entanto, apenas um punhado de exemplos é conhecido, e não está claro o quão comum isso era ou exatamente como funcionava. É, de fato, a única evidência direta de fichas de argila denotando números na região. Esses envelopes de argila foram usados, talvez, por um milênio, de aproximadamente 3700 AEC em diante.

Contudo, todos esses sistemas de registro baseados em argila ainda dependiam da memória das pessoas até certo ponto, e sua capacidade de registrar detalhes era limitada, assim como sua capacidade de evitar adulterações. É tentador organizá-los em uma sequência de desenvolvimento, do mais simples ao mais sofisticado, mas os contextos arqueológicos, às vezes distantes, nos quais são encontrados não fornecem detalhes cronológicos suficientes para confirmar tal história. Talvez a melhor leitura seja a de que no final do quarto milênio AEC, particularmente nos dois últimos séculos, tenha ocorrido um período de inovação e experimentação em vários lugares e direções.

Símbolos numéricos de Uruk.

Outra possibilidade era pegar uma única tabuleta plana de argila e marcá-la com figuras que denotassem as coisas a serem registradas: a impressão de um selo cilíndrico ou de um selo carimbado; um rápido rascunho estilizado de algo (uma cabra, uma ovelha) feito com a ponta afiada de um estilete de junco; um símbolo abstrato funcionando como sua "marca" pessoal; algumas estocadas com a ponta grossa da palheta de junco, para indicar a quantidade (de cabras ou outra coisa). Deixada no sol, a argila secaria, tornando-se um registro duradouro da informação contida. A tabuleta poderia ser umedecida de novo e modificada, embora adulterar o texto dessa maneira seria algo bastante fácil de se detectar; poderia ser molhada com água antes da correção e reutilização; ou poderia apenas ser descartada após servir a seu propósito. Artefatos como esses começaram a ser feitos talvez a partir de 3500 AEC, e os mais simples continham apenas uma única unidade de informação: digamos, um ou mais símbolos estilizados mais um conjunto de pontos denotavam um número. A princípio, os números eram simples marcas; um exemplo encontrado em um sítio na Síria tem 22 marcas sem sinal de qualquer agrupamento.

Por volta de 3200–3100 AEC, esse método se tornou claramente mais elaborado e sofisticado. A tabuleta plana de argila permaneceu (dimensões comuns seriam de 5 a 15 centímetros de diâmetro, mas tanto tamanhos maiores quanto menores eram possíveis), assim como o estilete de junco. Da mesma forma, permaneceram a convenção de riscar sinais com a ponta fina do estilete e fazer anotações numéricas com a ponta grossa. O número de sinais aumentou para algumas centenas — quase mil, em algumas estimativas — e a origem de alguns deles como pictogramas se tornou obscura; uma grande proporção seria, ao que parece, totalmente abstrata, e seu significado precisava ser aprendido e transmitido de pessoa para pessoa.

Além disso, a superfície da argila estava agora dividida por linhas dentro de quadros, cada um separando uma unidade de informação. A ordem dos sinais nos quadros parece ter sido bastante arbitrária, mas a organização dos quadros na tabuleta começava a ser padronizada, e a relação entre um quadro — uma unidade de informação — e outro era uma questão de convenções compreendidas por aqueles que utilizavam as tabuletas de argila.

Os próprios símbolos numéricos também passaram por algum desenvolvimento a essa altura, adquirindo algo da mesma complexidade dos símbolos não numéricos. Para contar objetos distintos, o sistema mimetizava a estrutura das palavras numéricas faladas na Suméria com símbolos para 1, 10, 60, 600,

3.600 e 36.000. Para 1, o símbolo era um pequeno triângulo; para 60, um triângulo maior; e para 3.600, um grande círculo. O símbolo para 10 era um círculo pequeno e poderia ser adicionado no interior dos sinais de 60 ou de 3.600 para significar 600 ou 36.000. Cada sinal era repetido quantas vezes fossem necessárias; por convenção, os sinais para números maiores vinham à esquerda, e os menores, à direita. Para contar certos artigos, como grãos, terras, cerveja ou ovelhas, no entanto, havia sistemas diferentes, que tinham não apenas um conjunto de sinais diferente, mas diversas relações entre eles. Para contar grãos processados, por exemplo, havia símbolos para ½, 1, 10, 60, 120, 1.200 e 7.200; para áreas, os símbolos eram criados para 1, 10, 60, 180, 1.800 e 10.800. Provavelmente baseavam-se em instrumentos de medição convencionais, como varas e tigelas, e faziam suas relações; assim, os símbolos escritos podiam expressar que dez tigelas pequenas cabiam em uma tigela grande, e assim por diante.

Ao todo, havia ao menos doze diferentes sistemas de sinais numéricos, talvez até quinze. Alguns símbolos eram específicos de um sistema, enquanto havia aqueles que eram reutilizados em vários outros, deixando-os ambíguos caso o leitor não prestasse atenção ao contexto. Uma pequena figura redonda poderia significar dez objetos específicos, mas também dezoito grandes unidades de terra, trinta pequenas unidades de grãos...

As marcas nas tabuletas de Uruk provavelmente foram a primeira escrita do mundo. Se foram feitas tentativas anteriores de representar a linguagem humana por meio de marcas em superfícies, não sobreviveram ou os arqueólogos ainda não as encontraram. Assim, desse período de Uruk, de formas aparentemente simultâneas e concorrentes para registrar informações e representar o mundo de modo mais duradouro do que a fala, e mais confiável do que a memória, esta foi a inovação que acabou sendo a mais perene e importante, embora fichas, selos e carimbos de argila também tenham continuado em uso por mais séculos. É certo que essa escrita bastante antiga desempenhou somente algumas das funções que mais tarde seriam associadas aos textos. Por exemplo: nenhuma ordem de palavras nem forma gramatical específica foram representadas; os sinais, de fato, não foram uma tentativa de registrar completamente a língua falada; e as tabuletas devem ser comparadas a faturas e notas, não a páginas de prosa.

Da mesma forma, as marcas numéricas de Uruk são os primeiros símbolos numéricos do mundo: mais complexos e abstratos do que as marcas um-para-um e, claramente, sua estrutura deriva das palavras numéricas que os precederam. Usando palavras sumérias, você poderia dizer o número de dezenas; depois, o número de unidades ou mesmo o número de sessentenas; depois, de dezenas, e depois, de unidades. Nos símbolos de Uruk, era praticamente o mesmo, fazendo uma marca para cada sessenta, cada dez e cada um. Ao falar em sumério sobre quantidades de grãos, digamos, relatava-se o número de tigelas grandes, seguido pelo número de tigelas pequenas; em símbolos, fazia-se uma marca para cada tigela grande e, depois, uma marca para cada tigela pequena. Assim, os símbolos seguiam, aparentemente muito de perto, a maneira como a quantidade era falada em sumério.

Cerca de 5 mil tabuletas foram recuperadas de Uruk, onde, após sua vida útil ter acabado, foram reutilizadas como entulho de construção no complexo do templo. Aparentemente datam de quando o sistema de símbolos foi inventado. Eram utilizadas, evidentemente, na complexa economia doméstica da cidade, na qual era de real importância saber quantas unidades de diferentes artigos tinham sido transferidas de dono ou local. A argila não é um meio muito flexível, e suas limitações moldaram como o processo poderia funcionar: ela endureceria no tempo que se levava para mover uma ovelha de um lado a outro da cidade, por exemplo, então não poderia haver contas correntes acumuladas ao longo de dias ou semanas. De fato, se um conjunto de marcas de contar ou de dedos levantados está para a atividade de contar da mesma maneira que a fumaça está para o fogo, notações mais estruturadas deixam uma lacuna maior entre o ato de contar e o rastro que ele deixa. Primeiro você conta (ou de fato calcula) e, depois, escreve uma notação que registra o resultado. Não deveria haver, então, um escriba atravessando a cidade com um conjunto de tabletes de argila molhada em uma bolsa, testemunhando transações e anotando-as em tempo real. É provável que a maioria dos registros tenha sido feita após o fato acontecer e que houvesse um elemento de irrealidade sobre eles: seu propósito seria estabelecer a responsabilidade por certos ativos, em vez de necessariamente relatar movimentos de bens e pessoas que haviam literalmente acontecido.

Dito isso, as tábuas de argila retratam uma preocupação em iluminar até os menores detalhes da vida econômica da cidade — informações sobre animais, cevada, pessoas e terras eram relatadas com meticulosa precisão. Demonstram uma cultura na qual contar (e medir) havia se tornado uma parte criticamente importante da economia. Algumas depois foram resumidas em contas secundárias que relatavam totais e subtotais, por exemplo, de ofertas ao templo ao longo de um período de anos. É possível que a informação tenha sido usada — pretendia-se que fosse usada — para planejamento, como a distribuição de rações ou de trabalho.

No entanto, pergunta-se: quem fez a escrita, a leitura e o planejamento? O número de tábuas de argila recuperadas é enorme, mas marcar a argila leva pouco tempo e não teria ocupado mais do que um número bem pequeno de pessoas em tempo integral. O termo uruk utilizado para eles era *umbisag*, o qual denotava um contador ou escriba, ou seja, os primeiros matemáticos profissionais do mundo. Eis uma nova função, alguém que não produzia bens nem exercia poder político, mas ficava entre os dois, gerenciando a produção e o movimento de bens em nome dos governantes da cidade. Eles eram poucos e tinham habilidades, portanto, poder que a vasta maioria não tinha — incluindo muito provavelmente a própria elite de governantes. No século VII AEC, quase 2500 anos após a invenção da escrita, um rei assírio ainda podia se gabar de ser capaz de ler e escrever, como se isso fosse algo incomum. Como o historiador Marc Van De Mieroop colocou, "as pessoas devem ter percebido o quão importantes eram os documentos, como os protegiam de acusações de roubo ou de perda descuidada. O escriba tinha, portanto, certos poderes esotéricos, um controle sobre a vida das pessoas expresso de maneira que a maioria não conseguia controlar".

Durante seus primeiros séculos, o sistema sumério de marcas em argila foi mudando e se desenvolvendo. Talvez, assim que houve uma comunidade comprometida em sustentar essa nova maneira de registrar informações, tenha sido proposto, tanto por acidente quanto por design, um aperfeiçoamento do sistema. Assim, tornou-se convencional organizar os sinais em linhas para se ler da esquerda para a direita e colocá-los na ordem em que seriam falados; as próprias linhas eram organizadas em colunas, cujo número dependia do tamanho da tabuleta. Logo se percebeu que pressionar o estilete na argila era mais rápido e interessante do que riscar, então as antigas linhas curvas foram substituídas por retas. O escriba agora pressionava a cabeça do estilete na argila e depois o empurrava para o lado, produzindo uma marca característica em forma de cunha. Os sinais, já em sua maioria estilizados, tornaram-se completamente estilizados, consistindo em uma ou mais cunhas em várias configurações. (Agora poderia ser corretamente chamada de escrita *cuneiforme*, em forma de cunha.)

Os sinais numéricos se desenvolveram da mesma forma, de modo que os números de 2 a 9 agora eram mostrados por uma única cunha, repetida pela quantidade apropriada de vezes; o número 1, por uma única forma de *T*, um pouco mais elaborada, e o 10, pelo *sinal* do número 1, mas girado para a esquerda. A estrutura do sistema permaneceu a mesma, e uma gama de sistemas distintos para contar e medir coisas diferentes continuou em uso. Houve algumas reformas durante o curso do terceiro milênio. Gradualmente, os sistemas parecem ter sido reduzidos a cinco: um para comprimentos; outro para áreas, volumes e tijolos; um para volumes líquidos; outro para pesos e, finalmente, um para objetos distintos. Continuaram existindo várias bases nas quais múltiplos de sessenta eram importantes, mas não onipresentes. Comprimentos, por exemplo, tinham trinta dedos em um côvado, seis côvados em um junco e dois juncos em uma vara.

Talvez mais importante do que essas mudanças na aparência da escrita tenham sido os movimentos em direção ao registro de uma proporção maior das palavras faladas. Muitas palavras sumérias tinham apenas uma única sílaba, o que significava que o sinal para uma palavra também poderia ser usado para representar seu som. Isso criou a possibilidade de soletrar outras palavras ou palavras mais longas, incluindo, por exemplo, nomes de pessoas, em uma base fonética. Assim, o sinal para "junco", que soa "*gi*", foi reutilizado para a palavra "retornar", que soa igual. Um único sinal poderia ter até vinte significados diferentes, e era preciso conhecer bem a língua para interpretar a escrita.

O sistema de recibos e resumos continuou em uso, e até 90% dos documentos escavados do terceiro milênio AEC são do tipo quantitativo. Os 10% restantes incluem uma proporção crescente de literatura mesopotâmica: os primeiros mitos escritos do mundo, ambientados no universo de Gilgamesh e Utnapishtim. Também contêm listas de palavras, compiladas por e para escribas aprendizes. As mais longas contêm milhares de palavras e dão uma ideia clara da dificuldade que havia em se tornar proficiente no sistema de escrita cuneiforme.

Da mesma forma, técnicas de cálculo precisaram ser aprendidas e praticadas a custo de um esforço considerável. Algumas tabuletas de madeira foram usadas para exercícios de cálculos artificiais, como créditos inventados ou problemas como quantos trabalhadores poderiam ser alimentados por uma determinada quantidade de grãos ou as dimensões de terra representadas em uma medição.

A adição é bastante fácil no sistema dos sumérios, é necessário apenas escrever o conjunto completo de sinais representando as duas quantidades a serem somadas, e se qualquer sinal ocorrer mais vezes do que o permitido, deve-se substituí-lo colocando um 10 no lugar de dez unidades e 6 no lugar de seis unidades, dependendo do sistema utilizado. A subtração não é muito mais difícil. Porém, a multiplicação e a divisão requerem algum trabalho, como de fato exige qualquer conjunto de símbolos numéricos. Para todos os cálculos envolvidos nessas contas, seus traços — em vez de resultados — são, na verdade, bastante raros nos primeiros registros cuneiformes, e é provável que uma tecnologia não escrita fosse utilizada para calcular: talvez um ábaco com contas em cordões ou uma placa em que objetos de contagem se moviam. Nenhum exemplar sobreviveu e não há registros de nenhum.

Por último, o fim do terceiro milênio AEC presenciou uma intrigante inovação na escrita cuneiforme de números. Escribas começaram a simplificar seus cálculos e suas conversões entre diferentes sistemas, pegando quantidades expressas em sistemas tradicionais e as reescrevendo todas no sistema normalmente reservado para contar objetos distintos: aquele que registrava 1 – 10 – 60 – 600 – 3.600 – 36.000. A convenção de que os sinais eram escritos em ordem decrescente de tamanho estava estabelecida havia bastante tempo, e os escribas simplificaram ainda mais a notação ao abandonar a tradicional gama de sinais de formas diferentes para valores maiores; em vez de usar o sinal de "um" — uma cunha vertical — para 1, 60 e 3.600, e o sinal de "dez" — uma cunha inclinada — para 10, 600 e 36.000, confiando na ordem em que os sinais apareciam para indicar qual era o número pretendido. Agora podia-se ler \\||\\\|||| como dois 600s, dois 60s, três 10s e quatro 1s (igual a 1.354).

Eram simplificações compreensíveis motivadas por necessidades práticas. Ao escreverem a quantidade na nova notação, os escribas poderiam calculá-la com eficiência e depois converter o resultado para qualquer sistema tradicional apropriado; essa nova notação não era armazenada como registro. Algumas tabuletas de argila remanescentes incluem tabelas especialmente reservadas para multiplicação e divisão no sistema de base 60, ou seja, tabelas de pares de números cujo produto é sessenta.

Os primeiros cálculos datáveis na nova notação são de 2039 AEC. Um sistema que dependia da posição, em vez da forma do símbolo, para denotar números dessa maneira era uma ferramenta flexível; curiosamente, era um sistema indefinidamente extensível, sem limite superior específico para o tamanho dos números que poderiam ser expressos.

Ao longo do milênio seguinte, tornou-se comum para os escribas, ao calcular, transformar tudo na nova notação posicional. No primeiro milênio, ela era utilizada na astronomia babilônica, e sua ênfase no número 60 é o ancestral da divisão de círculos em 360 graus e de horas em 60 minutos.

Uma questão que surge naturalmente para uma mente moderna, e deve ter ocorrido logo no início entre os usuários dessa notação, é o que fazer se houver, por assim dizer, uma coluna em branco. Como você expressaria o número feito de duas sessentenas e três unidades, mas sem nenhuma dezena intermediária, por exemplo? É necessário algum tipo de sinal que signifique "em branco" ou apenas uma lacuna em branco na argila. O exemplo mais antigo remanescente de uma solução para o problema está em uma tabuleta de quadrados de Kish, datada do século VII AEC: ela tem um substituto idêntico ao sinal de "30" que desempenha a função "em branco". Sinais com essa função se tornariam comuns na posterior escrita aritmética e astronômica dos números babilônicos.

Os símbolos numéricos cuneiformes percorreram um longo caminho desde suas origens, tanto em sua aparência quanto em suas funções. Em outros lugares do Crescente Fértil, eles seriam usados de maneiras muito diferentes daquela para a manutenção de registros administrativos ou mesmo do cálculo astronômico e se tornaram parte da tradição de autopropaganda, exibição e ostentação real.

Tiglate-Pileser I: contando pilhagem

> Cidade de Katmuhu, próxima à Assíria; início do século XI AEC. Dois escribas inspecionam o campo de batalha, os mortos, os prisioneiros e a pilhagem. Utilizam um estilete para manter o controle, contando em voz baixa. Mais tarde, o registro será escrito e se tornará parte dos anais reais:
>
> "Eu capturei em batalha o rei deles, Kili-Teshub, filho de Kali-Teshub, que é chamado Errupi. Eu levei suas esposas, seus filhos naturais, seu clã, 180 chaleiras de cobre, cinco tinas de bronze, junto de seus deuses, ouro e prata, o melhor de suas propriedades."

Além de passar por uma série de desenvolvimentos em sua localização original na Mesopotâmia, a escrita cuneiforme se espalhou por todo o Oriente Próximo. O sistema foi logo exportado para outras cidades do Iraque e da Síria; a evidência é fragmentária, mas símbolos numéricos como os de Uruk foram encontrados em vários locais no final do quarto milênio, e é possível que a invenção original tenha sido um assunto mais amplamente distribuído do que as evidências mostram agora. As mudanças posteriores fizeram do cuneiforme uma ferramenta flexível, capaz de ser usada para textos literários e cartas, por exemplo. Ela poderia ser usada na notação de línguas diferentes do sumério original e acabaria registrando cerca de quinze línguas diferentes no Oriente Próximo. Em seu auge, foi usada da Turquia ao Egito e do Líbano ao Irã. De fato, a escrita cuneiforme em argila permaneceria em uso por mais de 3 mil anos, sendo a tecnologia de escrita mais duradoura que o mundo já viu. Sua história é mais longa do que aquela que separa o presente da queda de Troia. O sistema Uruk de manutenção de registros foi a base dos sistemas administrativos durante todo esse período.

Uma das línguas mais associadas ao cuneiforme é o acádio, integrante da família de línguas semíticas, cujos membros também incluem o hebraico, o aramaico e o árabe. Por razões agora muito obscuras, ele substituiu o não relacionado sumério como língua falada cotidianamente em Uruk durante o terceiro milênio AEC. Tornou-se um idioma amplamente utilizado no Oriente Próximo, funcionando como língua franca para propósitos como correspondência diplomática. No dialeto da Babilônia, era uma língua importante da literatura em toda a região; no dialeto de Assur, era a língua de uma cidade importante e, em alguns momentos, de um império.

Assur ficava na margem oeste do Tigre, cerca de 100 quilômetros ao sul da moderna Mossul, e tinha vista para o rio a leste de um promontório rochoso. Essa área tinha um clima diferente daquele da Suméria, com mais chuvas, facilitando a agricultura, que ficava menos dependente da irrigação. Rochas estavam disponíveis localmente e não precisavam ser importadas, assim como madeira e metal, que podiam ser encontrados por perto. Por outro lado, os pântanos e seus produtos característicos estavam ausentes. Os mercadores assírios operavam até na Anatólia central.

Governada por um rei e uma assembleia, Assur funcionava um pouco como Uruk, com áreas agrícolas do interior fornecendo cereais e alimentos de origem animal, enquanto a cidade abrigava ofícios especializados. Assur se estabeleceu como cidade por volta de meados do terceiro milênio AEC e teve períodos de relativo poder e também de colapso. A partir de meados do século XIV AEC, uma série de reis ambiciosos fez dela uma importante força política na região, e conquistas tanto diplomáticas quanto militares desempenharam seu papel. Por exemplo, no fim do século XIII AEC, Tuculti-Ninurta I atacou com êxito a Babilônia. Ele saqueou a cidade, pisou no pescoço do rei "como se fosse um escabelo" e o levou acorrentado para a Assíria. Houve campanhas em todas as direções em vários momentos. Por fim, e diplomaticamente, o poder assírio foi admitido por seus rivais regionais, os hititas, babilônios e até mesmo os egípcios; reconheceu-se que Assur controlava o vale do Tigre e as planícies a leste, até as montanhas Taurus, ao norte.

Assim como em Uruk, os recursos eram controlados por meio da contabilidade cuneiforme, permitindo que fossem mobilizados para esquemas de construção, irrigação e agricultura. Como o sumério antes dele, o acádio tinha palavras numéricas (*isten*, *sina*, *salasat*, *erbett*, *xamsat*...), usava um sistema decimal para números menores e mostrava ao menos traços de um sistema de base 60 para números maiores, com palavras especiais relatadas para 60 (*sus*) e 3.600 (*sar*), mas também para 100 (*meat*) e 1.000 (*lim*).

Para escrever números, os assírios usavam um sistema híbrido. Para 1 e 10, eles adotaram os símbolos do sistema posicional sumério: uma cunha vertical e uma inclinada, respectivamente, cada uma repetida até nove vezes, conforme necessário. Além disso, eles usavam ideogramas para denotar 60, 100, 600 e 3.600. Com o tempo, os números 60, 600 e 3.600 caíram em desuso, e os assírios passaram a utilizar um sistema puramente decimal, com sinais apenas para 10, 100 e 1.000. Mas um sistema totalmente posicional não foi usado de forma consistente.

Eles usavam seus números escritos para contabilidade e manutenção de registros institucionais, assim como os sumérios, embora houvesse diferenças em detalhes. A contabilidade em língua acádia (mesmo em Uruk) tendia a se interessar mais por estimativas e previsões com números redondos padronizados do que seus primeiros equivalentes sumérios, mais em uma visão geral do que nos detalhes. Os dois estilos podiam coexistir no mesmo arquivo: "A aproximação tendia a ser usada para calcular os ativos e direitos dos ricos e dos institucionalmente poderosos; a precisão era usada para as taxas dos dependentes." Em Assur, a numeracia também se tornou uma propriedade menos exclusiva que em Uruk e era usada por comerciantes que treinavam de maneira menos formal e dependiam menos de modelos babilônicos prestigiosos. Os números escritos também eram usados pelos reis assírios como parte de seu programa de autoavaliação e propaganda pública: uma função da contagem bem diferente de qualquer outra já vista antes.

Desde muito cedo, os reis tinham inscrições esculpidas em monumentos de pedra. Na época de Tiglate-Pileser I (1114–1076), floresceu um gênero totalmente novo de autoglorificação, os anais reais: relatos cronológicos notavelmente detalhados de ações reais e militares. A primeira cópia sobrevivente de seus anais, do quinto ano de seu reinado, assume a forma de um prisma octogonal recuperado do templo de Anu-Adad, em Assur. Nele, o rei apresenta-se como piedoso, forte e incansável na defesa de seu povo, na proteção de sua terra e na expansão de seu território:

> Ganhei controle sobre terras, montanhas, cidades e príncipes que eram hostis a Assur, e subjuguei seus distritos. Competi com 60 cabeças coroadas e obtive vitória sobre elas em batalha. Não tenho rival na luta nem igual no conflito.

Seu reinado foi agitado, com campanhas contra os arameus no oeste até o Mediterrâneo e nas montanhas ao norte visando proteger rotas comerciais. No sul, ele atacou a Babilônia, mas sua batalha contra Nabucodonosor não teve sucesso.

Números permeavam o texto: havia cerca de cinquenta contas diferentes nos anais de Tiglate-Pileser, incluindo os reis com quem havia lutado (60), as terras que conquistou (42), as vezes que cruzara o Eufrates (28), a quantidade de seus soldados e de seus prisioneiros. Os números variavam em tamanho de algumas dúzias a dezenas de milhares: 20 mil soldados combatidos, 6 mil hordas capturadas, 30 bigas apreendidas, 300 famílias detidas, 2 mil cativos tomados, 12 mil tropas conquistadas... Tributos ordenados aos conquistados eram quantificados, assim como as imensas pilhagens extraídas das cidades conquistadas: mulas, burros, bois, carneiros, ouro, prata, bronze, estanho, cornalina, lápis-lazúli, ágata, joias... Tiglate-Pileser estava particularmente interessado em contar os itens levados a Assur como presentes para os templos do lugar: 25 "deuses" (provavelmente estátuas de culto), chaleiras de cobre em diversas quantidades e, em uma ocasião, cinco tinas de bronze. De maneira similar, a inscrição incluía uma lista das façanhas de caça do rei, com uma enumeração detalhada dos touros selvagens, elefantes e leões mortos ou capturados (além disso, na campanha do Mediterrâneo, algo chamado de "peixe nahiru" ou "cavalo-marinho" — possivelmente um narval). O rei, portanto, gastou suas energias travando guerras em mais de uma frente contra as forças do caos e da escuridão, em nome de seu povo e sob o comando dos deuses assírios.

A profusão de números nas inscrições reais levanta a questão sobre como todos os artefatos citados foram contados — particularmente as maiores quantidades — e por quem, bem como quem escolheu quais itens contar e quais descrever com quantificadores mais vagos como "muitos", "todos" ou "tantos quantos havia". Quando a inscrição do rei enumera soldados ou saques, a implicação é a de que, presumivelmente, não era o próprio rei quem os contava. Quem era então?

Felizmente, imagens de reinados posteriores podem lançar alguma luz sobre a questão. Vários relevos reais assírios mostram escribas envolvidos no processo de contagem. Um deles retrata um oficial ditando para um par de escribas no topo de uma construção: um escriba tem uma tabuleta e um estilete, e o outro tem um pergaminho ou talvez um papiro. O mesmo relevo mostra dois soldados partindo uma estátua e outros pesando bens confiscados: toda a cena dá a impressão de haver alguma atenção à quantificação do que foi apreendido. A cena com um par de escribas é comum em outras representações desse tipo:

Dois escribas contando o butim, em um relevo assírio.

> Tipicamente, um escriba sem barba segura um papiro ou pergaminho, ao lado de outro, barbado, com uma tábua de escrita de madeira articulada, que se abria para revelar uma superfície de escrita encerada, a qual poderia ser facilmente apagada para reutilização (apesar de outras combinações de figuras também serem conhecidas). Os escribas são mais frequentemente retratados apontando seus estiletes para as pilhagens ou corpos que estão contando do que realmente usando-os para escrever.

Em outras palavras, os escribas eram retratados no próprio ato de contar, usando um estilete para ajudar a manter o controle da sequência de objetos enquanto contavam (em palavras? mentalmente?), prontos para registrar o resultado na forma de símbolos numéricos. É provável, então, que cada ação militar importante fosse seguida por oficiais cujo papel incluía contar a pilhagem e coletar informações a respeito.

Essas imagens de escribas no campo de batalha dão a impressão — certamente de propósito — de que os itens enumerados nas inscrições reais eram realmente contados, que os números não eram meros palpites nem invenções. A maioria dos números é de fato plausível em sua quantidade geral, embora os maiores fossem certamente arredondados. De fato, o sistema acádio de símbolos numéricos tornava bem fácil arredondar um número simplesmente deixando de fora os símbolos para as denominações mais baixas; a maioria dos números em inscrições reais, na verdade, tem apenas o primeiro ou os dois primeiros dígitos especificados. Mas não eram sistematicamente distorcidos, até onde se sabe. A contagem era real.

Os monumentos a Tiglate-Pileser I se erguem no início de uma duradoura tradição de inscrições reais assírias, que continuou até o século VII AEC, passando por períodos de ocaso e de triunfo quanto às aspirações dos reis assírios. Os números sempre permaneceram como uma importante parte das inscrições, e sua utilização se expandiu para incluir a duração de eventos, o tamanho de cidades construídas ou conquistadas, a quantidade de suas colunas e a altura de seus muros. Em 722 AEC, as inscrições assírias reportaram a deportação de 27.290 pessoas de um vizinho a oeste, o reino de Israel.

As inscrições reais assírias estavam localizadas em lugares diversos. Eram esculpidas em estelas de pedra — monumentos independentes — pouco após o fim da campanha militar e erigidas no mesmo local. Eram escritas em tabuletas, prismas ou cilindros de argila e enterradas nas fundações de projetos em construção. Seu público era, em certo sentido, a corte assíria, o mesmo círculo de oficiais e escribas que escreviam os textos. Em outro sentido, eram os deuses ou a posteridade, ou futuros reis que poderiam desenterrar as inscrições da fundação e, assim, trazer os grandes feitos de seus predecessores de volta à luz, para que os registros fossem verificados e mesmo modificados. Para seus fins de propaganda, a utilização de números dá um senso de solidez à informação apresentada, diferentemente de meras palavras. Amplificavam o fato de que Tiglate-Pileser subjugou "muitas" cidades ou levou para casa "diversas" estátuas de culto, comunicando com alguma precisão — embora reconhecidamente sem possibilidade de verificação — o que o texto celebrava.

Mais do que isso, as inscrições reais constituíam um novo uso tanto para o texto quanto para a contagem e ilustravam o poder das palavras e dos símbolos numéricos para mudar a maneira como o mundo era descrito, percebido e categorizado. Na Suméria, os símbolos numéricos transformavam dez ovelhas em um único item, sessenta recipientes de grãos em uma única posse, ou a transferência de 3.600 vasilhames de óleo em uma única transação. Tiglate-Pileser, seus escribas e leitores criaram um mundo no qual conquistar dez cidades, subjugar sessenta governantes ou se apropriar de cinco tinas de bronze eram — para um rei — um só ato.

Teianti: contando moedas

Tebas egípcia; 28 de fevereiro, 274 AEC. Tinta sobre papiro.

Teianti, filha de Djeho e Tamin, comprou uma casa (na verdade, duas) cinco anos antes. Ela acabou de pagar os impostos sobre a aquisição. O escriba Esioh, filho de Djechensertais, escreve um recibo para ela:

> "Há 6 *kites*, totalizando 3 *estáteres*, totalizando novamente 6 *kites* que Teianti, filha de Djeho, pagou como 10% do preço da casa de Pabuche, filho de we-R, e da casa de Teihor, filha de Harsiesi; sendo duas casas no total, que [eles] venderam, e sendo os 10% para os escribas dos oficiais de justiça de Tebas. Escrito pelo escriba da terra de Tebas, Esioh, filho de Djechensertais, escriba do *phylae*, no ano 9 *Typi* (dia 1) do faraó Ptolomeu, filho de Ptolomeu".

Herdeiro de uma história imensa, por volta de 270 AEC, o Egito era governado por uma dinastia de língua grega, cujo fundador, Ptolomeu Sóter, havia sido general de Alexandre, o Grande. Havia a presença grega no Egito desde o século VII AEC, e o país havia sido governado pelos persas por períodos nos séculos V e IV. Com seus milhares de quilômetros quadrados de terra fértil ao lado do Nilo, o Egito sempre foi um prêmio tentador para seus vizinhos. Sua tradição urbana se estendeu até o quarto milênio, com milhares de cidades e vilas menores, além das grandes cidades de Mênfis e Tebas.

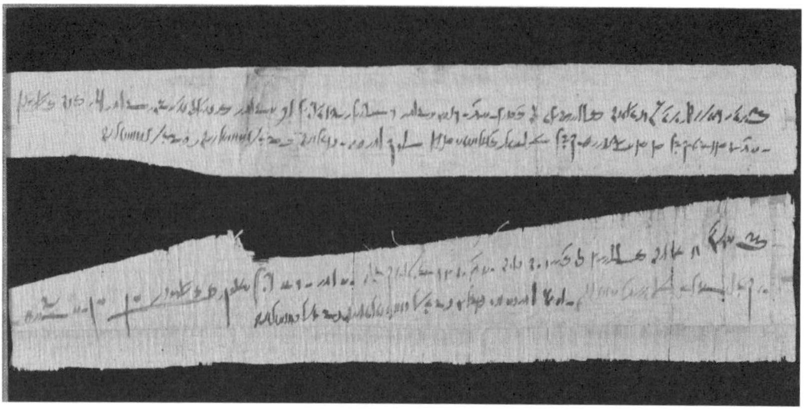

Recibo do imposto de Teianti.

Ptolomeu I estabeleceu uma administração letrada dirigida por escribas e centrada nas novas cidades gregas. Muitos milhares de documentos remanescentes testificam os detalhes da administração local, como impostos e aplicação da lei. Também contêm os levantamentos anuais de terras que se seguiram às cheias anuais do Nilo, relatando as colheitas nos campos e permitindo à coroa, ao menos em princípio, estimar sua renda para o ano.

O assentamento grego se concentrava principalmente no Faium, antigo pântano perto do Nilo, onde a drenagem e a irrigação tornaram possível recuperar terras e fazer surgir uma província totalmente nova. No final do terceiro século AEC, um sexto de sua população era grega, incluindo militares e civis, e havia vilas onde os gregos eram a maioria.

No entanto, em Tebas, 800 quilômetros acima do Nilo, a sociedade permaneceu esmagadoramente egípcia: seus templos eram antigos e opulentos, assim como as famílias de sacerdotes que os serviam. Lá, os ptolomeus pouco construíram. Longe das ruas principais, viam-se casas de tijolos de barro e lojas alinhadas em ruas estreitas, e a maioria delas tinha pátios, poços e espaço para armazenar ração animal. Tais edifícios funcionavam tanto como casas de família quanto fontes de riqueza, para usar como garantia em empréstimos ou como dotes. Eventualmente, conjuntos de documentos sobreviveram, registrando intensamente redes de laços familiares e financeiros, de obrigações legais e sociais.

A casa que Teianti comprou ficava a leste do Nilo, no distrito norte da cidade e nas proximidades do Grande Santuário de Amon. Sua propriedade está documentada em um depósito de papiros contendo registros de mais de cinquenta anos, começando em 324 AEC, apenas dois anos antes de os gregos tomarem o Egito dos persas. O primeiro proprietário conhecido, Djufachi, era um carpinteiro do templo de Amon. No nono ano de Alexandre, o Grande, ele dividiu sua propriedade razoavelmente grande — um conjunto de edifícios ao redor de um pátio — entre seus filhos, deixando uma seção da ala norte ao lado da estrada para os dois mais novos, Petechons e Phib. Por um período, os dois irmãos viveram em uma única casa, mas depois dividiram sua propriedade em duas moradias separadas, e uma parte delas passou para a viúva Taesi, por meio do acordo de casamento de Petechons. Taesi usou a casa como garantia para um empréstimo e posteriormente a vendeu ao detentor do empréstimo, um homem sem parentesco chamado Pleehe, que detinha o título de "Leitor do Macaco". A casa passou dele para sua esposa Teihor, que por sua vez a vendeu para Teianti.

Os recibos dos impostos de Teianti subsistiram para esta e outra propriedade comprada na mesma época — 10% eram cobrados sobre tais transferências de propriedade —, assim como um documento mostrando que ela, então, a alugou para sua irmã. A trilha do papiro termina no ano 274 AEC com o pagamento da parcela final do imposto, um documento relativamente cuidadoso e elaborado no qual o escriba se deu ao trabalho de dar nomes completos, descrever a natureza do imposto pago e informar a quantia envolvida tanto em *kites* egípcios quanto em *estáteres* gregos. A impressão sobre movimentações e negócios dessa propriedade certamente não engana: ela foi o lar de várias famílias diferentes dentro do mundo dos oficiais do templo tebano e mudou de mãos cinco vezes em várias décadas.

A língua utilizada nesse e em documentos similares do mesmo período é o egípcio, em uma forma tardia diretamente descendente do egípcio de 3 mil anos anteriores. É uma língua afro-asiática pertencente, a certa distância, ao mesmo grupo de línguas semitas, como o acádio. A língua egípcia tinha palavras numéricas em um sistema puramente decimal, com termos para números de 1 a 9 e para as potências de 10 até 1 milhão. Esses elementos eram usados em combinações (sujeitos a complicações adicionais) para especificar números até esse limite.

Na escrita, as palavras numéricas raramente eram grafadas como palavras: na escrita hieroglífica, os números eram expressos por meio de símbolos que também usavam um sistema decimal. Havia sete sinais — para 1, 10, 100... 100.000, 1.000.000; cada um era escrito até nove vezes para denotar um número. Os sinais eram colocados em ordem decrescente de tamanho. Portanto, era um sistema muito semelhante ao sumério e ao acádio, mas sem a complicação do 60 como base, além do 10.

O Egito tinha uma longa tradição de cálculo, de sistemas complexos de pesos e medidas e de escribas cujo papel e poderes eram amplamente comparáveis aos dos escribas sumérios e acádios, mas também eram diferentes de muitas maneiras. Os escribas forneciam conhecimentos matemáticos em contextos como contabilidade, levantamentos topográficos, construção e planejamento e eram retratados em decorações de túmulos, bem como modelos físicos em cenas como supervisão de panificação ou fermentação, ou na inspeção de vários tipos de bens. As evidências sugerem que, no decurso do tempo, alguns dos poderes do rei vinham a ser transmitidos para os escribas que trabalhavam em seu nome.

A escrita hieroglífica foi criada no fim do quarto milênio AEC, por volta da mesma época em que os sumérios escreveram pela primeira vez sua língua. De fato, é possível (mas não certo) que os egípcios tenham concebido a ideia geral da escrita de palavras por meio dos modelos sumérios ou relatos sobre eles, embora utilizassem seus próprios símbolos. Principalmente escritos em pedra, os hieróglifos eram originalmente um conjunto de cerca de mil sinais para coisas, além de um conjunto de 24 sinais para sons consonantais específicos — os dois eram usados em combinação. Mais tarde, foram simplificados e transformados em cursivos para uso em papiro, na escrita chamada hierática. Com o passar do tempo, o hierático da região do delta do Nilo se tornou distinto o bastante, passando a ser uma nova escrita, chamada demótica. Ainda mais cursiva e distante dos hieróglifos originais, a demótica foi usada por mais de mil anos, do século VII AEC em diante.

Nesses escritos finais, os símbolos numéricos não apenas pareciam diferentes daqueles dos hieróglifos, mas funcionavam em um sistema diferente. Na escrita hierática, grupos de símbolos numéricos combinavam-se em símbolos únicos. Então, em vez de escrever “1” quatro vezes, escrevia-se “4” apenas uma vez. Assim, para cada número de 1 a 9, havia agora um sinal distinto. No demótico, pelo menos, os múltiplos de 100 tinham outro conjunto de sinais, assim como os múltiplos de 1.000. Os símbolos numéricos demóticos eram largamente utilizados no comércio, na administração e em documentos legais durante o período em que os ptolomeus governaram o Egito. Foi em demótico que o recibo de imposto de Teianti foi escrito, e os símbolos numéricos demóticos estão claramente visíveis nesse e em outros documentos relativos à sua casa e aos proprietários anteriores.

Comparado aos sistemas numéricos que o precederam na região, esse era um tanto diferente: mais simples em alguns aspectos, porém mais complicado em outros. Qualquer número até 9.999 poderia ser escrito utilizando-se não mais que quatro sinais, diferente das dúzias de sinais necessárias para alguns números no sistema hieroglífico. Era mais compacto, portanto, mais rápido de se escrever. E de relance, um número escrito poderia indicar seu tamanho aproximado, de modo que um número hieroglífico não conseguia: um número envolvendo quatro símbolos estaria necessariamente na casa dos milhares, por exemplo.

Mas qualquer tentativa de vê-lo como uma melhoria direta em relação aos seus predecessores está sujeita ao fracasso. O número de sinais diferentes que os usuários tinham de memorizar era agora relativamente grande. Com nove sinais diferentes para as unidades, nove para as dezenas, nove para as centenas e nove para os milhares, havia 36 símbolos numéricos diferentes em uso: mais do que todo o conjunto de sinais fonéticos usados para denotar as consoantes da língua egípcia. (E isso em uma cultura em que um erro poderia resultar em uma surra: "Ai de seus membros, se você errar as coisas", como diz um texto sobre a vida do escriba.) Além disso, para fins de cálculo, não era um sistema cujos símbolos pudessem ser movidos e acumulados intuitivamente como contadores: ele exigia que se memorizasse tabelas de adição e multiplicação ou convertesse números em outra representação — como um ábaco — para realizar até mesmo as adições e subtrações mais simples.

Além disso, o sistema não era extensível como o sistema posicional, que reutiliza os mesmos símbolos para números de tamanhos diferentes. Ele tinha um limite superior fixo; não havia símbolos para números acima de 9.000, e o maior número que poderia ser representado era 9.999. Se o número 10.000, ou qualquer outro maior, precisasse ser escrito, o expediente um tanto incômodo seria escrever combinações de dois sinais menores, entendidos como sendo multiplicados juntos. Em outras palavras, como todas as formas de contagem, os símbolos demóticos egípcios eram bons para algumas tarefas e nem tanto para outras.

A coleção de documentos de Teianti acabou em um pote em um túmulo da décima nona dinastia que foi mais tarde utilizado como moradia. Como chegaram lá é algo obscuro: escrituras eram essenciais para mostrar a posse de uma propriedade, o que significa que coleções de papiros como essa normalmente teriam sido preservadas com algum cuidado. Igualmente obscura é sua escavação, começando no século XIX EC, que separou os documentos, deixando-os espalhados entre museus nos EUA, Inglaterra, França e Egito. O recibo final do pagamento de imposto de Teianti está agora em Londres, no Museu Britânico.

As formas mesopotâmicas e egípcias de contar com símbolos foram algumas das mais duradouras que o mundo já viu: uma tradição contínua de 3 mil anos ou mais, com mudanças e modificações, mas reconhecidamente inter-relacionadas e surgindo do mesmo impulso original de transformar simples marcas de contagem em algo com mais estrutura e, portanto, mais poder. Essas formas duraram porque as civilizações às quais serviam duraram — porque funcionaram e porque a região teve pouco contato com outras partes do mundo, como o vale do Indo e a China, que poderiam ter mostrado alternativas a elas.

No entanto, a arqueologia da região testemunha tanto sua ascensão quanto sua queda. Tanto as escritas quanto seus símbolos numéricos desapareceram do uso durante o primeiro milênio EC. As escritas hieroglíficas e cuneiformes se tornaram escritas mortas, que nenhuma pessoa viva conseguia ler. No Egito, a escrita demótica foi substituída por um alfabeto derivado do grego, conhecido como copta, e os símbolos numéricos demóticos foram abandonados em favor de símbolos gregos importados (como os ptolomeus e seus súditos colonos) do outro lado do Mediterrâneo.

Ainda assim, a história desses sistemas de símbolos numéricos não termina aqui. Embora os símbolos tenham sido substituídos, a estrutura do sistema demótico persistiu e passou para o mundo grego, onde viajaria amplamente e desfrutaria de uma longa vida até o presente. Lá, porém, ainda teria que competir com outros sistemas de símbolos numéricos e, de fato, com maneiras inteiramente diferentes de contar e imaginar números.

4

A Cultura da Contagem de Atenas ao Atlântico

Das encruzilhadas do Crescente Fértil, siga para a costa do Mediterrâneo pelo norte e oeste através da Anatólia até alcançar a Europa.

Um ramo bastante diferente da história da contagem floresceu nessa parte do mundo. Todos sabem que os gregos amavam matemática, que sua filosofia privilegiava números e geometria e que sua linguagem de teoremas e provas matemáticas continua sendo aplicada ainda hoje. Mas como eles contavam? E, a propósito, o que contavam? E quais práticas (se houver alguma) de contagem legaram para as tradições europeias posteriores da República Romana, do Império Romano e da Idade Média Latina?

Havia palavras e símbolos numéricos na Grécia e por toda a Europa do período clássico em diante, e alguns aparentemente se baseavam em modelos egípcios. Mas a forma de contar mais estreitamente associada à Grécia, à Roma, a seus impérios e sucessores é uma que lembra a mais antiga evidência de retas numéricas selvagens: as peças de contagem. Técnicas utilizando peças e tabuleiros de contagem dominaram as experiências europeias de contas e cálculos desde o século V AEC por mais de dois milênios, mas desapareceram nos séculos XVII ou XVIII. Eficientes, práticas e versáteis, elas acabariam sendo vítimas de uma nova ênfase na escrita e na impressão, portanto, nos símbolos numéricos. Mas sua história é fascinante e começa na Grécia.

Filocleon: contando votos

Atenas, 325 AEC. Um homem de meia-idade — o chamaremos de Filocleon — levanta-se cedo e vai até os tribunais, no canto nordeste da Ágora. Outros levantaram-se ainda mais cedo, e as dez entradas já estão cheias de gente, com os possíveis jurados zumbindo como vespas. Diariamente, se reúnem até dez júris, e em geral há 201, 401 ou 501 jurados, então há uma grande multidão. Filocleon usa a entrada marcada com o nome de sua tribo, onde ele encontra dez caixas com letras de alfa a capa. Ele traz uma pequena placa de buxo que o identifica como membro do júri deste ano; ela está carimbada com uma letra, bem como com seu nome e sua tribo, e ele a coloca na caixa correspondente, digamos, na caixa beta.

Depois que todos os jurados em potencial dessa tribo entram e entregam suas placas, o arconte sinaliza aos escravos para pegarem as caixas e sacudi-las. Depois, escolhe de cada caixa uma placa, cujo dono servirá como jurado no dia e também executará algumas funções administrativas.

Os administradores (Filocleon não é escolhido) colocam todas as placas em uma máquina chamada *kleroterion*: uma chapa alta de mármore com muitas fendas dispostas em cinco colunas; as placas são inseridas nas fendas em ordem aleatória. Uma vez inseridas, o arconte sinaliza para que um dado — na verdade, provavelmente uma bola — seja liberado do mecanismo ao lado, um processo parecido com o de algumas máquinas de loteria modernas. Se a bola for branca, as placas na fileira superior do kleroterion são escolhidas para o serviço de júri no dia; se for preta, não. Uma segunda bola é lançada para determinar se as placas na segunda fileira serão escolhidas, e assim por diante. A placa de Filocleon está em uma das fileiras escolhidas hoje, então ele agora sabe que servirá como jurado. Ele recebe sua placa de volta. Em seguida, precisa descobrir em qual tribunal se sentará.

Para esse propósito, a equipe do tribunal já atribuiu uma letra a cada um dos tribunais, de lambda em diante. Filocleon e os outros jurados vão até uma cesta cheia de bolotas (provavelmente falsas) e escolhem uma; cada bolota tem uma letra. Digamos que Filocleon tira um mi: então hoje ele está designado para a corte mi. Ele entrega sua placa de novo ao arconte, que a coloca em um baú em que está marcado mi; depois mostra sua bolota para outro oficial, que lhe dá um cajado cuja cor representa a corte para a qual ele está designado: digamos, azul. Filocleon se dirige à corte.

Enquanto isso, os magistrados usam o kleroterion novamente para decidir quem presidirá qual tribunal. Bolas marcadas com as cores dos tribunais são colocadas na máquina e combinadas com bolas nomeando os magistrados, que também se dirigem para os tribunais.

Todos estão reunidos na corte azul, mas o jogo de fichas, peças de contagem e seleção aleatória ainda está longe de terminar. Filocleon entrega sua bolota e seu cajado a outro oficial, que lhe dá uma ficha marcada com uma letra do alfabeto, dizendo-lhe em qual seção da corte se sentar. Em seguida, a caixa de placas é usada mais uma vez para escolher dez jurados que desempenharão outras funções administrativas: controlar o relógio de água, contar os votos e supervisionar o pagamento no final do dia. Só agora os espectadores podem entrar e o julgamento propriamente dito começa.

Depois que as alegações e evidências foram ouvidas, um arauto anuncia que a votação será realizada. Não há um tempo designado para os jurados conferenciarem, e, na prática, Filocleon pode conversar com seus colegas enquanto espera por mais uma troca de peças de contagem. Cada jurado entrega sua ficha de assento e recebe em troca dois *psephoi*: literalmente seixos, mas na verdade eram pequenas rodas de latão com um eixo projetando-se de cada lado. Cada jurado vai até as urnas de votação para colocar seu voto de "culpado" em uma urna ou o de "inocente" na outra. O formato das fichas, e possivelmente algum tipo de cobertura para as urnas, torna possível ser bem discreto, se quiser. Filocleon coloca seu voto de "culpado" na urna de bronze, "válida", e o outro na urna de madeira, "descartada". E em troca ele recebe uma ficha de pagamento.

Os votos são agora despejados da urna de bronze e contados, inserindo-os em uma placa com quinhentos furos, colocando os votos "culpados" em uma ponta e os "inocentes" na outra. O arauto anuncia o resultado. Se houver dúvida sobre qual penalidade ou indenização aplicar, uma segunda votação deve ser realizada: os jurados recebem seus cajados ou fichas de assento novamente, ouvem os argumentos, entregam as fichas de assento em troca de fichas de voto, votam novamente... Quando todos esses procedimentos terminam, cada jurado finalmente recebe uma ficha de pagamento.

O dia, provavelmente longo, termina com uma troca final de fichas, quando os jurados são pagos. A caixa de placas é trazida, elas são retiradas aleatoriamente, e cada jurado, por sua vez, entrega sua ficha de pagamento em troca de sua placa e três *óbolos* (moedas), concluindo o fluxo de fichas do dia. (Ou não exatamente. Um dramaturgo ateniense conta uma piada em que a corte fica sem troco e dá a dois jurados uma única moeda maior, a qual precisam levar ao mercado de peixes para trocar por moedas menores.)

Fichas de voto atenienses.

Os gregos tinham um conjunto de palavras numéricas herdadas de seus ancestrais protoindo-europeus: *hoinos*, *duoh*, *treies*, *kwetuor,* formas de talvez 5 mil anos antes que se tornaram os gregos clássicos *hen*, *duo*, *tria*, *tettara,* em um desdobramento que torna relativamente fácil reconstituir como essas coisas acontecem. Era um sistema puramente decimal, em que havia palavras para os números de 1 a 10, e os números maiores eram construídos a partir deles, por uma combinação de multiplicação e adição; por exemplo, 43 seria dividido em "quatro-dez-três", assim como acontece no inglês, embora os elementos separados estivessem em alguns contextos tão distorcidos que seriam difíceis de reconhecer. O grego tinha algumas irregularidades e alternativas nos números próximos de 20: para 18 e 19, particularmente, era possível dizer o que equivalia a "dois para vinte" e "um para vinte". Havia palavras para 1.000 (*chilios*) e 10.000 (*myrios*, palavra que originalmente significava inumerável). Para além disso, não havia expressões padrão.

O grego também era relativamente bem suprido com séries alternativas de palavras numéricas, para responder a perguntas como "qual em uma sequência" (primeiro, segundo ou terceiro), "quantas vezes" (uma vez, duas vezes ou três vezes), "em quantas partes" (não há equivalente real em inglês ou em português), ou para expressar ideias como simples, duplo e triplo, ou duplicado, triplicado e quadruplicado. Eles utilizaram seus números falados em toda a sua cultura, mais intensamente no trabalho de historiadores, poetas e oradores gregos, que enumeravam amplamente baixas, presentes, custos, dívidas, desfalques e muito mais. Filocleon deve ter ouvido, um pouco antes, no mesmo século, o famoso ataque do orador Demóstenes aos seus guardiões e à forma como lidavam com a propriedade do seu pai:

> Senhores do júri, meu pai deixou duas fábricas, cada uma delas representando um negócio de tamanho razoável: 32 ou 33 fabricantes de espadas valendo 500 ou 600 dracmas cada, o menor deles valendo não menos que 300, dos quais ele obtinha uma renda de 3 mil dracmas por ano, livres e desembaraçados. Depois, fabricantes de sofás, 20 no total, que eram as garantias para um empréstimo de 4 mil dracmas, que lhe traziam 1.200 dracmas livres e limpas, e cerca de um talento de prata emprestado a 12%, dos quais os juros a cada ano chegavam a mais de 700 dracmas...

Há algumas dúvidas sobre o quanto desse tipo de coisa mesmo o júri mais alerta poderia acompanhar. Na verdade, a utilização de números falados na retórica grega variava de implacável clareza forense, com cálculos claros, corretos e repetíveis, a invocações muito mais vagas de grandes números por seu apelo emocional.

Os gregos também tinham um conjunto — três conjuntos, na verdade — de símbolos numéricos. Era possível usar apenas as letras gregas, na ordem do alfabeto herdado dos fenícios: *alfa, beta, gama* etc. A *Ilíada* e a *Odisseia*, e outras obras gregas clássicas, são até hoje numeradas usando esse sistema.

Em segundo lugar, havia um sistema estabelecido ao menos desde o século V AEC que usava letras como abreviações de certas palavras numéricas: M para *myrioi* (10.000), X para *chilioi* (1.000), H para *hekaton* (100), Δ for *deka* (10). Um simples risco vertical, como uma marca de contagem, era utilizado para o 1. Cada símbolo era repetido quantas vezes fossem necessárias. Longas sequências do mesmo símbolo eram evitadas usando-se Π para representar *pente* (5), envolvendo-o em torno de um M, X, H ou Δ, conforme necessário. (Há uma tendência bastante difundida, embora não universal, de sistemas de símbolos numéricos evitando mais de quatro repetições do mesmo símbolo, possivelmente uma resposta ao limite da subitização — pelo fato de que grupos com mais de quatro elementos não podem ser reconhecidos apenas ao olhar, mas precisam ser explicitamente contados.)

Esse sistema tem a mesma estrutura que os numerais romanos, embora a relação entre os dois sistemas não seja totalmente clara: é possível que haja um ancestral etrusco em comum. Tal sistema era largamente utilizado no mundo grego, particularmente para representar somas financeiras. Entretanto, por volta do século III AEC, foi preterido por uma alternativa mais concisa, que utilizava todas as 24 letras gregas, além de três símbolos extras, para representar os números de 1 a 9, os múltiplos de dez entre 10 e 90, e os múltiplos de cem entre 100 e 900. Para estendê-lo aos milhares, os símbolos de 1 a 9 eram reutilizados com uma marca especial grafada antes. Estruturalmente idêntico ao sistema demótico egípcio, era muito provável que fosse uma tradução do sistema para letras gregas; pode ter sido descoberto por mercadores gregos em cidades do vale do Nilo. Apesar de necessitar de um pouco mais de esforço para se aprender do que os outros sistemas da Grécia, ele tornou-se o meio dominante de escrever números em grego e tinha a vantagem de quase sempre utilizar menos símbolos do que o outro sistema, mostrando rapidamente o tamanho de um número — quantos dígitos possuía — e sendo relativamente fácil de se ler.

Esse sistema alfabético de símbolos numéricos era utilizado em inscrições públicas em todo o mundo grego, em moedas e outros usos, como para determinar seções em textos ou, mais tarde, páginas em livros. Sobreviveu até o final do Império Bizantino e podia ser encontrado em números de páginas e de seções nos primeiros livros gregos na Europa do século XVI. Como os numerais romanos, ainda hoje é utilizado ocasionalmente para numerar páginas.

Na Grécia antiga, sua utilização mais visível era em inscrições públicas, variando desde contabilidade de tributos, registros de empréstimos, relatos de expedições militares, inventários e outras contagens em instituições até relatos de audições de propriedades confiscadas. A utilização dessa documentação pública numerada era particularmente um hábito ateniense, associado à democracia de Atenas e sua ênfase na exibição da contabilidade pública. De fato, encontrou seu fim no século IV AEC com as tiranias que acabaram com a democracia ateniense. Mesmo que poucos lessem em detalhes a contabilidade e os inventários, em princípio, qualquer cidadão poderia fazê-lo; alguns registros eram até mesmo realizados em formato de colunas, para torná-los mais fáceis de serem lidos.

A contabilidade entalhada na pedra e erigida em locais públicos era feita a partir de cópias de contas que existiam em algum outro lugar, algumas vezes em versões mais completas e detalhadas, escritas com carvão em placas caiadas e armazenadas em arquivos particulares. E eram o resultado de um processo, ainda mais particular, de contagem e aritmética do qual nem o antigo público ateniense nem os historiadores modernos têm muita evidência direta. De fato, não parece que os gregos usavam seus símbolos numéricos para o dinâmico processo de contagem e aritmética, propósitos para os quais esses símbolos eram muito pouco adequados. Eles tinham outra forma de fazer isso.

A Grécia antiga tem sido bem reconhecida como uma cultura da contagem, em que a principal experiência com números, da maioria das pessoas — suas maneiras de contar —, envolvia não palavras ou símbolos escritos, mas pequenos, palpáveis e manuseáveis objetos de contagem. (Um mundo em que se poderia dizer "número" significando "conjunto" ou "grupo", em frases que sobrevivem até hoje: "Eu quero fazer parte desse número.") Como ilustra o dia de Filocleon na corte, os objetos de contagem estavam por toda a Grécia antiga. Feitos de madeira, argila, chumbo, bronze ou mesmo prata, eram empregados em jogos e rituais e usados como se fossem bilhetes para instituições políticas ou para o teatro, e devem ter sido utilizados na distribuição de grãos.

E foram usados no funcionamento da democracia. Um sistema cuja ideia básica é a tomada de decisão majoritária deve se sustentar bastante em suas práticas de contagem; deve defini-las claramente e estabelecer procedimentos para garantir que sejam transparentes, seguros e confiáveis. Há rumores de um "voto aos gritos" na vizinha Esparta, enquanto na assembleia ateniense um mero levantar de mãos era praticado na maioria das decisões. Mas nos tribunais, as decisões eram mais estritamente quantitativas, e a maneira como os atenienses selecionavam, classificavam e alocavam indivíduos, bem como finalmente os contavam, era emparelhando-os um a um com peças de contagem. Dentre os não mais do que 20 mil cidadãos elegíveis de Atenas (homens com mais de 30 anos), um dia normal no tribunal veria 2 mil deles envolvidos na elaborada troca de sorteios, fichas, contadores e votos. A corte funcionava cerca de duzentos dias ao ano. O mais importante objeto de contagem, o seixo ou *psephos*, passou a representar todo o procedimento, dando seu nome ao processo de tomada de decisão e seus resultados e até mesmo ao próprio tribunal. Uma das piadas de Aristófanes a respeito do assunto é sobre um devoto obsessivo dos tribunais que acordava com os dedos paralisados na posição de contagem. Posteriormente, a palavra tomou o simples significado de "número" e sobrevive até hoje no termo "psefólogo": alguém que estuda padrões de votação. Alguns atenienses literalmente levaram para o túmulo as placas que os identificavam como jurados, escolhendo ser enterrados com elas, assim como uma geração anterior de gregos havia sido enterrada com suas espadas e armaduras.

É claro que os procedimentos complicados do final do século IV desenvolveram-se a partir de procedimentos anteriores mais simples. Originalmente, as decisões eram tomadas colocando-se seixos reais e literais em uma de duas pilhas abertas, conchas em urnas ou mesmo fazendo marcas em tábuas de cera. O kleroterion foi o ápice dos procedimentos que originalmente se resumiam a simplesmente puxar um objeto marcado de um recipiente: uma pedra, um caco de cerâmica ou um feijão preto ou branco. O rumo da mudança aconteceu em direção a uma maior privacidade para o indivíduo e maior transparência (menos possibilidade de conluios e trapaças) nas várias escolhas aleatórias que precisavam ser feitas.

Conforme os procedimentos do tribunal evoluíam, eram também aproveitados para outras coisas. O kleroterion era empregado para outras escolhas por sorteio, como a seleção anual de magistrados e várias outras autoridades políticas. Nesse caso, mais de mil indivíduos precisavam ser selecionados no total, e a máquina deixava o procedimento muito mais fácil e confiável. Os kleroterions remanescentes são de vários tamanhos, com diversas fileiras verticais e horizontais, adaptadas a processos de seleção específicos. Havia até um processo chamado *synklerosis*, no qual duas das máquinas eram usadas juntas para combinar candidatos aleatórios a cargos aleatórios.

De maneira similar, o uso de objetos de contagem para votar foi adotado no Conselho Ateniense (de quinhentos membros) para casos em que números exatos eram importantes, com um procedimento provavelmente similar ao dos tribunais. Uma variação bizarra ocorreu quando o Conselho votou sobre a expulsão de um conselheiro e não usou seixos nem *psephoi* de bronze, mas folhas de oliveira como peças de contagem. Entretanto, se e quando a assembleia completa de cidadãos atenienses decidisse votar sobre o banimento de um cidadão ("ostracismo"), escolhia cacos de cerâmica (*ostraka*) como contadores.

O mundo grego tinha também outro tipo de objeto de contagem, que era trocado, manipulado e contado talvez de modo muito mais generalizado que as fichas e os votos das instituições políticas e legais; este era contado frequentemente tanto nos discursos na corte quanto nas inscrições públicas: as moedas.

As primeiras moedas do mundo foram cunhadas no início do século VI AEC, nas proximidades de Éfeso, na fronteira entre o mundo grego e seus vizinhos do leste. Foi uma invenção cujo tempo evidentemente havia chegado, e a fabricação e o uso de moedas se espalharam pelo mundo grego e, mais tarde, pelo império grego, substituindo (embora não totalmente) outras formas de armazenar e trocar valor na forma de bens: gado, caldeirões, milho, lingotes e talvez espetos de metal. (A palavra grega *óbolo*, a moeda com a qual Filocleon era pago, representava a memória de uma época em que bens eram dinheiro, já que seu nome significava literalmente "espeto".)

Pedaços de prata eram estampados com emblemas religiosos e cívicos — tartarugas, corujas, golfinhos — e, algumas vezes, com símbolos numéricos indicando suas datas: as moedas proporcionavam um novo jogo com objetos de contagem para os gregos jogarem, uma nova esfera na qual participar e uma nova maneira de medir valor. E tornavam a riqueza tão útil, tangível e contável quanto os votos.

Os estados gregos, suas instituições e o conceito de um dinheiro para todos os fins desenvolveram-se lado a lado, e em nenhum lugar mais do que em

Atenas, cujos padrões de moeda e peso dominaram o mundo grego durante os séculos V e IV AEC e onde falar e escrever sobre finanças — pagamento, comércio, presentes, suborno, roubo, tributo — se tornou algo onipresente, criando novos usos para as palavras numéricas e símbolos numéricos gregos. Como a riqueza individual se tornou uma fonte de reclamação e desculpa, não era incomum que aqueles que pleiteavam nos tribunais se esforçassem para reclamar da riqueza de seus oponentes, negando serem ricos, evidentemente na esperança de explorar os preconceitos presumidos dos jurados. Como todas as coisas tinham um preço, tudo o que um político tinha de fazer para ganhar o público era baixar o preço das sardinhas (assim diziam). Como as moedas estavam em todos os lugares, havia a necessidade de novas profissões para lidar com elas: banqueiros, cambistas e testadores de moeda.

Quando Filocleon recebia seus três óbolos, no final de um longo dia de trocas de um objeto de contagem para outro, ele poderia prontamente ir ao mercado e trocá-los por bens. Itens que antes seriam trocados entre si agora podiam ser contados convenientemente em uma balança comum usando-se objetos de prata. E não eram apenas itens cotidianos, como alimentos ou vestuário. Ao representar um padrão universal de valor, as moedas criaram equivalências que não existiam entre diferentes esferas: contratos de casamento, multas, presentes e pagamentos, por exemplo, eram agora, em certo sentido, intercambiáveis; podiam ser contados, comparados e colocados em correspondência entre si. O fragmento de um relato de meados do século IV AEC dizia que na ágora era possível comprar "figos, funcionários do tribunal, cachos de uvas, nabos, peras, maçãs, testemunhas, rosas, nêsperas, buchadas de ovelha, favos de mel, grãos-de-bico, processos, leite, coalhada, murta, kleroterions, tecido azul, cordeiros, relógios de água, leis, acusações..." A estranha alquimia do dinheiro parecia capaz de transmutar qualquer coisa em qualquer outra coisa.

Marco Aurélio: contando anos

> Roma, 176 EC. O imperador Marco Aurélio havia se ausentado da cidade por anos, nas Campanhas Marcomanas além do Danúbio. Em seu retorno, ele se dirige ao povo romano. Todos terão direito a receber uma moeda de ouro, um *áureo*, para cada ano de ausência:
>
> "Enquanto dizia, entre outras coisas, que havia se ausentado por muitos anos, a multidão gritava, 'oito', e indicava isso também com as mãos, para garantir que receberiam a quantidade de peças de ouro para um banquete. Ele sorria e também dizia 'oito'; e depois distribuiu oitocentos *sestércios* para cada, uma larga quantia, em comparação ao que já haviam recebido antes."

Enquanto os sistemas de contagem de palavras desenvolveram estruturas internas mais sofisticadas e com capacidade para representar números cada vez maiores, enquanto o uso de objetos de contagem floresceu nas complexidades dos sistemas de votação gregos, bem como se transformou em moedas, e enquanto os símbolos numéricos atingiram parte do alcance e da flexibilidade modernos em todo o Oriente Próximo e no mundo Mediterrâneo, o que aconteceu com a contagem nos dedos? Essa forma de contar também foi capaz de desenvolvimento, mudança e sofisticação. Aconteceram muitos sistemas de contagem de gestos mais complexos do que simplesmente estender ou dobrar um dedo de cada vez para contar até cinco; um dos mais bem documentados e de vida mais longa foi o da Roma antiga.

Contudo, suas origens se perderam. A evidência sólida mais antiga é da Roma do século III AEC, e não está muito claro se já existia antes na Grécia ou em algum outro lugar. Embora a língua grega tenha uma expressão para contar nos dedos, e a literatura grega tenha uma estranha menção a somas tão fáceis que se pode fazê-las nos dedos, falta uma referência específica ao elaborado sistema romano. Já se sugeriu uma origem egípcia, e uma conexão persa também foi apontada em algumas fontes, mas faltam evidências.

Manuscrito do livro de Beda ensina como contar com gestos.

O sistema fornecia sinais que permitiam contar até 99 com uma mão, e até 9.999 usando ambas as mãos. Inventado aparentemente em uma região onde palavras e símbolos numéricos eram contados em dezenas, não surpreendia que fosse um sistema decimal.

Números de 1 a 9 usavam os dedos mínimo, anelar e médio da mão esquerda, dobrados de forma total ou parcial e em várias combinações. Os múltiplos de dez de 10 a 90 eram apresentados com o polegar e o dedo indicador da mesma mão. Para números maiores, o mesmo conjunto de sinais era usado na mão direita para mostrar as centenas e os milhares: o polegar e o indicador direitos representavam as centenas, e os dedos médio, anelar e mínimo direitos representavam os milhares.

Ao longo do período dos autores romanos clássicos, o sistema de contagem com os dedos era conhecido o bastante para servir de base para piadas e duplos sentidos. Quintiliano, no primeiro século EC, mencionou que se espera que os oradores sejam fluentes nos números dos dedos, para não dar uma má impressão de sua formação. Um pouco depois, Juvenal foi capaz de insinuar que alguém era muito velho ao dizer que contava sua idade com a mão direita. Catulo, no século anterior, podia dizer "dê-me mil beijos, depois cem, depois outros mil, depois um segundo cem…" e ser entendido por pelo menos alguns de seus leitores que os estava instruindo a fazer um gesto com o dedo médio da mão direita (sim, isso já era rude naqueles dias; o próprio dedo era conhecido como *impudicus*, o dedo rude). É possível citar até duas dúzias de autores latinos por sugestões ou discussões semelhantes sobre gestos que acompanham números específicos, desde Plauto, no século III AEC, até Cassiodoro, quase mil anos depois.

Os gestos eram utilizados para mostrar uma conta aos outros ou para fazer uma contagem para si mesmo, e há menções de seu uso em tribunais, arenas, assembleias e templos. Ruídos de fundo e a distância entre pessoas querendo se comunicar os fizeram úteis nessas situações e em muitas outras, e esses gestos persistiram ao lado dos números falados e escritos, porque eram bons para coisas diferentes.

Mais vívidas do que as referências textuais são as sobreviventes representações remanescentes dos gestos numéricos. Cenas de casas de contagem ou imagens de negociação sobre preços — com os participantes mostrando números uns aos outros em gestos — aparecem em entalhes, relevos e mosaicos. O que parecem ser peças de um jogo, com gestos manuais representados em um dos lados, aparecem em contextos arqueológicos: um conjunto completo exibindo os números de 1 a 15.

Usos mais simbólicos também ocorreram. O lendário segundo rei de Roma erigiu uma estátua de Janus exibindo o número 365 em suas mãos: o número de dias no ano, algo oportuno para o deus do tempo e da duração. Uma tradição romana tardia colocava imagens de sinais de mão em sarcófagos mostrando o número 52: a quantidade de semanas em um ano e símbolo do ciclo da vida.

Diversas fontes antigas referem-se não apenas a contar dessa forma, mas também a fazer cálculos nos dedos. Porém nenhuma fonte sobrevivente explica como isso funcionava. Seria possível, em princípio, memorizar tabelas de adição e multiplicação na forma de gestos, mas talvez seja mais provável que os dedos fossem usados principalmente para contas simples ou para monitorar estágios intermediários em cálculos realizados mentalmente.

O sistema romano de contagem nos dedos foi extremamente duradouro. Sobreviveu ao fim do Império Romano do Ocidente e ainda era amplamente utilizado até a Idade Média. Em contextos medievais, forneceu uma maneira de dar aos gestos e posturas uma camada adicional de significado: inserir números e simbolismo numérico em textos e imagens. Um texto gnóstico do século II, encontrado em Nag Hammadi, contém uma exposição sobre a parábola da ovelha perdida, do Novo Testamento, fazendo uso do fato de que as noventa e nove ovelhas (que nunca se desviam) são contadas na mão esquerda, mas a contagem total de cem ovelhas (depois que a desviada foi recuperada) passa para a mão direita, mais auspiciosa. Movimentos exegéticos semelhantes podem ser encontrados nos sermões de vários autores cristãos, incluindo Santo Agostinho, dirigindo-se a congregações sem educação notável, das quais se esperava que entendessem o ponto imediatamente, por estarem familiarizadas com a contagem nos dedos romana.

Na verdade, como a maioria das coisas que "todo mundo sabe", o sistema de contagem nos dedos raramente era explicado ou descrito por escrito, pelo menos até muito mais tarde, quando estava em perigo de extinção e se tornou um conhecimento mais especializado. As primeiras descrições completas do sistema e, portanto, a base para interpretar alusões e usos dele do período romano datam do final do século VII e início do século VIII: um pequeno panfleto chamado "Computação romana", cuja cópia mais antiga provavelmente seja de 688, e uma discussão mais conhecida, escrita algumas décadas depois pelo Venerável Beda, um monge de Jarrow, no norte da Inglaterra. Beda abordou o sistema de contagem nos dedos no primeiro capítulo de seu livro sobre cálculos de calendário, *Sobre a contagem do tempo*. Escrevendo em latim para seus companheiros monges, ele elogiou o sistema, mas admitiu implicitamente que, àquela altura, enfrentava alguma resistência: era "muito útil e fácil", disse ele; não se deve "desprezá-lo" ou "tratá-lo levianamente". Presumivelmente, alguns o fizeram.

Embora os gestos descritos por Beda pareçam ser os mesmos usados por escritores latinos anteriores, com apenas algumas pequenas alterações ao longo dos séculos, tanto ele quanto o panfleto "Computação romana" descreveram uma maneira de estender a contagem além de 9.999, sem paralelo em nenhuma fonte anterior e que pode ter sido uma inovação medieval. Para além dos 10 mil, se colocaria a mão direita em vários pontos do corpo, por vez: cabeça, garganta, peito, lateral, estômago, virilha, coxa. A mão esquerda seria, então, empregada de forma similar para contar as centenas de milhares, enquanto um milhão tinha um gesto especial próprio, com as duas mãos nas laterais do rosto. Os detalhes diferem de uma cópia do texto de Beda para outra e não está claro o quanto esse sistema estendido foi usado na prática.

O livro de Beda e as cópias separadas de seu primeiro capítulo circularam amplamente, e um grande número de cópias sobrevive até hoje. Muitas foram ilustradas para mostrar como os sinais dos dedos deveriam ser. Apesar disso, evidências do sistema em uso real no mundo latino se dispersaram após a época de Beda. Quando os escritores do final da Idade Média e do Renascimento — como os matemáticos Leonardo de Pisa, no século XIII, e Luca Pacioli, no século XV — descreveram o sistema em seus livros, parecia ser de interesse meramente antiquário. O mesmo é verdadeiro para as versões impressas de *Sobre a contagem do tempo*, que apareceram de 1525 em diante.

Enquanto isso, entretanto, o sistema era usado também fora do mundo latino, em outros lugares que faziam parte do Império Romano. Um autor grego do século XIV descreveu uma versão do sistema. Seu tratado existe também em árabe, e textos árabes e persas contêm referências ao sistema até aproximadamente o século XVII.

Do mesmo período, há também evidências visuais de um interesse contínuo nos sinais numéricos na Europa. Ocasionalmente, afrescos e retábulos continuavam a incorporar figuras fazendo sinais numéricos com as mãos, dando significado para a cena em que se encontravam, até aproximadamente o século XII ou mesmo depois. No entanto, com o tempo, não foi mais possível confiar na capacidade dos espectadores de interpretar os gestos, e a prática caiu em desuso.

Branca de Castela: contado com prata

Retornando à "cultura da contagem". Como os gregos e romanos realizavam cálculos ou lidavam com conjuntos de números mais complexos do que contas simples?

Os sistemas grego e romano de símbolos numéricos, assim como os sistemas do Oriente Próximo que os precederam, eram mais apropriados para registrar o resultado de uma contagem do que para realizá-la e, como a maioria das formas de escrever números, eles particularmente não se ajustaram aos cálculos aritméticos. Em vez disso, para contas e cálculos — em oposição ao registro de longo prazo —, as pessoas voltaram-se novamente para seus objetos de contar e para um elemento-chave da "cultura da contagem": o tabuleiro de contagem.

De forma ampla, o tabuleiro de contagem é uma tecnologia que parece ter sido inventada de forma independente mais de uma vez, e em algumas de suas formas deixou evidências que são frustrantemente escassas ou ambíguas. Geralmente se presume que os escribas do antigo Oriente Próximo usavam um tabuleiro de algum tipo para seus cálculos, mas nenhum desses objetos ou mesmo descrições sobreviveram. Na Grécia, porém, o tabuleiro de contagem era uma técnica central para computação, e é tanto mencionado na literatura quanto encontrado em sítios arqueológicos. Onde quer que números precisassem ser somados, subtraídos ou contados de outra forma, dos tribunais e dos bancos à prática de engenheiros, agrimensores e arquitetos, utilizava-se o tabuleiro.

Ele consistia em muito pouco: qualquer superfície plana servia, com um conjunto de objetos para usar como contadores. Um conjunto de linhas seria desenhado ou gravado, opcionalmente rotulado, e os contadores seriam colocados sobre elas e movidos conforme o necessário. Como bem diziam, era mais um estado de espírito do que um artefato. O nome *abax* era usado tanto para tábuas de contagem quanto para mesas de jogo e outros itens de mobília, incluindo aparadores e até bandejas ou pratos. Se estiver correta a frequente afirmação de que se relaciona a uma palavra nas línguas semíticas que significa pó (*abq*), seu primeiro significado pode ter sido, de fato, uma tábua de escrever coberta de pó.

Cerca de trinta superfícies marcadas pelo uso como tábuas de contagem sobreviveram do mundo grego antigo, embora nem sempre seja fácil ter certeza se seriam tábuas de contagem ou tabuleiros de jogo (ou se eram usadas para ambas as funções). Elas variam desde grandes mesas de mármore a telhas reaproveitadas; na época, a maioria das tábuas de contagem certamente era de madeira e, por isso, não sobreviveu. Os contadores podem ter sido pedras comuns ou até mesmo moedas.

As linhas, identificadas ou não, eram utilizadas em um sistema basicamente decimal: havia uma linha de unidades, uma linha de dezenas, uma linha de centenas, e assim por diante. Havia também — muito parecido com o antigo modo grego de escrever números — uma linha de cinco, uma linha de cinquenta, uma linha de quinhentos, e assim por diante. Alguns tabuleiros intercalavam essas linhas, portanto, os valores eram: 1 – 5 – 10 – 50 – 100 – 500; outros simplesmente usavam as metades superiores das linhas de unidades, dezenas e centenas para cinco, cinquenta e cinco centenas. Em ambos os casos, o efeito era nunca ter de lidar com um grande grupo de contadores em uma só parte do tabuleiro: se a linha das unidades chegasse a cinco contadores, era substituída por um contador na linha dos cinco; se a linha dos cinco chegasse a dois contadores, era substituída por um contador na linha das dezenas, e assim por diante. Havia um dito antigo muito popular que dizia que os reis movimentavam os cortesãos como se fossem pedras no tabuleiro de contagem, fazendo que ora valessem mais, ora menos. Grupos de mais de quatro contadores em uma linha eram evitados, assim como mais de quatro repetições de um mesmo símbolo eram evitadas nos sistemas numéricos gregos e romanos, talvez pela mesma razão de que tais grupos estão além da capacidade humana de contar de relance. Por fim, muitos tabuleiros gregos ostentavam um conjunto especial de linhas para frações, cujos diferentes valores seguiam as denominações do sistema de cunhagem.

O tabuleiro de contagem era tão onipresente na Roma antiga quanto na Grécia, mas deixou evidências ainda mais esparsas: um punhado de referências na literatura, algumas (cinco) descobertas arqueológicas e nenhuma descrição real de como era usado. A palavra *calculus*, em latim, significa literalmente pedra, mas logo passou a significar apuração, cômputo ou cálculo. Seus derivados hoje fornecem palavras em diversas línguas com os mesmos significados: *calculate* em inglês, *calcolare* em italiano, *calcular* em espanhol.

Materialmente, os tabuleiros de contagem encontrados diferem notavelmente dos exemplares gregos. São feitos de bronze e pequenos — medem cerca de 8 centímetros por 12 centímetros —, e os contadores estão permanentemente presos a eles. Eles têm a forma de botões de metal presos em fendas estreitas na superfície metálica da placa, aproximando o dispositivo do que normalmente é entendido pela palavra, irritantemente ambígua, "ábaco". A disposição das fendas é a mesma dos tabuleiros gregos mais compactos, com a coluna para 5 acima da coluna para unidades, a coluna para 50 acima da coluna para dezenas, e assim por diante. Essa estrutura de cinco e de dezenas, é claro, correspondia perfeitamente à dos numerais romanos, facilitando a tradução de um número do tabuleiro para a escrita, ou vice-versa: era necessário exatamente um símbolo escrito para cada contador em jogo. (Algarismos romanos do período antigo geralmente representavam o 4 como IIII; a convenção de escrevê-lo como IV é posterior.)

Um baixo-relevo do século III que mostrava dois romanos movendo contadores sobre uma mesa é a melhor evidência da existência do tabuleiro de contagem no Império Romano tardio; presume-se que seu uso continuou amplo até a queda do império do Ocidente, no final do século V. Depois disso, porém, as evidências, tanto literárias quanto arqueológicas, silenciaram, até que um punhado de textos dos séculos X e XI mostraram que o tabuleiro de contagem ainda estava vivo e bem na Idade Média Latina. Estavam em voga na época as exposições eruditas, ou ao menos quase eruditas, sobre o tabuleiro de contagem, suas operações e os usos ao se aprender sobre a teoria dos números, geometria ou mesmo lógica. Alguns envolviam formas modificadas de tabuleiro e contadores, mas todo o fenômeno provavelmente equivalia a uma tentativa de resgatar para a respeitabilidade e estudo erudito um dispositivo que nunca havia saído das mãos de pessoas comuns ou mesmo das mãos de seus governantes.

Paris, década de 1240. Um contabilista culto senta-se à sua mesa de contagem e calcula, mostrando à sua rainha quanto foi arrecadado em receita,

> quanto foi gasto, o que foi atingido e quanto ainda precisa ser alcançado em um luxuoso projeto de construção monástica. O nome da rainha é Branca e ela está na casa dos 50 anos. De olhos aguçados, alerta, interessada e fluente em francês, espanhol e latim, ela o interroga atentamente, seguindo o cálculo com atenção. Possivelmente, ela verifica a conta fazendo seus próprios cálculos no quadro de contagem do sacristão ou em um dos seus. Peças de contagem especialmente cunhadas com o brasão real voam sob seus dedos.

Branca de Castela nasceu em 1188 e viveu uma das vidas mais aventureiras de sua época. Ela era neta de Henrique II da Inglaterra e da rainha Eleanor da Aquitânia. Ricardo I, "Coração de Leão", era seu tio, assim como o rei João da Inglaterra. Mas, do lado paterno, ela era uma princesa castelhana, filha de Alfonso VIII.

Branca de Castela.

Na virada do século, aos 12 anos, ela se casou com o príncipe Luís, herdeiro do trono francês, e nunca retornou a Castela. Luís ascendeu ao trono francês em 1223, mas morreu após apenas três anos de governo. Branca chorou tanto e por tanto tempo que seus cortesãos temeram por sua sanidade. Seguiram-se três décadas durante as quais o governo conjunto com seu filho, outro Luís, alternou com períodos em que Branca era, para todos os efeitos práticos, a única governante da França. Durante os oito anos da menoridade de Luís e quando o filho esteve doente, em 1244–1245, assim como quando ele partiu em cruzada, em 1248, o poder da rainha foi completo.

Em todos os momentos, a rainha viúva exerceu poder diplomático, sentou-se em julgamento e organizou alguns dos principais eventos da vida da corte. Seu contemporâneo, o copista e estudioso Mateus de Paris, considerou-a a maior dama da Terra. Um biógrafo recente a chama de uma das governantes mais imaginativas e bem-sucedidas da Europa medieval, "notavelmente hábil em garantir que fizessem o que ela queria", tanto na resolução de disputas diplomáticas de alto nível quanto na gestão dos negócios cotidianos do governo:

> Ela reagiu corajosamente aos desafios e oposições, seja da igreja, seja dos mestres de Paris ou dos barões. Ela usou toda a gama de poderes coercitivos disponíveis a um governante. Criou exércitos; fez julgamentos; emitiu ao menos uma regulamentação para todo o reino... e era uma negociadora determinada.

Para além da corte, os eventos de sua vida incluíram o colapso do controle dos reis ingleses sobre grande parte da França moderna, revoltas de magnatas na França, Espanha e Inglaterra e novos episódios de conflito na Terra Santa: Saladino capturou Jerusalém no ano do nascimento de Branca. Quando ela estava na casa dos 40 anos, a Europa começou a ouvir notícias sobre a ameaça mongol da Ásia Central.

Além de atuar no maior cenário possível, Branca também tinha reputação de controle, disciplina e excelência em assuntos mais íntimos. Ela era famosa por sua piedade: seu filho Luís se tornou um dos santos padroeiros da França. Na época do período de construção das catedrais em Burges e Chartres, ela foi uma notável, até mesmo prolífica, patrona da arte e da arquitetura, transformando a corte monótona em que entrou, em 1200, na capital cultural da Europa. Seu dote e suas concessões reais lhe deram terras em várias partes da França, bem como grandes somas em dinheiro, e a renda pessoal de Branca era estupenda, mesmo em um período notável pela acumulação de riqueza nas mãos de poucos: na década de 1240, era em torno de 45 mil libras francesas ao ano. (Para comparação, seu filho gastara "apenas" 40 mil libras francesas para construir a Sainte-

-Chapelle em Paris.) Três mosteiros cistercienses e um castelo de sua fundação sobrevivem total ou parcialmente. Saltérios, bíblias, báculos e vitrais de seu patrocínio também testemunham a magnificência de seu gosto e seus dons. Até mesmo seu selo pessoal a retratava como uma mulher de "moda e charme".

Tudo isso — o público e o pessoal — exigia organização, e o governo que ela presidia estabeleceu uma nova complexidade administrativa em comparação com seus predecessores. A casa real compreendia algo como trezentos funcionários: de homens de armas a "criados dos cães"; de *sommeliers* e fruticultores a damas de companhia, incluindo duas dúzias ou mais de contabilistas, a maioria deles educada em Paris. Esses controlavam as despesas, embora durante a vida de Branca a casa fosse uma complicada colcha de retalhos formada de diferentes responsabilidades, com vários membros autorizados a gastar.

A contabilidade da corte de Branca mostra a amplitude desses pagamentos em um conjunto altamente complexo de compras, pagamentos e empréstimos: pagamentos a pessoal, despesas com visitantes, presentes, patrocínios e esmolas (o próprio São Luís tinha a preocupação de que as esmolas de sua mãe fossem excessivas), organização e financiamento de viagens e, claro, manutenção real de casas e castelos, além de recreação, alimentação e vestuário — tudo, desde luvas para crianças, pergaminhos e encadernações de livros até presentes para embaixadores, entretenimento em casamentos reais e pagamentos enviados aos cruzados em Damietta.

Branca deve ter passado muito tempo discutindo os detalhes sobre comida, roupas, joias e mobília, manutenção de edifícios, caça e música, bem como a logística da vida na corte, viagens e entretenimento. E, claro, passava algum tempo supervisionando pessoalmente as contas da casa, ela mesma autorizando muitas despesas. Em pelo menos uma de suas fundações monásticas, ela trabalhou em estreita colaboração com um de seus contabilistas para estabelecer qual renda estava disponível nas terras designadas e quanto custaria o trabalho.

Talvez não seja nenhuma surpresa, então, que Branca tenha sido pessoalmente associada a uma inovação notável na tecnologia de peças de contagem e tabuleiros. Desde tempos imemoriais, os tabuleiros de contagem eram estocados com seixos, cacos de cerâmica ou talvez moedas como objetos contadores. Mas no início do século XIII, aparecem na corte francesa os *jetons*: peças especialmente cunhadas para uso em tábuas de contagem. A palavra deriva de *jeter*: jogar ou talvez empurrar; em outras palavras, empurrar peças pelo tabuleiro.

O jeton mais antigo conhecido traz o brasão de Branca de Castela: de um lado, a flor-de-lis, e do outro, o castelo que representa Castela. Era uma das peças cunhadas para uso em sua corte, isto é, para ser utilizada por seus funcionários ou talvez pela própria rainha.

Descrições posteriores mostram nobres senhores acompanhando os cálculos de seus oficiais em suas próprias mesas de contagem e com suas próprias peças de contagem. Era muito parecido com os ricos tapetes, roupas e joias, os livros luxuosos e báculos encomendados por Branca, para ter peças de contagem especiais para uso em suas mãos ou em sua presença.

Um dos jetons de Branca.

Desde este período e pelos próximos séculos, a evidência de peças e tabuleiros de contagem floresce. Há referências na literatura, desde o "counting-bord" de Chaucer até o insulto shakespeariano "counter-caster", para ficar somente no inglês. Tábuas de contagem são mencionadas em testamentos e inventários e, do século XVI em diante, existem diversas tábuas de contagem reais remanescentes até os dias de hoje.

Algumas eram peças de mobiliário elaboradas e caras, às vezes com gavetas especiais para guardar as peças de contagem, com possibilidade de serem dobradas quando não estavam em uso. Outras tinham superfícies com duas ou até três áreas prontas para contagem e cálculo, para que várias pessoas pudessem trabalhar lado a lado. Outras foram projetadas como mesas comuns que poderiam ser facilmente usadas para outros propósitos quando não estivessem sendo usadas para cálculos. A forma mais minimalista do "tabuleiro" de contagem medieval era um tecido simples, marcado com o conjunto necessário de linhas e rótulos, pronto para ser colocado em qualquer mesa de tamanho adequado. A contabilidade da casa real inglesa usava um tecido verde, por isso o escritório passou a ser chamado de Corte do Tecido Verde.

Em várias línguas, os tampos de mesa em estabelecimentos ou em casas ainda são chamados de contadores, *comptoir* ou similares, refletindo o fato de que tais superfícies funcionavam regularmente como tábuas de contagem. [Palavras como *contar* e *um contador, un comptoir* (um contador, em francês) e *il conto* (a conta, em italiano) derivam do latim *computare*, que significa "calcular".]

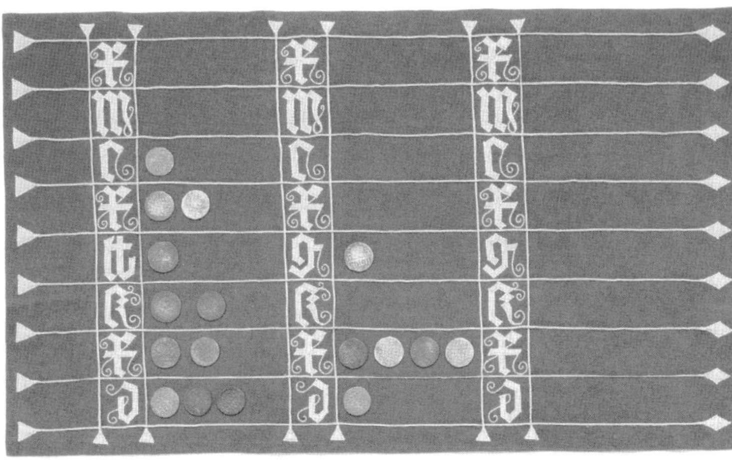

Tecido de contagem de Munique (réplica).

Em tais formatos, os tabuleiros de contagem eram regularmente utilizados por comerciantes e administradores de todos os tipos em todo o mundo latino, desde cortes reais e escolas catedralícias até vendedores, mercadores, advogados e o clero, bem como em casas particulares de vários tamanhos e estilos.

Quando as primeiras descrições impressas de tabuleiros de contagem surgiram no século XVI, quase nada parecia ter mudado na forma e no uso do dispositivo desde a "cultura da contagem" da Grécia antiga. Uma das primeiras descrições foi feita no *Livro de Cálculo*, de Jacob Köbel, escrito em alemão, em 1514, e publicado em Augsburgo. A página de título ostentava a imagem de uma senhora e sua empregada em uma mesa de contagem, presumivelmente acertando contas semanais ou mensais. A mesa era marcada com linhas e, em um canto, havia uma cruz; peças de contagem do tamanho de moedas estavam espalhadas por ela. Köbel representou e descreveu um dispositivo cujo utilização teria sido compreensível 2 mil anos antes. O tabuleiro de contagem consistia essencialmente de uma superfície plana e das habilidades para utilizá-la.

Köbel começa descrevendo o processo de transformar uma superfície em um tabuleiro de contagem ao se traçar linhas e, opcionalmente, identificá-las. Ele deve ter pensado que tábuas pré-marcadas seriam a exceção, e não a regra. No tabuleiro de Köbel, as linhas para o usuário são horizontais, em vez de verticais, um giro de 90 graus, se comparado às tábuas gregas, mas a sequência de linhas denotando cinco e dez é exatamente a mesma de antes. Assim como nas tábuas de contagem gregas e romanas, além da linha das unidades, havia um conjunto de linhas adicionais para frações, refletindo as denominações da moeda. Como alguns de seus contemporâneos, Köbel sugeriu a leve inovação de colocar uma estrela ao lado da linha dos milhares para tornar seu reconhecimento mais rápido. Ele também sugeriu que, em vez de identificar as linhas por meio da escrita, a pessoa simplesmente colocasse uma moeda do valor apropriado em cada uma. Uma das vantagens do tabuleiro de contagem era que nenhuma modificação essencial era necessária em sua forma ou em seus procedimentos para calcular com sistemas não decimais de moeda, peso ou medida: você poderia simplesmente atribuir, digamos, onças a uma linha e libras à próxima, ou polegadas, pés e jardas, ou qualquer outro sistema necessário.

Cena do quadro de contagem, da página de título de Köbel.

Os procedimentos de Köbel sempre começavam com as denominações menores. Para dispor as unidades do seu número, colocava-se os contadores na linha das unidades; para as dezenas, contadores na linha das dezenas, e assim por diante. Para adicionar outro número ao primeiro, comece com as unidades novamente e coloque contadores adicionais correspondentes às unidades do novo número; depois, para as dezenas e para as centenas. Se em algum momento você perceber que há cinco contadores em uma linha de unidades (ou dezenas ou centenas), deve removê-los e substituir por um único contador na linha adjacente de cincos (ou cinquentas ou cinco centenas). Se houver dois contadores em uma linha de cinco (ou de cinquenta ou de cinco centenas), precisa removê-los e substituir por um único contador na linha de dezenas (ou de centenas ou de milhares).

A subtração era um pouco mais difícil, mas, para ter contadores para tirar de uma determinada coluna, você poderia substituir brevemente cinco contadores de "unidades" por um único contador de "cinco": ou esse equivalente em outro lugar no tabuleiro. Para multiplicar ou dividir, porém, era necessário memorizar a tabuada de multiplicação, e para trabalhar com frações, era preciso entender o sistema de denominações das moedas em operação.

Köbel também mencionou que era possível dividir o tabuleiro em mais de uma seção ao adicionar linhas verticais, ganhando, assim, a possibilidade de representar dois ou mais números simultaneamente, talvez com o propósito de manter o controle de um cálculo complicado. Alguns escritores defenderam outra pequena mudança: usar os espaços entre as linhas, em vez das próprias linhas, para colocar os contadores. Funcionalmente, essa era uma mudança trivial, que não fazia nenhuma diferença real para a função do tabuleiro de contagem; mas mudou a aparência física de (alguns) tabuleiros para um conjunto de faixas, talvez de cores diferentes. Se isso fosse combinado com a divisão longitudinal de todo o tabuleiro, o todo começaria a se parecer com um tabuleiro de xadrez. A forma especial do tabuleiro usado para as contas públicas inglesas era de fato conhecida como "exchequer", uma palavra com a mesma raiz de "chess".[1]

[1]Em português, "xadrez". [N. da T.]

Enquanto isso, a inovação de Branca — contadores especialmente cunhados para uso no tabuleiro de contagem — mostrou uma longevidade similar e surpreendente. Poderia ter sido uma mera moda passageira, apenas o brinquedo de uma rainha com um interesse particular em administração e contabilidade. Mas não foi. Cunharam-se jetons para cada monarca francês subsequente, do século XIII até a Revolução de 1789. Partindo da própria corte, o uso de jetons especialmente cunhados espalhou-se para os diversos departamentos da casa real e além: em seu devido tempo, as ordens de cavalaria, a assembleia do clero francês, as casas da rainha e do delfim e o tesouro em seus diferentes departamentos, todos produziram sua própria série de jetons. As administrações e personalidades provinciais tiveram seus próprios jetons, e parece que não apenas a casa da moeda real em Paris, mas as casas da moeda em todo o país — Tours, Dijon, Toulouse, Grenoble, Arras, Laon, Valenciennes — também estavam produzindo jetons no auge de sua popularidade. Eles eram fabricados pelo mesmo processo simples das primeiras moedas: golpes de martelo.

Os primeiros exemplares foram de latão, mas no século XIV utilizou-se a prata e, posteriormente, o ouro, o que significa que os jetons tinham valor real como lingotes. O costume de dar um conjunto de cem jetons a certos funcionários a cada ano, em tese para uso em seu trabalho, assumiu o caráter de um suplemento aos seus salários: algo como um bônus anual. Pode ter sido possível vender os jetons de volta ao tesouro por seu valor como metal, ou talvez encomendar sua transformação — derretimento, fundição e cunhagem — diretamente em moeda. Algo que torna os jetons intrigantes é como superficialmente eles se assemelhavam às moedas, embora sempre permanecessem distintos delas. Formato, tamanho e escolha dos metais os tornavam semelhantes a moedas em tudo, exceto em seu design específico. E esses designs tendiam à celebração de pessoas notáveis e suas façanhas, com uma proliferação em séculos posteriores de retratos, brasões e lemas: assim como as moedas. Algumas tinham em seu design uma declaração de que não se tratavam de moedas do reino, no entanto, a prática de passá-las como dinheiro levou ao provérbio de longa data: “falso como um jeton”.

O auge do alcance e da complexidade dos jetons na França ocorreu sob Luís XIV, no século XVII. Na década de 1680, os jetons cunhados para as instituições centrais do governo francês somavam 1.200 em ouro e impressionantes 48 mil em prata. A emissão de jetons continuou esporadicamente por mais um século, até por volta de 1780. Mas sua estreita ligação com as cortes e instituições reais levou-os a deixar de serem produzidos completamente após a Revolução, e a esmagadora maioria dos jetons existentes naquela época — com seus retratos e inscrições reais e nobres — foi rapidamente derretida.

Porém, não há razão para duvidar de que durante os séculos entre Branca e o último Luís, os cômputos nas casas reais, nos departamentos financeiros e em outras partes do governo tenham sido realizados usando-se certas quantidades de jetons cunhados para esse propósito: eram realmente preferidos como contadores, embora funcionalmente não representassem nenhuma melhoria em relação ao uso de seixos ou moedas.

Os jetons também se tornaram populares fora da França. Havia importantes centros de produção e uso entre as comunidades de comerciantes e banqueiros do norte da Itália — os lombardos, que exportavam seus bens e práticas a quase todos os cantos da Europa — e, consequentemente, para Nuremberg, cujas "moedas de cálculo" vieram a ser bem conhecidas e bastante exportadas ao longo dos séculos XVI e XVII. Alguns eram carimbados de maneira autorreferencial com imagens de um contabilista sentado junto de um tabuleiro, usando jetons.

A partir do século XVII, os jetons ganharam outros tipos de contadores irmãos, com funções e características físicas sobrepostas. O hábito de dar conjuntos de jetons como bônus de ano-novo aos funcionários ou como presente de aniversário aos amigos se espalhou por instituições como estabelecimentos religiosos, universidades e sociedades científicas, que passaram a dar fichas semelhantes a jetons aos seus membros em troca da presença em reuniões ou do desempenho de outras tarefas. Chumbo ou latão eram comumente usados (essas fichas são eventualmente diferenciadas dos jetons pelo termo *meraux*). Como uma quase-moeda que poderia, em algumas circunstâncias, ser usado como troco de forma ilegal ou semilegal, ou poderia ser legitimamente entregue à autoridade emissora em troca de dinheiro, há alguma sobreposição aos jetons propriamente ditos. A diferença era que nunca houve qualquer sugestão de que poderiam ser utilizados para contagem em um tabuleiro.

Ainda mais distante do propósito central dos jetons, há referências ao seu uso para marcar pontos em jogos, uma alternativa mais segura do que colocar dinheiro verdadeiro na mesa durante o jogo. Com o tempo, fizeram fichas para esse propósito específico, às vezes em formatos especiais para que não pudessem ser facilmente confundidas com outras fichas ou moedas — os ancestrais das atuais fichas de pôquer. E a relutância de certos governos, especialmente o inglês, em cunhar moedas de pequeno valor levou a diversos períodos em que comerciantes produziam, em cobre, latão ou chumbo, seus próprios contadores, que tinham a função dupla de servir como troco e propaganda. Dezenas de milhares de diferentes tipos foram fabricados em escala industrial. Surgiu a moda de colecionar essas "fichas de comerciantes", levando alguns fabricantes a produzir fichas comemorativas ou decorativas projetadas especificamente para se colecionar. Alguns colecionadores chegavam a fabricar suas próprias fichas especialmente para presentear amigos.

Embora sejam certamente categorias separadas de objetos, parece também que entre os jetons e seus irmãos há uma longa história de influência, imitação e com certeza, em alguns casos, de utilização cruzada. Há uma sensação de que no século XVII, a saturada cultura da contagem da Atenas clássica foi recriada no norte da Europa, e com amplitude e complexidade de fichas em circulação jamais vista antes. Consequentemente, para a maioria das pessoas, a experiência inicial com números e contagem vinha por meio dos dedos, das peças de contagem e de sua manipulação.

Nessa época, porém, virava-se uma nova página no que diz respeito à contagem e ao cálculo na Europa. Os contabilistas de Branca usavam os algarismos romanos somente para registrar os resultados de seus cômputos; contudo, novas técnicas de calcular no papel foram cada vez mais visíveis desde a alta Idade Média. E foi durante os séculos XVI e XVII que eles finalmente substituíram os contadores e os tabuleiros de contagem. Hoje os símbolos numéricos são chamados de algarismos arábicos, mas sua fonte primordial foi a Índia.

5

Símbolos numéricos da Índia

Os símbolos numéricos foram uma adição crucial ao repertório humano de formas de contagem quando foram inventados na Suméria e, ao mesmo tempo ou logo depois, no Egito. Mas a maioria das pessoas vivas hoje está familiarizada com um conjunto de símbolos numéricos em particular: *0 1 2 3 4 5 6 7 8 9,* que obedecem a um conjunto especial de regras sobre suas posições e valores. Eles estão particularmente associados ao cálculo, mas sua disseminação é certamente um dos principais ramos da história da contagem humana.

Eles foram usados pela primeira vez em textos sânscritos, no primeiro milênio EC, mas sua jornada tem sido notável de idioma para idioma e de país para país. No século XII, eles tiveram uma história de centenas de anos no sul da Ásia e também estavam bem estabelecidos no mundo de língua árabe. Da mesma forma, estavam começando a aparecer em textos escritos em latim. Ao longo dos séculos seguintes, eles conquistariam a Europa e se tornariam um elemento-chave da contabilidade moderna, da coleta de dados e da análise estatística: técnicas no cerne da modernidade.

Houve algo inevitável sobre a ascensão dos símbolos numéricos indianos? Certamente não: o sul da Ásia tem outros sistemas de símbolos numéricos com a mesma estrutura, sem dar sinais de terem se espalhado pelo mundo. O acaso, como em quase qualquer processo histórico, desempenhou um papel fundamental. Esses símbolos são a última palavra na contagem humana? Mais uma vez, certamente não: eles ainda não sobreviveram tanto quanto os símbolos numéricos cuneiformes ou hieroglíficos e, nas últimas, décadas, perderam muito terreno para códigos binários como forma de contagem, de representação e manipulação de números. Contudo, não parece haver razão para supor que o processo de crescimento e mudança na contagem humana tenha chegado ao fim. Sua importância e seu interesse residem, em vez disso, nos inúmeros lugares onde estiveram e nos feitos que alcançaram ao longo dos últimos mil anos e mais. E sua história começa na Índia.

Bhaskara II: numerais brami

O sul da Ásia é uma região onde a língua, a cultura e a contagem têm raízes profundas. As línguas indo-europeias são faladas no subcontinente indiano desde pelo menos o segundo milênio AEC, sendo o sânscrito a mais prestigiosa. A urbanização no primeiro milênio e a troca de bens e ideias com os vizinhos da Índia — Grécia, Mesopotâmia e China — contribuíram para uma cultura próspera e matemática.

Os primeiros textos remanescentes em uma língua indiana são os Vedas, em uma forma arcaica de sânscrito, datando de talvez 1500–500 AEC. Por volta de 500 AEC, o sânscrito foi codificado e efetivamente estabilizado como língua. Seus descendentes incluem muitas línguas e dialetos falados hoje, incluindo hindi, guzerate e bengali.

Evidências de contagem na região incluem uma tradição de marcas de contagem em madeira que sobreviveram até o século XX e referências nos textos antigos a um tabuleiro de contagem na qual peças de argila assumiam valores diferentes a depender da posição. Marcas de contagem e tabuleiros, como a própria língua sânscrita, adotavam um sistema decimal. Herdadas do protoindo-europeu, assim como as das línguas europeias, as palavras eram *eka, dva, tri, catur, panca*... (As semelhanças com palavras numéricas em grego e latim foram, de fato, uma das primeiras evidências coletadas que mostram relação dessas línguas com o sânscrito.) Ao contrário de muitas línguas, o sânscrito tem todo um sistema decimal regular de palavras numéricas, com uma palavra separada para cada nova potência de 10 (compare com o inglês, onde apenas *dez, cem, mil* e as potências maiores de 1.000 têm palavras distintas; outras potências de 10 são nomeadas usando-se termos compostos como "dez mil").

Palavras de contagem apareciam em alguns dos hinos védicos ("Vós, radiante Agni, é o senhor de todas as oferendas; o distribuidor de milhares, centenas, dezenas de auspiciosidades"). Em alguns casos, longas sequências de potências de dez foram incorporadas:

Salve, cem,
Salve, mil,
Salve, *ayuta* [10 mil],
Salve, *niyuta* [100 mil],
Salve, *prayuta* [milhão],
Salve, *arbuda* [10 milhões],
Salve, *nyarbuda* [100 milhões],
Salve, *samudra* [bilhão],
Salve, *madhya* [10 bilhões],
Salve, *anta* [100 bilhões],
Salve, *parardha* [trilhão],
Salve, aurora,
Salve, alvorada,
Salve, mundo,
Salve, tudo.

Embora o sânscrito fosse valorizado principalmente como uma língua de poesia oral, ele ganhou uma forma escrita durante o primeiro milênio AEC. O clima da região não é favorável a superfícies de escrita perecíveis, mas dialetos vernáculos foram inscritos em pedra no terceiro século e há inscrições em sânscrito por volta do primeiro século AEC, com manuscritos sobrevivendo aproximadamente de 150 EC em diante.

Da primeira metade do primeiro milênio EC, também há evidências crescentes do uso de números e cálculos na cultura sânscrita, em aplicações como contar possibilidades de rimas métricas, planejar os altares de tijolos para sacrifícios de fogo ou manter o controle do calendário para fins rituais. Foi a astronomia (assim como a astrologia e o estudo de calendários) que, em última análise, estimulou o trabalho mais matemático no sânscrito. A disciplina — um dos "pilares" tradicionais do aprendizado védico — floresceu ao longo do primeiro milênio, produzindo uma riqueza de textos de crescente complexidade e sofisticação. O âmago de cada texto estava em verso, mas longos comentários em prosa explicavam e amplificavam as regras de cálculos e os procedimentos.

Uma das características mais notáveis da astronomia sânscrita era o modelo de espaço e tempo utilizado, que envolvia imensos períodos de espaço e ciclos de tempo. O historiador Kim Plofker explica:

> O universo é criado e destruído em um *kalpa*, ou o período de um dia e uma noite de Bramã, que dura 4.320.000.000 anos. Existe um período mais curto chamado de *mahayuga*, ou "grande era", de 4.320.000 anos, dividido em quatro intervalos menores em uma proporção 4 : 3 : 2 : 1, durante o qual o mundo decai do bem ao mal, como as Eras de Outro, Prata, Bronze e Ferro das lendas gregas. O último e pior desses subperíodos é *Kaliyuga*, que equivale a um décimo de uma *mahayuga*, ou 432.000 anos de duração.

Essas quantidades de anos podiam ser grandes, mas os números que denotavam distâncias cósmicas eram ainda maiores; uma medida do tamanho dos céus chegava a 18.712.069.200.000.000 *yojanas* (um yojana sendo uma unidade de distância de aproximadamente 12 quilômetros). Inserir contagens tão vastas em versos em suas formas nominais dificilmente seria algo satisfatório, criando a necessidade de uma notação especial para números. Tentaram vários sistemas diferentes, demonstrando a dificuldade do problema e a urgência de uma solução. A maioria eram breves experimentos que dificilmente sobreviveriam a seus inventores, porém um se tornaria a notação numérica mais difundida do mundo.

Por exemplo, um sistema usado pelo autor Aryabhata, no século VI, atribuiu consoantes a números pequenos e vogais a potências de 10 para representar números como sílabas: formavam reconhecidamente palavras sem sentido, mas capazes de serem lidas em voz alta. A ideia não pegou, mas outro estudioso — Haridatta — criou uma variante no século seguinte, na qual as 33 consoantes sânscritas eram atribuídas a cada um dos dígitos de 1 a 9. Isso significava que havia várias escolhas possíveis para cada número; as quatro escolhas para "1" eram *k*, *t*, *p* e *y*, e o sistema ficou conhecido como *katapayadi*. Era um sistema posicional: a primeira letra escrita denotava as unidades; a próxima, as dezenas; depois, as centenas, e assim por diante. E a posição era a única indicação de que um dado símbolo representava unidades, dezenas ou centenas. Esse sistema se tornou importante para a magia numerológica e divinatória e permaneceu em uso por séculos, embora nunca tenha se tornado o sistema dominante para escrever números.

Outro sistema diferente mais uma vez atribuiu uma série de sinais fonéticos aos números inteiros até 9; outro, aos múltiplos de 10 a 90 e, eventualmente também, outro, aos múltiplos de 100. Este tinha a mesma estrutura que o demótico egípcio e os posteriores símbolos numéricos alfabéticos gregos e se tornou a maneira usual de rotular os números de páginas em livros, sobrevivendo em algumas regiões até o século XIX.

Uma opção diferente, e que evitava sequências de sílabas sem sentido, era criar sinônimos para palavras numéricas, como "terra" (significando um), "olho" (significando dois), "sentido" (significando cinco), e assim por diante. Como os números *katapayadi*, estes poderiam ser encadeados começando com as unidades, seguidas pelas dezenas e centenas, quantas vezes fossem necessárias para expressar até mesmo os maiores números da cosmologia em sânscrito. Essa opção tinha a vantagem de envolver palavras reais e, portanto, ser muito mais adequada para a inserção em versos destinados a serem aprendidos de cor. Os primeiros exemplos apareceram em textos astrológicos do terceiro século EC, e esse esquema também permaneceria popular por vários séculos antes de desaparecer.

Até aqui, os experimentos menos bem-sucedidos — havia outros — ilustravam como poderia ser uma maneira de se escrever. Mas, é claro, a escrita brami também tinha um conjunto de símbolos numéricos dedicados, que fizeram sua primeira e fatídica aparição em inscrições do terceiro século AEC, espalhando-se pelo subcontinente a partir do século seguinte. Nessa forma mais antiga, havia símbolos distintos para os números de 1 a 9 e para os múltiplos de dez, de 10 a 90. Muito foi escrito sobre as possibilidades antagônicas de terem sido inventados independentemente na Índia ou importados de outro lugar, ou pelo menos inspirados por algum modelo estrangeiro. A estrutura do sistema nessa forma arcaica era, mais uma vez, a mesma que a demótica egípcia, e cerca de um terço dos sinais exibe alguma semelhança com seus equivalentes egípcios. Comerciantes do reino ptolomaico certamente chegaram à costa de Malabar nesse período e, inversamente, missionários budistas viajaram para Alexandria no terceiro século AEC. Portanto, a influência é uma possibilidade real.

Os símbolos numéricos brami eram utilizados em inscrições, moedas, concessões de terras inscritas em placas de cobre e para quantificar versos poéticos, e se espalharam para o centro e sudeste da Ásia por volta do sexto ou sétimo século. Provenientes desses climas mais secos, sobrevivem manuscritos em madeira, folhas de palmeira e papel, nos quais os numerais brami são usados em textos da língua indo-europeia denominada tocariana. No sul da Índia, eles continuaram em uso até o século XVIII; no idioma tâmil, números com essa estrutura continuam em uso até hoje.

Entretanto, esses símbolos não eram usados para aritmética ou contabilidade. Em contextos matemáticos, eles não substituíram o uso de palavras numéricas ou outros sistemas de símbolos descritos anteriormente — não até que uma inovação ocorreu em sua estrutura.

A ideia, bastante simples, era a de que, em vez de usar o conjunto completo de símbolos, apenas aqueles para os números de 1 a 9 seriam empregados, com a convenção de que (começando da direita) o primeiro número denotaria unidades; os próximos, dezenas; depois, centenas, e assim por diante. Era um sistema posicional no mesmo molde do *katapayadi*. E se, por exemplo, não houvesse nenhuma dezena para registrar, o lugar em branco seria marcado com um ponto.

Não se sabe ao certo quando essa inovação ocorreu pela primeira vez. Foram sugeridas datas tão antigas quanto meados do primeiro milênio AEC, tendo como base uma possível ligação com os símbolos usados em tabuleiros de contagem chineses. Mas a evidência direta indiscutível mais antiga do sistema de valor posicional indiano ocorre em inscrições do final do século VII EC, tanto no Sudeste Asiático quanto na própria Índia. O momento da inovação deve estar em alguma data próxima dessas.

A ideia de um sistema posicional, com um sinal especial para uma coluna em branco, espalhou-se por toda a região. Por volta de, talvez, 800 EC, a preferência por ele era generalizada. As formas reais dos símbolos continuaram a evoluir em conjunto com a complexa família de diferentes escritas do sul da Ásia — processo que continua até hoje, quando as principais línguas do Sul Asiático têm seus próprios alfabetos e símbolos numéricos. Mas todos estruturam seus símbolos numéricos utilizando o mesmo sistema de valor posicional decimal herdado de seu ancestral brami.

Uma das tarefas para as quais esse sistema era bem adequado era o cálculo escrito, algo, no geral, incomum na história dos números e da contagem. A maioria das culturas calcula usando dispositivos — como o tabuleiro de contagem ou o ábaco —, complementados pela aritmética mental para operações mais simples. No entanto, como a maioria dos leitores deste livro saberá muito bem, um sistema de símbolos numéricos de valor posicional permite que operações como adição, subtração, multiplicação e divisão sejam feitas no papel usando algoritmos que uma criança pequena pode aprender, desde que esteja disposta a memorizar tabelas de adição e multiplicação, cada uma com algumas dezenas de linhas. Portanto, isso tende a transformar tanto a contagem quanto o cálculo em tipos especiais de escrita e a colocá-los em contato com o treinamento inicial de uma criança no uso de instrumentos e superfícies de escrita, a fim de tornar o aprendizado e a manipulação dos símbolos numéricos um acompanhamento natural para se aprender as letras e organizá-las em palavras e frases.

> Ó, Lilavati, menina inteligente, se você entende de adição e subtração, diga-me a soma dos valores 2, 5, 32, 193, 18, 10 e 100, bem como o restante deles quando subtraídos de 10.000.

O famoso matemático indiano Bhaskara II foi um dos muitos herdeiros da rica tradição de escrever palavras e números na Índia. Ele viveu no século XII, em Vijjadavida, uma cidade na região ocidental às vezes chamada de Grande Escarpa da Índia ou Gates Ocidentais, a cordilheira norte-sul que separa o Planalto de Decã da planície costeira ao lado do Mar Arábico, um rico bioma com uma floresta de biodiversidade excepcional e que fazia parte do Império Chaluquia Ocidental, governado na época do nascimento de Bhaskara (1114 EC) pelo bem-sucedido Vikramaditya VI, embora Bhaskara tenha visto o início da dissolução desse império, pois os feudatários de Vikramaditya lutaram contra seus governantes e entre si. Sua sociedade era agrícola, com guildas bem organizadas e uma complexa burocracia tributária. Seu comércio a ligava à China, ao Sudeste Asiático e aos califados de Bagdá a oeste.

A literatura e a erudição floresceram sob os reis Chaluquia, os quais patrocinavam estudiosos que escreviam tanto na língua local, o canarês, quanto em sânscrito. Dizem que os ancestrais de Bhaskara eram estudiosos da corte: astrônomos e astrólogos. Dizem também que ele aprendeu astronomia com seu pai, Mahesvara.

O próprio Bhaskara pode ter trabalhado como astrônomo da corte, mas muito pouco se sabe sobre detalhes de sua vida. Seus escritos, no entanto, estão entre os mais conhecidos de toda a tradição matemática em sânscrito. Em sua época, as seções de textos astronômicos lidando com aritmética eram longas e complexas, e começavam a aparecer os tratados independentes, chamados de *ganitas*, estabelecendo a arte do cálculo como uma matéria em si mesma. Nessa tradição, ele escreveu seu *Lilavati* — literalmente, "a bela" ou "a graciosa". Há muito tempo correm rumores de que o livro seria endereçado à sua própria filha, embora não exista nenhuma prova concreta disso, e o destinatário às vezes é imaginado como masculino e, às vezes, feminino.

O *Lilavati* discutia aritmética de forma abrangente. Apresentando os próprios números, Bhaskara nomeou dezessete diferentes potências de dez: 1, 10, 100, 1.000, *ayuta*, *laksa*, *prayuta*, *kota*, *arbuda*, *abja*, *kharva*, *nikharva*, *mahapadma*, *sanku*, *jaladhi*, *antua*, *madhya*, *parardha*. Ele explicou como escrever os números: em seus versos, os números apareciam como palavras, mas nas seções de prosa, eram escritos usando o sistema de valor posicional.

Do sistema de valor posicional, o *Lilavati* prossegue pelas operações de adição, subtração, multiplicação e divisão, e como encontrar quadrados e raízes quadradas, cubos e raízes cúbicas, seguidos por operações envolvendo frações ou zero. E concluiu com algoritmos para resolver o que agora seriam chamados de problemas de álgebra, regras para raciocínio sobre quantidades em proporção umas às outras, e alguma geometria. Apenas a aritmética preencheu dezenas de versos em sânscrito, e as seções de prosa que forneciam exemplos para cada regra expandiram seu comprimento em muitas vezes. Os exemplos variavam do prosaico ao pitoresco:

> Diga-me, garota astuta, se você sabe o procedimento correto para uma reversão, ao número que, multiplicado por 3, somado a três quartos do resultado, dividido por 7, diminuído por um terço do resultado, multiplicado por si mesmo, diminuído por 52, tendo sua raiz quadrada tomada, somada com 8 e dividida por 10, produz 2.

> Um viajante em peregrinação deixou metade de seu dinheiro em Prayaga, dois nonos do restante em Kast, um quarto do restante em taxas de pedágio e seis décimos do restante em Gaya. Sessenta e três moedas de ouro sobraram, e ele voltou com essa quantia para sua própria casa. Diga-me o valor inicial desse dinheiro.

Há um buraco no pé de um pilar de nove hastas de altura, e um pavão de estimação de pé em cima dele. Vendo uma cobra retornando ao buraco a uma distância do pilar igual a três vezes sua altura, o pavão desce sobre ele, inclinado. Diga rápido, a quantos karas do buraco ocorre o encontro dos dois caminhos?

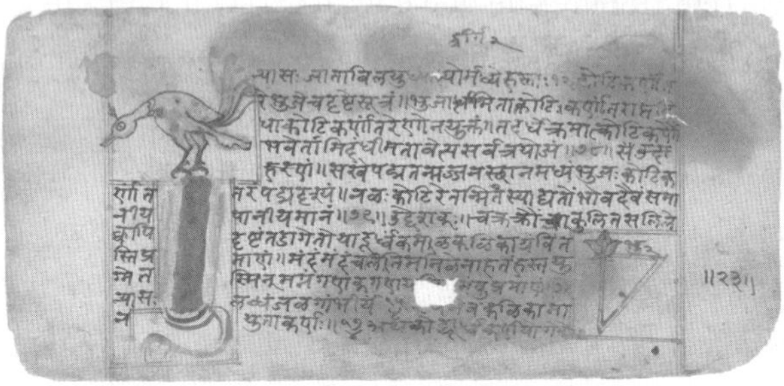

O problema do "Pavão" em um manuscrito do *Lilavati*.

Nenhum manuscrito muito antigo do *Lilavati* sobreviveu até hoje, mas remanescentes casuais de outros materiais do período mostram como ele teria se parecido. Folhas de palmeira — ou, no norte da Índia, casca de bétula — eram usadas como superfície de escrita, e, tradicionalmente, os livros tinham um formato retangular, mais largos do que altos. As folhas eram mantidas juntas não pela amarração ao longo de uma borda, mas por um cordão passado por um buraco no centro delas. Pranchas e um envoltório de pano podiam ser usados para proteger todo o volume, mas mesmo assim é raro que um manuscrito desse tipo sobreviva, no máximo, mais do que alguns séculos.

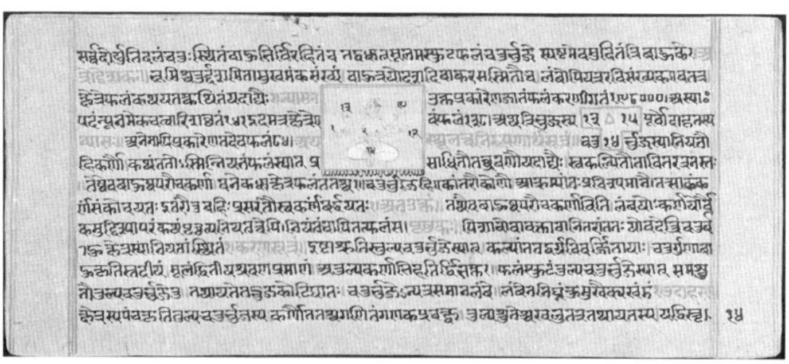

Os símbolos numéricos brami destacados do texto por um quadro, em um manuscrito do *Lilavati*.

A escrita em si formava um bloco retangular de texto no centro de cada página, sem letras maiúsculas e com apenas alguns espaços entre as palavras: não havia quebras de linha entre os versos, nem quebras de página entre capítulos do texto, embora às vezes o vermelho fosse usado para destacar o início dos capítulos. Na verdade, uma das poucas interrupções no fluxo contínuo do texto ocorria quando os diversos símbolos numéricos eram frequentemente destacados com um quadro ao redor deles.

Em 1207, o neto de Bhaskara fundou, com recursos de um governante local, uma escola para o estudo de seus escritos, que incluía, além do *Lilavati*, um livro sobre álgebra e dois sobre astronomia. É da inscrição de fundação daquela escola, em um templo em Maharashtra, de onde deriva a maioria das poucas informações sobre a vida de Bhaskara. Suas obras se tornaram padrão e os mais conhecidos livros didáticos de matemática da tradição sânscrita, com milhares de manuscritos em circulação. Assim, ele pode ser legitimamente creditado por fazer mais do que qualquer outra pessoa na promoção do sistema de valor posicional decimal como uma ferramenta para se escrever números e para a prática do cálculo escrito.

Ibn Mun'im: numerais em pó

Marrakesh, norte da África: entre as montanhas e o mar, por volta de 1200 EC.

Pegue um maço de fios de seda e faça uma borla. Pegue seda de duas cores e faça uma borla mais brilhante. Pegue três cores. Pegue dez.

Ou: comece com dez cores diferentes e escolha apenas seis para sua borla. Quantas maneiras existem de fazer sua escolha? A mente salta para questões abstratas: como o número de escolhas muda conforme se altera o número total de cores ou o número escolhido para a borla? E que outros tipos de escolha são governados pelos mesmos números? O número de letras retiradas do alfabeto para formar uma palavra, talvez, ou o número de livros selecionados de uma estante, a disposição das silabas tônicas em um verso...

Bhaskara não sabia, mas, em sua época, os símbolos numéricos brami já estavam bem avançados na jornada que os levaria a praticamente todos os países do mundo. Formas de contagem podem se espalhar rapidamente nas circunstâncias certas e de maneira ampla. Especialmente, talvez, sistemas de símbolos numéricos. Eles não estão vinculados a nenhuma língua, então podem facilmente cruzar fronteiras culturais que talvez fossem intransponíveis para um método de escrever palavras. Símbolos numéricos são mais fáceis de aprender do que escritas verbais, mais transparentes, mais autoexplicativos. Como evidência disso, os numerais em vários documentos podem ser lidos hoje, mesmo que suas palavras permaneçam indecifradas, como o "Linear A" da Creta minoica, a escrita enigmática da civilização do Vale do Indo.

Viajantes budistas levaram algumas informações sobre astronomia hindu para os vizinhos da Índia — China, Ásia Central, Irã — na primeira metade do primeiro milênio. Em 662, o bispo cristão Sebokht, em Nisibis, no Eufrates, comentou sobre as "sutis descobertas" dos indianos na astronomia: seus métodos e seu uso de "nove sinais" para cálculos. Ele pode (ou não) ter conhecido o décimo sinal, o ponto ou círculo que marca um lugar vazio.

Mais tarde, a disseminação do islamismo colocou o vasto mundo de língua árabe em contato direto com a Índia: comerciantes muçulmanos chegaram à costa de Malabar no século VIII. Na década de 770, uma missão indiana levou um texto sobre astronomia para a corte de al-Mansur, em Bagdá. Tais textos rotineiramente incluíam exposições tanto dos símbolos numéricos brami quanto da aritmética básica em que apareciam e faziam uso dos símbolos em suas extensas tabelas astronômicas. Os símbolos estavam se tornando visíveis para os falantes de árabe durante o século VIII, mesmo que não seja possível identificar o momento exato do "primeiro contato".

A cultura na qual os símbolos numéricos brami agora penetraram já tinha várias formas sofisticadas de contagem. Os contadores estavam presentes na forma de objetos cunhados, como o ouro bizantino ou os dinares cunhados pela primeira vez em 697 pelos califas omíadas. A língua árabe herdou um conjunto de palavras numéricas de base decimal de seu ancestral protossemita — eram, portanto, relacionadas às do acadiano e do hebraico, bem como às do primo linguístico mais distante, o egípcio: *wahid*, *ithnan*, *thalatha*, *arba'a*, *khamsa*. De fato, existia um sistema que usava as letras do alfabeto árabe para representar números, estruturado exatamente como o dos similares sistemas egípcio e grego, e continuou a existir ao lado dos símbolos derivados do brami até o século XIV.

O sistema romano de sinais manuais para números até 9.999 também era conhecido. Às vezes, esses sinais eram descritos como "rum", significando romano; o termo aqui denotava a metade oriental do Império Romano, Bizâncio. Os sinais manuais eram amplamente utilizados para memorizar valores intermediários ao realizar cálculos aritméticos mentalmente, e até o século X, alguns escritores do árabe continuaram a recomendar seu uso, um sistema "que não requer nenhum material e que um homem pode usar sem nenhum instrumento além de um de seus membros".

Apesar de tudo isso, os símbolos numéricos indianos tiveram seus apoiadores desde o início e, evidentemente, fizeram muito sucesso. Um grande movimento para importar e traduzir textos do persa, grego, siríaco e sânscrito ocorreu nos séculos VIII e IX sob a dinastia abássida, centralizada em Bagdá. Textos foram copiados, estudados, ensinados, discutidos, melhorados e comentados. Matemáticos eruditos fizeram grandes avanços em astronomia, álgebra, trigonometria e outros campos. Alguns especialistas tomaram os nomes de estudiosos gregos como epítetos, como al-Uqlidisi, "o Euclidiano". Por volta de 825 EC, Muhammad ibn Musa al-Khwarizmi escreveu em árabe um "livro sobre cálculo indiano", no qual descreveu o sistema de valor posicional e seu uso em cálculo, e o defendeu por sua utilidade e simplicidade. Al-Khwarizmi também revisou ou traduziu um conjunto de tabelas astronômicas indianas famosas por seus números, possivelmente as mesmas que haviam sido originalmente trazidas para Bagdá cinquenta anos antes.

Ao longo de décadas e séculos seguintes, surgiu todo um gênero de escritos árabes sobre o sistema indiano de símbolos numéricos e seus procedimentos de cálculo. Todos começaram descrevendo os nove símbolos e anotando um pequeno círculo que era usado para marcar um espaço onde não havia nenhum símbolo. E seguiram com capítulos sobre as operações: adição, subtração, multiplicação, divisão; depois, sobre frações e, talvez, o sistema sexagesimal (herdado via sistema grego do cuneiforme) usado em astronomia. Outros tópicos foram a descoberta de raízes quadradas e cúbicas, para as quais existiam procedimentos amplamente semelhantes aos da divisão longa.

Os processos que foram descritos, promovidos e adotados, no entanto, eram, em princípio, sutilmente diferentes de seus modelos indianos. Vários dos primeiros textos árabes usavam em seus títulos ou descrições os termos "tábua" (*takht*, originalmente uma palavra persa) ou, particularmente no oeste do mundo árabe, "pó" (*ghubar*).

A ideia era a de que um escriba carregasse uma tábua e, quando fosse usada, ele espalharia areia sobre ela e escreveria os símbolos numéricos nessa areia com um dedo ou estilete. Isso tornava fácil apagar, substituir e mover símbolos conforme o cálculo exigia. Toda a prática passou a ser chamada em árabe de "aritmética de pó" ou "aritmética de tábua", e os próprios símbolos numéricos foram chamados de "símbolos de pó". Isso fez da aritmética um processo totalmente temporário, que não deixava nenhum registro permanente, como faziam os procedimentos indianos em papel e casca de árvore.

O papel certamente ficou conhecido no mundo islâmico de meados do século VIII em diante (a história é a de que prisioneiros chineses ensinaram sua fabricação por volta do ano 750), e já no século seguinte, alguns autores defendiam seu uso para cálculos em detrimento à tábua de pó. O matemático al-Uqlidisi argumentou que o uso da tábua de pó rebaixava o estudioso sério por causa de sua associação com pessoas "malcomportadas", "que ganham a vida com astrologia nas ruas", e suas dificuldades incluíam dedos sujos e areia sendo levada pelo vento. O argumento principal, porém, era o de que o uso do papel produzia um registro do processo de cálculo, de modo que, se você precisasse verificar ou encontrar um erro, poderia fazê-lo diferentemente do *tahkt*, em que pelo menos algumas etapas do cálculo eram necessariamente apagadas ao longo do processo.

Seja em tábua ou papel, é provável que os símbolos numéricos tenham rapidamente começado a se espalhar de seu contexto inicial de cálculo astronômico e tabulação aprendidos para a aritmética ensinada a crianças e usada por mercadores e outros praticantes. Desde o final do século IX, e mais ainda durante os séculos X e XI, referências à nova notação podem ser encontradas nos escritos de historiadores árabes, enciclopedistas e estudiosos religiosos. Com o tempo, uma tradição matemática se estendeu por todo o mundo árabe e islâmico, do norte da Índia até a costa atlântica do norte da África e da Península Ibérica.

O extremo ocidental do mundo islâmico era um importante centro de cultura e aprendizado. Um de seus expoentes era Ahmad ibn Mun'im al-'Abdari, nascido provavelmente na segunda metade do século XII e, portanto, um contemporâneo de Bhaskara, 8 mil quilômetros a leste. Sua origem era a cidade de Denia, em al-Andalus, na costa perto de Valência. Naquela época, a dinastia almóada controlava tanto a Ibéria Islâmica quanto o Magreb na costa norte-africana. Eles tinham um impulso reformador e purificador, e seus líderes se autoproclamavam os verdadeiros califas. Controlando vastos recursos — minas de enxofre, ferro, chumbo, mercúrio e cinábrio, indústrias têxteis e cerâmicas — e todo o comércio transaariano, bem como conexões comerciais ao norte do Mediterrâneo até a Itália, eles apoiaram e promoveram a cultura, da arquitetura e poesia à teologia, o misticismo e a filosofia. Os filósofos judeus Averróis e Maimônides viveram sob o governo almóada. A medicina, a matemática e a astronomia floresceram.

A maior parte da vida de Ibn Mun'im foi passada na capital almóada em Marrakesh, onde estudou medicina e matemática. Ele foi considerado um dos principais especialistas em geometria e teoria dos números e escreveu sobre geometria euclidiana e arranjos de números inteiros conhecidos como quadrados mágicos.

Seu livro *A Ciência do cálculo* foi um daqueles em que descreveu os algarismos indianos e seu uso. Presumivelmente voltado para estudantes, ele cobriu os tópicos usuais: as formas dos "numerais de pó" (ainda assim chamados, embora os estudantes já estivessem habituados a escrever no papel), adição, subtração, multiplicação, divisão, extração de raízes e frações. No meio do livro, havia uma seção para discussões mais avançadas que tratava de tópicos como somas de séries de números ímpares, números pares e números quadrados ou ao cubo. Ibn Mun'im discutiu números triangulares, outros arranjos similares e os chamados números perfeitos, que são iguais à soma de seus fatores. E examinou longamente a questão de quantas palavras podem ser feitas a partir de um dado conjunto de letras.

Questões como essa foram levantadas ao longo dos séculos por linguistas e filósofos interessados em enumerar as diferentes raízes de palavras árabes sob várias restrições. Já na década de 790, estudiosos realizaram enumerações laboriosas de raízes de duas, três, quatro e cinco letras. Até o século XII, tais problemas eram abordados principalmente pela simples listagem de possibilidades e pela contagem delas uma por uma. Um escritor construiu e descreveu um dispositivo que consistia em um disco com duas rodas giratórias, em cada uma das quais estavam escritas as letras do alfabeto árabe. Girando e alinhando as rodas, era possível encontrar todos os diferentes alinhamentos de três letras mais rapidamente.

A abordagem de Ibn Mun'im era matemática, em vez de mecânica. Ele estava interessado em calcular em vez de simplesmente contar e trabalhou em uma série de problemas secundários até encontrar sua resposta à questão geral; na verdade, ele começou considerando um problema aparentemente diferente. Dadas dez cores de seda com as quais você deseja fazer borlas, quantas escolhas diferentes podem ser feitas de, digamos, cinco cores? Ou três? Ou sete? Em outras palavras, quantas maneiras existem de escolher um certo número de cores entre dez, se a ordem em que são escolhidas não importar? Obviamente, há dez meios de escolher apenas uma cor. Por uma contagem simples, você pode descobrir que há 45 maneiras de escolher duas, 120 para escolher três... Ibn Mun'im fez uma tabela mostrando as diferentes maneiras de escolha, desde escolher uma cor de uma seleção de uma, até escolher dez de uma seleção de dez. Ao observar as propriedades da tabela, ele foi capaz de ver maneiras de calcular seus números, em vez de encontrá-los por meio de uma contagem trabalhosa. A tabela era idêntica ao arranjo de números mais tarde chamado de triângulo de Pascal: cada número era igual à soma do número acima e daquele à sua esquerda.

As maneiras de escolher um conjunto de letras entre as 28 disponíveis em árabe são naturalmente as mesmas de escolher um conjunto de cores entre uma seleção de 28. Para escolher três letras (ou cores), por exemplo, há 3.276 possibilidades. No entanto, isso era só o começo, e Ibn Mun'im trabalhou em uma série impressionante de questões e exemplos mais complexos. Suponha que uma letra seja repetida: como o número de escolhas possíveis muda? Suponha que mais de uma letra seja repetida. E assim por diante. De fato, um de seus cálculos questionava quantas palavras distintas de nove letras poderiam ser formadas ao se reorganizar a sequência ABCCDDEEE. Por fim, ele introduziu restrições na alternância de vogais e consoantes para respeitar a maneira como as palavras pronunciáveis eram realmente formadas em árabe. Para vários desses casos, Ibn Mun'im construiu tabelas separadas mostrando as respostas — geralmente números enormes — decorrentes de uma combinação de cálculo e contagem simples.

Impérios vêm e vão. Muhammad al-Nasir (1199–1213), em cuja corte Ibn Mun'im trabalhou, é provavelmente mais conhecido na história como o líder que perdeu a batalha de Las Navas de Tolosa, em 1212, para uma coalizão de reis cristãos — um divisor de águas para as fortunas dos almóadas e o início do colapso daquele império, tanto na Península Ibérica quanto na África. Ele morreu um ano depois, e divisões internas aceleraram o fim da dinastia almóada e a desintegração de seu império no final do século, sendo substituído por várias monarquias islâmicas menores.

A tradição erudita árabe continuou, é claro, e os resultados de Ibn Mun'im sobre combinações e permutações foram passados para as gerações seguintes. O assunto ilustra a tendência generalizada de exercícios avançados de contagem se fundirem com cálculos, tabulações e, eventualmente, álgebra; e, de maneira mais comum, para os símbolos numéricos indianos e cálculos no papel, para facilitar, de maneira cada vez mais abstrata, o pensamento sobre números.

A questão sobre como exatamente os símbolos numéricos indianos se pareciam no mundo árabe é surpreendentemente elusiva. O fato é que manuscritos contemporâneos das primeiras obras árabes sobre números e aritmética não sobreviveram. Para o trabalho de al-Khwarizmi sobre cálculo no estilo indiano, de fato, até mesmo o texto original está perdido, e a única evidência do que ele escreveu são traduções posteriores para o latim. Não há absolutamente nenhuma evidência direta de como eram os símbolos numéricos para ele. Para o trabalho de Ibn Mun'im sobre aritmética e combinatória, há apenas um único manuscrito, feito gerações depois do autor original. De fato, a fragilidade dos materiais de escrita percorreu todos os três primeiros séculos de evidências dos símbolos numéricos indianos em contextos árabes.

Quando as evidências desapareceram, durante o século XI, na forma de manuscritos, tabelas astronômicas e até mesmo instrumentos astronômicos como astrolábios, existia — não surpreendentemente — uma boa dose de variação de um manuscrito para outro, refletindo convenções ligeiramente diferentes em diversos lugares e épocas. De fato, al-Uqlidisi, além de defender o cálculo no papel usando o sistema de valor posicional decimal, propôs substituir os símbolos indianos pouco familiares pelas primeiras nove letras do alfabeto grego ou árabe. Mas essa ideia não pegou, e os símbolos indianos foram mantidos, embora com detalhes modificados.

Uma mudança curiosa ocorreu em todo o mundo de língua árabe. Na escrita brami, que é lida da esquerda para a direita, os números eram escritos com potências mais altas à esquerda. Ou seja, o olho chegaria primeiro às potências mais altas (como acontece nas línguas modernas que usam o alfabeto latino). Em árabe, que é lido da direita para a esquerda, a ordem dos numerais *não* era invertida para corresponder à direção da leitura: as potências mais altas ainda apareciam à esquerda. Isso significava que o olho alcançaria primeiro a menor potência, as unidades.

Quanto ao formato dos símbolos numéricos individuais, a tradição eventualmente se dividiu em dois ramos: os símbolos das metades oriental e ocidental do mundo de língua árabe, ambos claramente descendentes das formas originais brami usadas em sânscrito. Um escritor marroquino do final do século XII comentou sobre a diferença entre os dois estilos, mas a divergência certamente surgiu muito antes disso. A área central de Bagdá, onde al-Khwarizmi e al-Uqlidisi trabalharam, passou a usar um conjunto de símbolos que são os ancestrais daqueles usados no árabe moderno: ١, ٢, ٣, ٤, ٥, ٦, ٧, ٨, ٩. As regiões ocidentais do mundo árabe, no entanto, tinham um estilo diferente de caligrafia e diferenças na forma de certas letras. Todos os símbolos numéricos foram modificados em um grau ou outro, e os símbolos para 6, 7 e 8 se tornaram bem diferentes de suas contrapartes orientais. Esse estilo ocidental de escrever os algarismos arábicos — às vezes chamados de algarismos magrebinos — persistiu até o século XVIII ou mesmo o XIX, antes de ser finalmente substituído pelo sistema oriental.

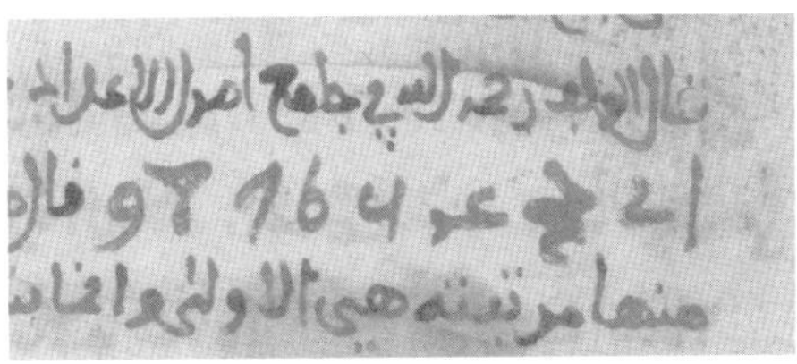

Símbolos numéricos indianos de um manuscrito feito no século XV, em Granada, no estilo árabe ocidental.

O interesse pelos símbolos de números arábicos de estilo ocidental está em sua jornada adiante: essa forma viajaria até a Europa e se tornaria a ancestral dos "numerais arábicos" conhecidos em todo o mundo hoje. De fato, durante a vida de Bhaskara e Ibn Mun'im, esse processo já estava em andamento.

Hugo de Lerchenfeld: numerais toledanos

De maneira similar à referência admirada pelo bispo Sebokht na Síria do século VII, os algarismos arábicos receberam uma primeira menção fugaz na Europa em uma referência passageira de um manuscrito sobre outro assunto. O monge Vigila, do mosteiro de Albelda, em La Rioja, foi o responsável, adicionando à sua cópia de uma enciclopédia latina as seguintes palavras:

> "os indianos possuem uma compreensão muito sutil, e todos os outros povos rendem-se a eles em aritmética e geometria e outras artes liberais. E isso fica claro nas nove figuras com as quais eles são capazes de designar todo e qualquer grau de cada ordem [numérica]; das quais essas são as formas..."

As formas citadas eram essencialmente aquelas dos numerais arábicos de estilo ocidental. Isso foi em 976, o período do califado omíada estabelecido em Córdoba. Evidentemente, parte do vasto aprendizado daquela esplêndida cidade também havia chegado ao norte, na Catalunha. Assim, paradoxalmente, a evidência mais antiga remanescente das formas ocidentais dos símbolos numéricos arábicos vem de manuscritos escritos em latim.

Durante o mesmo período, por volta de 970, um jovem chamado Gerbert de Aurillac viajou para a Catalunha para estudar matemática por três anos. De volta à França, ele se tornaria arcebispo de Reims e, posteriormente, papa, como Silvestre II.

Em Reims, ele criou e promoveu um novo — alguns diriam bizarro — tipo de tabuleiro de contagem cuja principal característica era ter peças de contagem marcadas com símbolos numéricos. Em vez de colocar, digamos, seis peças na coluna das dezenas, seria colocado um único contador marcado com um "6".

Por dois séculos, o tabuleiro de Gerbert foi a ferramenta preferida para se aprender o conhecimento numérico nas escolas monásticas, com cerca de três dúzias de tratados separados dedicados a ele. Um ou dois "tabuleiros" reais neste estilo, feitos de papel, sobrevivem até hoje, mas infelizmente nenhuma das peças de contagem especialmente marcadas de Gerbert. Em tratados posteriores, os símbolos nas peças eram algarismos arábicos, e é provável que essa tenha sido uma escolha do próprio Gerbert, derivada de sua estada na Catalunha e do que aprendeu por lá.

Os procedimentos para adicionar, subtrair, multiplicar e dividir no tabuleiro de contagem de Gerbert eram essencialmente idênticos aos dos símbolos numéricos escritos em um tabuleiro de pó, e as peças de contagem são sucessivamente substituídas por outras conforme o cálculo progride. Essa era, para todos os efeitos, uma versão europeia da prática indiana — e depois árabe — de calcular usando símbolos escritos. Em vez de escrever os símbolos em uma superfície, eles eram colocados, movimentados e removidos na forma de peças de contagem. Uma pequena diferença era que em um tabuleiro não havia a necessidade imperiosa de se marcar uma coluna vazia com uma peça "zero", bastando simplesmente deixá-la vazia. Na verdade, as peças "zero" parecem ter existido, embora fossem redundantes. Em latim, o zero era inicialmente chamado de "roda" e, às vezes, de *theta*, em referência à forma da letra grega que ele lembrava. Mas logo os escritores latinos estabeleceram termos derivados do árabe *sifr*, que significa "nulo" ou "vácuo", emprestado do sânscrito *sunya*, que significa "vazio". Em latim, a palavra se tornou *cifra* ou *chifra*, ancestral de palavras em línguas europeias modernas, como o inglês *cipher* e o francês *chiffre*. Nessas línguas, às vezes o termo passou a designar não apenas zero, mas todo o conjunto de símbolos numéricos, ou mesmo seu uso ("cifragem"). Outras vezes, o significado do termo era estendido a caracteres simbólicos em geral, especialmente os secretos. Assim, em italiano, algo *cifrato* está em um código secreto; em francês, um *chiffre* pode ser a letra inicial de um monograma; em alemão, *Ziffer* significa o sistema de algarismos arábicos, enquanto um dos significados de "cifra" em inglês é simplesmente "zero".

Entretanto, o tabuleiro de contagem de Gerbert era complicado de usar, em comparação com modelos mais tradicionais, e há pouca evidência de que tenha sido utilizado fora do contexto de ensino de monastérios e suas escolas. Há poucos sinais de que fosse utilizado para cálculos do mundo real além do aprendizado sobre números e sua manipulação abstrata. Após o final do século XII, não há mais evidências dele, mesmo nos monastérios, e parece ter caído em desuso e no esquecimento.

Enquanto isso, e mais amplamente pela Europa, os algarismos arábicos começaram a aparecer entre os manuscritos que entravam no continente pela Antioquia, pela Sicília e, cada vez mais, pela Espanha. Em meados do século XII, cópias chegavam ao norte e a oeste, até a França e a Inglaterra. Elas desencadearam um período de experimentos, talvez muito semelhantes aos experimentos indianos na representação de números por escrito, sendo a maioria de curta duração e alguns muito estranhos.

Alguns estudiosos europeus tentaram fazer um híbrido de símbolos numéricos romanos e arábicos usando uma seleção de símbolos arábicos como abreviações dentro de um sistema estruturado como o romano. O resultado foram monstros como MC87 para 1.187 ou 52M, CC20 para 52.220. Outros adotaram o sistema de valor posicional dos numerais arábicos, mas não seus símbolos. Abraão ibne Esdras, em Pisa, usou as primeiras nove letras do alfabeto hebraico em um sistema estruturalmente idêntico aos numerais brami, e um colega em Flandres usou as primeiras nove letras do alfabeto latino da mesma forma. É evidente que os novos símbolos numéricos eram estimulantes e provocativos, mas também criavam confusão e ansiedade com a mesma frequência com que geravam clareza.

Foi no contexto da astronomia e das tabelas astronômicas que os escritores europeus aprenderam a usar corretamente os numerais arábicos. A rota espanhola estava se tornando a mais importante para o material árabe que entrava na Europa Latina, e a cidade de Toledo foi estabelecida como um grande centro de tradução e transmissão. As tabelas astronômicas de al-Khwarizmi receberam adaptações para uso primeiro em Córdoba e depois em Toledo. A versão toledana adquiriu amplo alcance e importância em latim. Mais de duzentas cópias manuscritas sobrevivem hoje, e essas "tabelas toledanas" foram, por sua vez, adaptadas para uso em várias outras cidades europeias, tornando-se um modelo para outras obras astronômicas em latim.

Esse material era de interesse na Europa porque potencialmente poderia resolver problemas urgentes com o calendário latino. As dificuldades subjacentes tinham a ver com o fato de que não há um número inteiro de dias em um ano, isto é, para cada órbita que faz ao redor do Sol, a Terra gira em seu eixo não 365 ou 366 vezes, mas um número fracionário entre esses dois. Os problemas não receberiam uma solução duradoura até a reforma do calendário gregoriano, no final do século XVI, que criou as regras sobre anos bissextos ainda em uso até hoje.

Absorvendo a tradição do calendário árabe, esses estudiosos também aprenderam a usar os algarismos arábicos. As tabelas toledanas eram acompanhadas em alguns manuscritos por versões latinas do livro de al-Khwarizmi sobre os numerais, que explicavam seu uso para a aritmética. A associação dos numerais com o material toledano era tão forte que alguns comentaristas latinos os chamavam de numerais "toledanos", em vez de numerais arábicos ou indianos.

Quando os numerais arábicos (ou toledanos) começaram a aparecer em manuscritos latinos, eles passaram mais uma vez por mudanças em suas formas exatas, embora permanecessem claramente derivados de seus ancestrais do estilo árabe ocidental. É possível que tenham sido influenciados por convenções visigóticas para escrever e abreviar numerais romanos, mas as diferenças podem ser apenas o resultado das mudanças no estilo de caligrafia ao longo de vários séculos. Pelo menos dois escritores latinos comentaram sobre a diferença entre as "figuras toledanas" e as originais árabes, dando exemplos de cada uma, embora entendessem que o sistema de valor posicional no qual operavam era o mesmo e que as diferenças eram apenas superficiais.

Um centro improvável de conhecimento e experimentação, tanto em astronomia quanto nos numerais toledanos, foi a cidade alemã de Ratisbona. Lá, um pequeno círculo de acadêmicos interessados reuniu um punhado de manuscritos matemáticos, incluindo cópias das tabelas toledanas e de uma versão latina do livro de aritmética de al-Khwarizmi. Eles tentaram diferentes maneiras de adaptar o ciclo de trinta anos do calendário árabe, ou o ciclo judaico de dezenove anos, para o uso cristão. E até permitiram variações locais distintas ao escrever os símbolos numéricos, por exemplo, dando longas caudas verticais ao "2" e ao "3", ou às vezes fazendo o "3" parecer uma espécie de graveto fendido.

Foi aqui que — até onde as evidências mostram — os algarismos arábicos começaram a sair dos contextos da astronomia e do estudo de calendários para o uso dos números e da contagem no dia a dia.

Hugo, cidadão de Ratisbona, tornou-se cônego na catedral da cidade após a morte de sua esposa, provavelmente em 1178, e permaneceu na função até falecer, por volta de 1216. É uma figura obscura, e sua vida foi registrada apenas em linhas gerais. No entanto, ele passou boa parte de seu tempo compilando um caderno idiossincrático. Atualmente, na Biblioteca Estatal da Baviera, em Munique, há 78 folhas de pergaminho mantidas juntas, porém não encadernadas, mas envoltas em um pedaço maior de pergaminho.

É uma compilação confusa, construída em parte pela cópia (com variações) de um volume de anais do mosteiro vizinho e complementada após seu fim, em 1167. À medida que Hugo envelhecia, sua caligrafia foi ficando maior e mais confusa nas entradas tardias. Outras partes do livro consistem em passagens e páginas com notas sobre todos os tipos de assuntos: história familiar, letras, alfabeto hebraico, reflexões espirituais, eclipses solares e lunares... As folhas mal inseridas devem ter ficado em constante perigo de queda, perda ou desordem.

No total, os anais foram registrados de 35 a 1201 EC, quando Hugo parou de escrever. Evidentemente, ele também tinha acesso aos materiais aritméticos e astronômicos do monastério em frente, pois em vez de usar numerais romanos para as datas dos anais, utilizava numerais arábicos: não MCLXVII, mas 1167; não MCCI, mas 1201.

É difícil dizer o quão excêntrico Hugo era para datar seus anais de uma forma que agora seria algo natural. Não mais do que um punhado de seus contemporâneos na cidade teria reconhecido os símbolos indianos/árabes/toledanos como números, e muito menos seriam capazes de lê-los. Talvez em um caderno particular, não importasse; talvez Hugo tenha apreciado a novidade, a engenhosidade, a ponta de segredo que havia no novo código numérico. Assim, ele se tornou, a seu singelo modo, um pioneiro, o primeiro na Europa a usar os algarismos arábicos fora do reino das tabelas astronômicas ou tratados aritméticos.

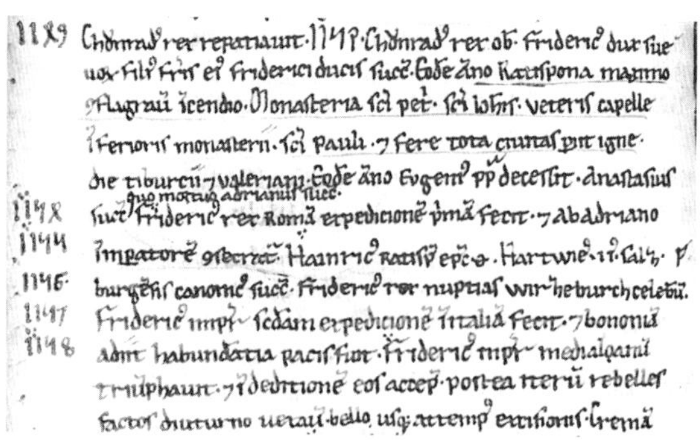

Uma página do caderno de Hugo mostrando os símbolos numéricos toledanos.

Bhaskara, Ibn Mun'im e Hugo de Lerchenfeld eram contemporâneos entre si, no final do século XII. Eles usaram numerais em textos escritos em sânscrito, árabe e latim, com cerca de uma década de diferença entre um e outro. Suas histórias contam o enorme alcance que os símbolos numéricos indianos tiveram naquele momento. Na Índia, eles já tinham uma história de centenas de anos — quatrocentos anos no mundo falante de árabe. No contexto latino, seu uso em pergaminhos foi apenas o começo, embora tenham sido manipulados como peças de contagem desde por volta do ano 1000 EC, e apenas a retrospectiva deixa claro que teriam futuro no mundo latino, e isso incluía a versão toledana dos numerais, em vez de outras experiências ou versões do período. O acaso desempenhou um papel nisso, assim como o alto status de Toledo como centro de tradução do árabe e o prestígio e a visibilidade dos textos produzidos na cidade.

Os numerais indianos tiveram, é claro, uma vasta história subsequente em todas as três localidades. No mundo latino, ao menos quatro diferentes versões do tratado de aritmética ao estilo indiano de al-Khwarizmi foram produzidas até o final do século XII, apresentando vários graus de revisão e refinamento, conforme os tradutores tentavam deixar o material mais compreensível para os leitores. Se o próprio sistema de valor posicional era familiar ao tabuleiro de contagem, seja o tradicional ou o gerbertiano, a ideia de fazer cálculos no pergaminho parece ter requerido trabalhosas explicações, demonstrações e discussões. Tais textos foram tão difundidos que o nome "al-Khwarizmi", que em árabe significa o homem de Khwarezm, veio a significar o processo de cálculo com numerais arábicos ou algum tratado que os descrevesse. A palavra latina, de alguma forma inevitavelmente alterada, era *alchorismus* ou, depois, *algorismus*. Por fim, significou aritmética em geral, qualquer que fosse o método, e em línguas modernas, um "algoritmo" pode ser qualquer procedimento passo a passo. Em pouco tempo se esqueceu de que a palavra se originava de um nome pessoal, e alguns autores medievais até tentaram fazer o caminho de volta de *algorismus* para "Algus" ou "Argus", seu suposto inventor. Chaucer uma vez se referiu, sem explicação, a "Argus, o nobre contador".

Os numerais na forma toledana aumentaram gradualmente em visibilidade e importância. Em um país após outro, uma massa crítica de literatos passou a usá-los para calcular e registrar os resultados de contagens e cálculos. Seus proponentes efetivamente capturaram a narrativa e obtiveram sucesso em associar aos numerais arábicos um senso de prestígio que ia muito além de suas vantagens práticas. O sistema mais antigo — peças para contagem e cálculo, e numerais romanos ou palavras para comunicar resultados — funcionou por mil anos e permitiu aos romanos administrarem seu vasto império, portanto, não estava de modo algum fragilizado.

A Itália foi a primeira a usar o novo método, com as contas públicas e comerciais adotando os algarismos arábicos juntamente com as técnicas de contabilidade duplicadas entre o século XIII e o XV. Escolas especializadas ensinavam as técnicas. No início dos anos 1500, Florença, por exemplo, tinha seis escolas ensinando "algorismo" para até 1.200 alunos. Em seguida, isso se espalhou pelo norte e o leste do continente, com a proporção de algarismos arábicos em documentos em toda a Europa chegando a 50% por volta do ano 1500. (Parece não haver evidências para a alegação, ainda ocasionalmente repetida, de que os novos numerais — ou o zero em particular — tenham encontrado resistência, temor ou proibição por estarem associados a estrangeiros, hindus ou muçulmanos, ou devido a alguma suposta associação com magia.)

A visão distanciada dá a essa ascensão um sentimento de inevitabilidade, como se as alegações dos defensores do final da Idade Média em favor dos numerais fossem a verdade nua e crua. Eles eram de fato eficientes para cálculo, se a pessoa estivesse preparada para o esforço inicial de memorizar tabelas de adição e multiplicação e aprender algoritmos para adição, subtração, e assim por diante. E como era praticado em papel, em vez de em tabuleiros de pó, lousas ou quadros-negros, os numerais forneciam um registro do processo de cálculo, tornando relativamente fácil verificar e detectar erros. Mas tabuleiros e peças continuaram a ser importantes até a era da impressão. As varetas de contagem foram usadas no tesouro inglês até o final do século XVIII, e os algarismos romanos perduram até hoje em contextos onde prestígio ou estabilidade precisam ser comunicados (a numeração de monarcas e papas, títulos de filmes e fundações públicas) ou quando a ambiguidade entre duas séries de números precisa ser evitada (números de páginas em livros, números de mês e dia em certos estilos de data).

E como ficou a contagem na Europa depois que os algarismos arábicos completaram sua conquista?

A contabilista: contando em papel

Interior da Holanda, década de 1650. Um balcão de madeira: tinteiros, um livro-razão. Algumas moedas. Uma mulher de idade está sentada junto de seus livros, a janela aberta para captar a luz. Ela está trabalhando em contas: talvez para sua casa, talvez para seu negócio. A seu lado, um molho de chaves, um lembrete de suas responsabilidades. Um barril, uma jarra, algumas tigelas; um cesto com alguma comida ou bebida. É um cômodo atulhado; poderia mesmo ser o canto de uma loja ou cozinha. Da parede atrás dela, um busto de Juno mira baixo: padroeira do comércio, ela é uma espécie de guardiã dos bens e da riqueza da mulher. Ao lado de Juno, um mapa enorme, maior que o balcão e a própria contadora, exibindo: África, Leste Asiático, Américas, além de dragões e serpentes.

Tristemente, a contabilista está adormecida. Embora sua caneta ainda esteja sobre o livro-razão — o do topo de uma pilha de três livros-razão, na verdade —, seus olhos estão fechados, sua cabeça apoiada sobre a mão. Os perigos do excesso de trabalho, o peso e o tédio do cálculo com símbolos numéricos no papel.

Nicolaes Maes, que pintou *A Contabilista* na Holanda, em 1656, foi um dos pupilos mais talentosos de Rembrandt e teve uma longa carreira como retratista, além de produzir algumas dezenas de obras como esta, representando interiores holandeses. A maioria eram estudos de observação detalhistas de mulheres no trabalho: fazendo rendas, descascando vegetais, rezando, lendo — ou fazendo contas. A própria arte de Maes era sofisticada, reminiscente de Vermeer em seu controle de cor e luz. Em *A Contabilista*, ele criou um registro raro de como a prática da contabilidade se parecia e era sentida na era de ouro holandesa.

Nicolaes Maes, *A Contabilista*.

A pintura mostra apenas um vislumbre tentador do livro contábil, porém, livros contáveis do século XVI ao XIX ainda sobrevivem em grande número, derivados de lares, empresas e indivíduos. Cada página poderia ser tão simples quanto uma lista de itens e seus preços, com um total no pé da página (e alguns cálculos ao lado, fornecendo um registro de como esse total fora obtido). Outros livros eram pautados em várias cores de forma elaborada, com colunas separadas para lucros e prejuízos, e a coluna "total" atualizada a cada entrada, muito parecido com um extrato bancário moderno, porém manifestavam a mesma combinação estranha de monotonia e importância. Se algo não estiver certo nele, pode significar que há algo terrivelmente errado — fraude, roubo, apropriação indébita — no mundo real dos balcões e mercadorias. O livro contábil de Maes parece ser do tipo mais complexo, e o fato de haver mais dois volumes empilhados no balcão sugere um negócio ou domicílio de alguma complexidade, no qual diferentes categorias de renda e despesa precisam ser rastreadas separadamente, ou no qual uma única série de contas precisa ser comparada por um longo período de tempo.

Como se aprendia a fazer tais coisas? Para isso, também uma grande quantidade de evidências sobreviveu. No momento em que a contagem estava bem estabelecida como parte da leitura e o cálculo como parte da escrita, aprendia-se isso onde quer que se aprendesse a ler e escrever. Em casa ou na escola, você fazia um "livro de cifragem" no qual escrevia definições e exercícios que começavam com "numeração" e passavam por adição e subtração, multiplicação e divisão, até que alcançasse, possivelmente, processos mais avançados, como razão sobre proporções ou contabilidade. A palavra "cifragem" vem de "cifra", que por sua vez vem do sânscrito *sunya* e do árabe *sifr*, um pequeno lembrete da longa herança de registrar números e desse currículo de estudo.

Centenas de livros de toda a Europa e América do Norte sobreviveram. Eles consistiam, em geral, de um caderno de papel costurado em um tamanho generoso: frequentemente de 30 por 20 centímetros. Crianças de famílias abastadas podiam comprar um já pronto, mas a maioria dos alunos costuraria, encadernaria e decoraria eles mesmos seus livros. Alguns fariam linhas pautadas para ajudá-los a escrever: estes eram para ser livros de cópia limpa, mas os alunos que os usavam começavam com 9 ou 10 anos e frequentemente tinham uma caligrafia bastante incerta. Mesmo assim, muitos saíam cuidadosos e limpos, usando diferentes tintas de maneira elaborada nos títulos e bordas e gerenciando cuidadosamente o espaço na página, para fazer um livro escolar verdadeiramente pessoal. As ilustrações eram comuns, variando desde aquarelas elaboradas a rabiscos infantis.

A técnica básica de instrução era sempre a mesma. O professor fornecia uma "regra" para algum processo aritmético — numeração, adição ou subtração —, e o aluno copiava no livro. O professor também forneceria alguns exemplos do uso dessa regra, para experimentar como prática na lousa ou em papel de rascunho. Os alunos, chamados à frente individualmente, mostrariam seus exercícios. Se estivessem errados, tinham de ser feitos novamente; se estivessem certos, podiam ser copiados no livro de cifras.

As estimativas variavam, mesmo na época, quanto ao êxito desse processo. Às vezes, se o professor fosse descuidado, somas erradas encontravam seu caminho para o livro de cifras; outras vezes, os alunos acertavam as respostas apenas ao copiar uns dos outros. E ocasionalmente a tarefa estava correta, mas usava um método ligeiramente diferente do método do professor e era injustamente considerada errada. Podia ser um sistema frustrante, e certamente era repetitivo e trabalhoso. Um aluno que permanecesse na escola por vários anos poderia produzir várias centenas de páginas de tarefas com cifras; alguns alunos enchiam mais de uma dúzia de livros separados. O sistema de cifragem presumia que contar era parte da leitura e da escrita e que a maneira de aprender operações aritméticas era escrevê-las repetidamente, que o caminho para a mente era através da caneta e da mão. Não havia nenhuma aritmética mental e quase nenhuma oral.

O currículo começava com a "numeração": aprender a ler e escrever os algarismos arábicos fluentemente. A maioria dos alunos escrevia uma tabela mostrando como ler algarismos arábicos até talvez oito ou dez dígitos: centenas de milhões, dezenas de milhões, milhões... até centenas, dezenas e unidades. Depois disso, vinha a prática: escreva oitenta e cinco em números. Escreva cento e oito. Escreva um milhão, mil cento e um. Você faria isso em um papel de rascunho até que você ou seu professor achasse que estavam certos, e depois copiaria no livro.

Frequentemente, enfatizavam-se os números grandes. Até nove dígitos era algo típico, mas alguns livros escolares iam até vinte ou mais; um ia até 78 dígitos, o talvez ridículo "duodecilhão". Números grandes forneciam mais trabalho aritmético por exercício, é claro, e eles também gesticulavam de forma nada sutil para a prosperidade, motivando — ou tentando motivar — os alunos ao prometer que, se aprendessem bem esse material, um dia também poderiam negociar com centenas de vacas, milhares de barris ou milhões de moedas de prata.

Após a numeração, vinham as quatro operações aritméticas: adição, subtração, multiplicação e divisão. O programa de ensino, sua ordem e até mesmo alguns dos detalhes dos algoritmos para cálculo eram os mesmos que haviam existido na Europa medieval, no Magreb, em Bagdá e na própria Índia. Em seguida, viria a "regra de três", que ensinava como encontrar o número faltante em um conjunto de quatro números vinculados. Se três homens levam dois dias para construir um muro, quanto tempo cinco homens levariam para construir o mesmo muro? O mesmo assunto, com alguns exemplos surpreendentemente semelhantes, havia sido abordado no livro didático de Bhaskara.

Uma vez que um aluno tivesse feito tudo isso, infelizmente teria que começar tudo de novo com os chamados números "concretos", isto é, números concretamente associados a dinheiro, pesos ou medidas. Os sistemas em uso eram numerosos; apenas para peso, havia o peso troy, o peso avoirdupois e o peso de boticário, e havia muitos outros para volumes, comprimentos, áreas e, claro, dinheiro. Tudo isso ensinava a aritmética que permitiria manter contas domésticas ou de pequenas empresas na idade adulta, lidando com os custos de comida, roupas e utensílios, bem como pechinchas, escambos e empréstimos:

> Divida 12 libras, 17 xelins e 6 pence igualmente entre quatro pessoas.
>
> Foi comprado um barril de melaço por 21 libras e 5 xelins. Quantos galões continha no barril, sendo cada galão 2 xelins e 6 pence?
>
> Dois comerciantes A e B concordam em fazer um negócio. A investe £ 332 por quatro meses, e B, £ 475 por sete meses; eles ganharam £ 520. Qual foi o lucro de cada comerciante?

Muitos livros de cifras eram interrompidos antes de terminarem totalmente, quando os alunos abandonavam a escola, e a série de definições e exemplos parava de forma mais ou menos abrupta. No entanto, os adultos mantinham seus livros de cifras como livros didáticos pessoais, usando-os para exibir sua competência em aritmética e caligrafia para escolas, faculdades ou potenciais empregadores, ou consultando-os para saber as técnicas de cálculo úteis na vida cotidiana. Alguns acrescentavam, modificavam ou corrigiam os exercícios originais. Alguns livros eram passados entre irmãos ou de pais para filhos; outros se tornaram densos palimpsestos em que registravam a educação aritmética de uma família inteira. Por mais ordenada que fosse a sequência de definições e exercícios, o caos tinha uma tendência a se instalar nas margens.

A Contabilista de Maes é uma cena tranquila, investindo em detalhes de madeira e gesso, louças e papel ondulado. Ela diz algo sobre a dignidade do trabalho doméstico, e da contabilidade em particular. Fala da dedicação exigida, do tempo e da devoção a serem dados à tarefa. De uma atividade que vale a pena perseguir até o ponto da exaustão. Embora a vestimenta da mulher seja a de uma verdadeira, mas não rica, chefe de família, três livros-razão separados seriam muito para um conjunto de contas meramente doméstico. O mapa na parede atrás dela parece dar uma dica clara de que seus livros-razão lidavam com o comércio além das fronteiras da Holanda: talvez muito além, até os confins do mundo que ela conhecia.

O artista pretendia moralizar sobre a mulher e seu trabalho? A imagem tem pontos em comum com representações tradicionais de avareza ou materialismo: a proeminente dispersão de moedas; a proeminente imagem, literalmente, do mundo. Não seria preciso muito para transformá-lo em uma representação de uma pessoa avarenta em um estabelecimento de contabilidade: o livro contábil resultante poderia ser quase idêntico, mas seria projetado para provocar uma resposta bem diferente e, claro, contar uma história bem diferente sobre o que a contagem e as práticas derivadas dela fazem às pessoas.

No entanto, essa não é uma mulher avarenta, e o fato de ter adormecido a faz parecer uma representação de melancolia, talvez até de preguiça. Os livros-razão estão prestes a cair no chão, a cena está organizada para ruir (e a mulher, a acordar, perturbada pela queda). Era o estilo de Maes ver essas coisas com um olhar gentilmente humorístico: suas outras imagens de pessoas dormindo convidam a uma risada ou pelo menos a um sorriso irônico, enquanto sonhadores têm seus bolsos furtados ou correm o risco de levar uma bronca por negligenciar suas tarefas. Nesta, a própria Juno — a guardiã dos bens e da riqueza — também parece ter cochilado, ecoando a sonolência da contabilista e sugerindo que as questões não são tão bem administradas quanto parecem. E o mapa-múndi, sinal das ambições e conexões internacionais da mulher, é metade uma reprodução de mapas contemporâneos, metade uma fantasia, embelezado com animais fantásticos copiados de mapas estelares.

Fazer a contabilidade — escrevendo os números — sempre vem com um toque de ansiedade de que a estabilidade e solvência que registram podem um dia colapsar. Sempre há o caráter de uma ilha de ordens e regras, ameaçada de todos os lados pelo caos. Era característica do Renascimento e do Iluminismo cultivar e expandir essas ilhas de ordem, trazendo mais e mais aspectos do mundo sob o controle de números, tabelas e fatos. Mas um vislumbre de caos frequentemente permanece nas bordas.

Caroline Molesworth: contando o clima

Segunda-feira, 1º de janeiro de 1825. Cobham, Surrey. Depois de uma noite de chuva e ventania, nasce um dia ameno para a época do ano, com o termômetro no vestíbulo marcando quase 12 graus às 9h da manhã. Tojos estão florescendo. Caroline Molesworth, de 30 anos, pega um caderno novo e encapado e escreve a primeira de sua série anual de observações meteorológicas.

O que poderia ser mais caótico do que o clima? No entanto, o que seria mais tentador que um projeto para reunir dados, tabular, calcular a média e trazer ordem a esse caos?

Um dos usos dos algarismos arábicos, desde um estágio muito antigo, foi a criação de tabelas e listas, atividades que, é claro, antecederam esses próprios algarismos e apareceram, por exemplo, em trabalhos astronômicos da antiga Mesopotâmia. Listas de bens, suas quantidades e preços; listas de fenômenos observados, como as posições da Lua e dos planetas; listas de quantidades calculadas, como razões trigonométricas ou previsões de posições planetárias. Em termos de quantidade absoluta, as tabelas astronômicas da família "toledana" provavelmente respondem pela maioria dos símbolos numéricos escritos na Europa medieval tardia. A compacidade dos algarismos arábicos foi uma ajuda nesse contexto, e sua característica de valor posicional talvez tenha facilitado a leitura dos dados, uma vez que tenham sido tabulados: se todas as unidades se alinharem verticalmente, todas as dezenas também se alinharão, assim como todas as centenas, tornando os números mais fáceis de ler e seus padrões mais fáceis de se detectar rapidamente.

As tabelas astronômicas começaram a aparecer impressas no final do século XV e foram logo acompanhadas por outros tipos de tabelas impressas: calendários, tabelas prontas para cálculos, tabelas para calcular os juros devidos em empréstimos, tabelas para converter pesos e medidas de um sistema para outro. O almanaque impresso se tornou uma seleção best-seller de listas impressas simples de todos esses tipos, tipicamente combinando um calendário com previsões astronômicas em forma numérica, ao mesmo tempo que fornecia informações úteis como cálculos prontos: taxas de juros, conversão de moedas, equivalência de pesos e medidas locais e estrangeiros. O próprio Johannes Gutenberg imprimiu um almanaque, e a Europa e a América do Norte viram milhões, até mesmo dezenas de milhões deles impressos durante o auge de sua popularidade, nos séculos XVIII e XIX.

Almanaques e tabelas astronômicas desse tipo continham, em geral, previsões baseadas em teoria. Mas tabelas de dados realmente observados também adquiriram um novo alcance e visibilidade no mundo impresso, contribuindo para a longa ascensão de uma mentalidade estatística em populações europeias e norte-americanas ao longo do século XVIII e além. Francis Bacon, para quem a ciência empírica moderna olha como fundador, havia instado a coleta e tabulação de observações — uma reunião de fatos — como atividade-chave na criação de conhecimento: efetivamente como uma forma de compreender o mundo em sim mesmo. Sob o ímpeto de sociedades científicas como a Royal Society of London do final do século XVII, tal coleta de fatos tornou-se cada vez mais difundida, uma atividade que favorecia amadores que desejavam contribuir com seu vintém para o estoque de conhecimento. Muitos dos fatos assim reunidos eram, ou poderiam se tornar, numéricos: os resultados de contagens ou medições do mundo natural, e sua publicação, em muitos casos, equivalia a tabelas de símbolos numéricos. Tabelas de mortalidade, por exemplo: a quantidade de pessoas morrendo a cada semana por várias causas. Tabelas de dados populacionais, de riqueza nacional, de gastos governamentais. Tabelas de pacientes tratados com ou sem sucesso, e de sucesso e fracasso em experimentos controlados.

De fato, contar sucessos e fracassos em ensaios experimentais foi um passo crucial no desenvolvimento da ideia de que, observando a frequência de eventos e resultados, pode-se fazer previsões confiáveis sobre acontecimentos futuros; em outras palavras, inferência estatística, um dos fundamentos da ciência moderna. Enumerar eventos, nesse sentido, foi certamente a inovação mais importante que o Iluminismo trouxe para a contagem.

As previsões meteorológicas, por exemplo, já apareciam há muito tempo em almanaques impressos. A observação do clima era promovida pelas sociedades eruditas e se tornou um interesse generalizado a partir do final do século XVII, uma forma do que hoje seria chamada de ciência cidadã. Durante os séculos XVIII e XIX, diários meteorológicos foram mantidos por toda a Europa, da Irlanda a Portugal e à Tchecoslováquia, na China e no Japão, nos EUA e no Caribe, na Nova Zelândia e na Austrália. Seus autores incluíam clérigos e professores, comerciantes, proprietários de terras, médicos e jardineiros, cujas motivações variavam do estudo do clima e seus efeitos na saúde humana à ansiedade sobre o desempenho das plantações e a consistência nos tempos de plantio e colheita.

Na década de 1720, só a Royal Society estava recebendo dezenas de diários meteorológicos de toda a Grã-Bretanha, Europa e América do Norte, a ponto de haver mais dados disponíveis do que poderiam ser impressos ou sintetizados, e muitos permaneceram inéditos e sem uso no arquivo da sociedade. Outras publicações britânicas, como a *Gentleman's Magazine*, traziam relatos do clima enviados por vários colaboradores, e a tradição foi adotada por sociedades locais de história natural que a mantiveram até o século XIX. Houve até mesmo publicações da dimensão de livros, com registros meteorológicos de observadores ou locais específicos.

O caráter não sistemático, tanto das observações quanto das publicações, tornou-se assunto, e instituições ocasionalmente tentaram impor alguma ordem e rotina à coleta de dados meteorológicos. Robert Hooke, membro-fundador da Royal Society, havia publicado um formato exemplar para diários meteorológicos já em 1667. Impressores empreendedores vendiam formulários de relatórios meteorológicos em branco. Um dos modelos preferidos era o diário de bordo, que estava sujeito — pelo menos nas marinhas nacionais — a uma disciplina literalmente militar e registrava tipicamente um conjunto consistente de informações, algumas vezes incluindo a temperatura e a pressão do ar, bem como observações mais gerais, usualmente em horários regulares do dia e da noite.

Caroline Molesworth, nascida na Inglaterra em 1794, era descendente tanto dos baronetes de Pencarrow quanto de imigrantes franceses e, depois de uma infância passada na Cornualha e em Londres, mudou-se com sua mãe para Cobham Lodge, em Surrey. Lá, em outubro de 1823, ela começou a série de observações meteorológicas que continuaria pelo resto de sua vida. Ela recolhia e cultivava plantas raras, e um dos motivos de seu interesse pelo clima era o efeito em seu jardim.

Molesworth adquiriu — talvez, até certo ponto, buscou — uma reputação de excentricidade benigna: "rispidez e originalidade", nas palavras de um comentarista, assim como "bom senso e tato". Por toda a vida, ela manteve o estilo de vestimenta corrente por volta de 1800. "Muito gentil com os pobres e generosa com seus parentes", assim foi descrita por aqueles que a conheciam, e também como uma "companhia muito divertida".

Ela adquiriu vários instrumentos para auxiliar suas observações do clima. Termômetros externos para as temperaturas máxima e mínima e mais dois termômetros para diferentes posições dentro de casa. Um pluviômetro feito em Londres, que consistia em uma garrafa enfiada no chão com um funil no topo. Um barômetro do famoso fabricante de instrumentos George Adams. Ela também tinha um "vidro de tempestade": uma bolha de vidro contendo ar e água, cuja aparência respondia tanto à temperatura quanto à pressão. A reputação desse brinquedo científico como instrumento para observação séria nunca foi alta, e, em abril de 1843, Molesworth silenciosamente parou de relatar sobre ele em seu diário meteorológico. Sua casa também deve ter tido um cata-vento, mas em nenhum lugar em suas observações ela o menciona, apenas relatando a direção do vento (nunca sua velocidade). Para alguns, essa coleção de instrumentos teria sido objeto de orgulho, até mesmo de consumo conspícuo, mas para Molesworth, eram instrumentos de utilização muito mais do que de exibição.

Seus diários ficaram levemente desgastados ao longo dos anos de uso, com capas de papel cartão marmorizado e páginas amareladas ocasionalmente manchadas com tinta ou, talvez, pingos de chuva. Superficialmente, se pareciam muito com um conjunto de contas domésticas. As páginas eram pautadas em vermelho e azul, e Molesworth registrava até dezenove colunas de dados por dia, preenchendo uma página dupla duas vezes por mês: a data, os horários do nascer e do pôr do sol, a fase da Lua e a(s) hora(s) de observação. Temperaturas em vários locais, pressão atmosférica, cobertura de nuvens, direção do vento, polegadas de chuva, observações gerais sobre o clima e sobre as plantas e animais em seu jardim.

A disciplina de observações, uma ou duas vezes ao dia, era evidentemente agradável a Molesworth. Em certo sentido, tornou-se parte de sua persona. Enquanto alguns escritores de diários se definiam por meio de seu estudo agudo da natureza humana, de assuntos políticos ou de sua própria mente e corpo, ela usava suas páginas cuidadosamente pautadas para registrar um eu que era um observador científico puro. Viagens, doenças ou acidentes eram relatados apenas quando afetavam a série de registros meteorológicos.

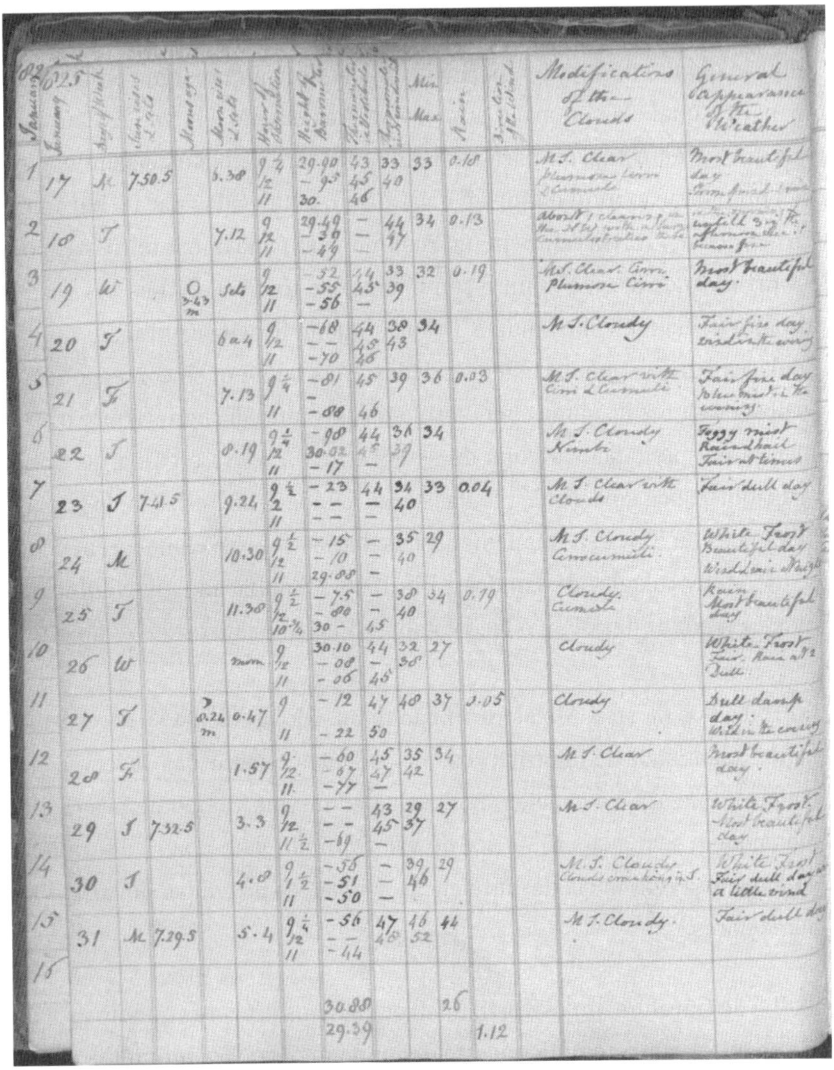

Uma típica página do diário meteorológico de Caroline Molesworth.

A série continuou por mais de quarenta anos. Depois de 1850, porém, as lacunas em virtude de doenças se tornaram mais frequentes, e outras mãos além das de Molesworth preencheram uma proporção crescente das entradas. Os últimos volumes da série gradualmente foram escasseando, a última observação completa foi feita no início de outubro de 1867. Uma nota final e concisa veio na quarta-feira, 9 de outubro de 1867: "Chuva."

As tabelas de dados e símbolos numéricos de Molesworth eram o resultado de uma variedade de processos: observação, medição, contagem e cálculo. Ao final de cada ano, ela fazia resumos que dependiam particularmente tanto de computação quanto de contagem. Havia, no máximo, um resumo para cada mês do ano, para o qual ela contava o número de dias em que choveu e o número de dias em que o vento soprou para cada uma das oito direções, assim como calculava a precipitação total do mês e a média e os intervalos para o barômetro e três termômetros. Havia também um resumo para cada ano inteiro, para o qual Molesworth fornecia um conjunto semelhante de totais e médias. Às vezes, ela até preparava resumos plurianuais. Francis Bacon ficaria orgulhoso.

Molesworth não apenas coletava dados, mas também se correspondia com outros observadores do clima e meteorologistas, tinha e lia livros sobre o assunto e publicava em periódicos alguns de seus resumos sobre o clima de Cobham. Após sua morte, sua coleção de plantas secas foi doada ao herbário dos Reais Jardins Botânicos de Kew e, a seu pedido, seus diários sobre o clima foram doados à Sociedade Meteorológica de Londres. Em 1880, foi publicado um volume desses resumos. Seu editor destacou o lado estatístico do trabalho escrevendo que:

> Os trabalhos da srta. Molesworth não terão sido... em vão se acrescentarem algo à quantidade de informações que podemos esperar das observações cuidadosas, e agora estão sendo realizadas no mesmo campo de pesquisa, prometendo — sem exagero — ser de valor infinito para a agricultura do país, ao mostrar a relevância das influências climáticas no cultivo de nossas safras alimentares.

O trabalho de Caroline Molesworth ilustrou tanto os prazeres quanto as frustrações de se observar sistematicamente o mundo natural. Em inúmeras ocasiões, observações tiveram de ser relatadas como ausentes ou questionáveis em razão de quebras ou outras dificuldades entre seus instrumentos. Cada viagem para longe de casa ocasionava uma lacuna na série de observações que nunca poderia ser compensada ou substituída. E o próprio processo de dividir os ventos em oito pontos cardeais, arredondar temperaturas e pressões para o número inteiro mais próximo, e assim por diante, enfatizava que transformar observações em números sempre envolve simplificação e, portanto, perda.

O processo de agregação ao final de cada ano também tinha algo da mesma ambiguidade. Por um lado, prometia transformar uma série de observações isoladas em algo maior; uma série de átomos em uma imagem coerente. Por outro lado, porém, a soma e a média efetuavam uma perda real de textura e granularidade em comparação com as observações originais. E mesmo na escala de um ano inteiro, o resultado ainda poderia parecer uma série de detalhes, em vez de uma descrição do clima. Em 1827, Caroline Molesworth contou 141 dias de chuva, neve ou geada, 23 deles em dezembro, 42 dias de vento do norte, 11 deles em setembro. Houve 56 dias de vento do sul, espalhados por todos os meses do ano. O vento mais comum ao longo do ano era o do noroeste... Coube ao seu editor póstumo observar certas relações entre as datas em que as plantas floresciam e as variações de temperatura e precipitação de ano para ano. Talvez não tivesse sido possível transformar os números em um quadro maior durante a vida de Molesworth.

À altura do século XIX, e ainda mais no século XX, os algarismos arábicos chegaram a todos os lugares, levados para a maioria dos países do mundo, e sua árvore genealógica agora está cheia de ramos. Gerações de livros didáticos ao modo daqueles de Bhaskara e Al-Khwarizmi apresentavam a "numeração" como leitura, escrita e visualização de algarismos arábicos em tábuas de pó, quadros-negros, pergaminhos ou papel. Era comum na fala e na escrita dizer "números" querendo significar os símbolos numéricos arábicos, como se os dois fossem a mesma coisa, como se não houvesse outra maneira concebível ou pelo menos válida de representar números. (Uma boa maneira de expor o paradoxo aqui é observar que muitas pessoas diriam que 2.543 é um número de quatro dígitos, mas ninguém diria que Mary é uma garota de quatro letras. Os algarismos arábicos são identificados com o que representam muito mais facilmente do que as palavras.)

Enquanto isso, o próprio conceito de número estava se expandindo constantemente para além dos números "naturais" possíveis, com contas, dedos ou marcas de contagens. Frações e proporções foram escritas no antigo Oriente

Próximo; números irracionais como certas raízes quadradas — que não podem ser expressas por nenhuma fração — já eram de interesse na Grécia Antiga. Os muitos escritores de livros de cifras estudaram números negativos, e Molesworth usou-os para registrar temperaturas. No contexto da pesquisa matemática, números "reais", "imaginários" e "complexos" seriam definidos durante o século XIX, e no século XX, também haveria os números "hiper-reais" e "surreais". Grande parte disso graças ao poder e à flexibilidade dos símbolos numéricos arábicos, constantemente ampliados com o uso de sinais negativos, pontos decimais e outros dispositivos.

Isso pode parecer um ponto-final; pode parecer, até mesmo, que a ascensão dos algarismos arábicos é a história da contagem. Mas, na realidade, é apenas um ramo entre muitos. Escrever números como símbolos é apenas uma das muitas maneiras de contar, e, de fato, a estrutura distinta dos algarismos arábicos é apenas uma das várias maneiras pelas quais um conjunto de símbolos numéricos pode ser organizado.

INTERLÚDIO

Símbolos numéricos

Como ilustram outros exemplos neste livro, os símbolos de contagem exibem uma gama de diferentes sistemas em diversos momentos e lugares. A escolha básica é entre ter um símbolo repetido várias vezes (|, ||, |||...) e ter um conjunto de símbolos distintos para simbolizar os diferentes números (α, β, γ...). O primeiro sistema é o das marcas simples, sejam elas antigas ou modernas; o segundo é aquele pelo qual livros como a *Ilíada*, de Homero, e *Metafísica*, de Aristóteles, são numerados até hoje. Mas, assim como acontece com as palavras de contagem — e os símbolos numéricos muitas vezes imitam a estrutura das palavras de contagem na linguagem de seus primeiros usuários, embora frequentemente com alguma alteração —, um sistema sem mais estrutura do que essa rapidamente se torna inutilizável para contagens maiores.

Se uma base numérica é utilizada — digamos, um símbolo especial para o número 10 —, ela pode ser combinada com os números menores simplesmente justapondo-a: XI significando dez e um, por exemplo. Para múltiplos dessa base, deve-se, então, escolher simplesmente entre repetir seu símbolo a quantidade necessária de vezes, ou adotar uma série inteira de símbolos para denotar os diferentes múltiplos. Em numerais romanos, por exemplo, dez, vinte e trinta podem ser representados por X, XX e XXX; em grego, por Ι, Κ e Λ. Outra alternativa é reutilizar o conjunto original de símbolos numéricos com algum tipo de modificação: *a, b, c* se tornam *a', b', c'*, digamos, para mostrar que agora significam dez, vinte e trinta. Ou, por fim, pode-se não fazer nenhuma modificação, mas confiar na posição relativa dos símbolos para mostrar que alguns significam unidades e outros denotam múltiplos da base. Este último é o sistema dos numerais brami que originaram os numerais em pó, numerais toledanos e, finalmente, numerais arábicos.

Cada uma dessas maneiras de se estruturar um sistema de símbolos numéricos tem sido utilizada por longos períodos, cada uma é capaz de permanecer estável por centenas ou mesmo milhares de anos, e nenhuma tem, de fato, qualquer tendência muito forte de evoluir para (ou ser substituída por) qualquer uma das outras. As vantagens e desvantagens dos diferentes tipos de sistema dependem muito do que se quer usar. Alguns são mais rápidos de aprender, outros, mais rápidos de escrever; alguns usam um conjunto menor de símbolos em geral, outros tendem a representar qualquer número com uma sequência menor de símbolos. Como afirma Stephen Chrisomalis, historiador de símbolos numéricos: “Não existe um sistema de notação numérica ideal. Em vez disso, cada sistema é moldado por um conjunto de objetivos que seus usuários e inventores buscam atingir e que podem atingir apenas comprometendo outros fatores.”

Cerca de cem conjuntos diferentes de símbolos numéricos apareceram ao longo da história. Desde o surgimento da escrita até cerca de 1500 EC, seu número aumentou constantemente. Porém os símbolos numéricos — como alfabetos — têm a marcante tendência de serem reutilizados por mais de uma cultura. Eles foram particularmente bem-sucedidos em viagens, talvez também como ferramentas de comunicação entre diferentes comunidades, culturas, línguas e lugares. Os números cuneiformes, os sistemas demóticos egípcio e grego, os numerais romanos e, claro, os numerais brami viajaram amplamente, assim como muitos outros. Algumas vezes, os numerais arábicos foram levados ao redor do mundo principalmente por meio das línguas e culturas europeias; enquanto isso, outros sistemas foram extintos. De modo geral, nos últimos quinhentos anos, o número de sistemas distintos foi reduzido.

Mesmo na década de 1990, não era incomum sugerir que o sistema de valor posicional decimal efetivamente representava o fim da história, no que diz respeito a representações numéricas, contagem e aritmética, sem que nenhuma melhoria significativa fosse provável ou mesmo possível. No entanto, tais certezas eram declaradas e logo começavam a ruir. Sempre houve outras maneiras de contar e sempre haverá outros sistemas de símbolos numéricos. E houve um elemento de acaso na ascensão meteórica dos algarismos arábicos: sistemas de valor posicional foram inventados em outras épocas e lugares sem obterem alcance mundial. Para o propósito específico de se fazer aritmética por escrito, os algarismos arábicos têm vantagens reais; contudo, reserve um momento para considerar quanto tempo leva para a maioria das crianças aprender os 45 fatos fundamentais da adição e os 36 de multiplicação nas tabelas de base 10, e quanto tempo para se tornar fluente até mesmo em um conjunto limitado de operações em números maiores: adição, subtração, multiplicação e divisão. (A extração de raízes, presente em muitos livros didáticos medievais e renascentistas, parece ter desaparecido em grande parte das salas de aula modernas.) Qual a facilidade de se cometer um erro, afinal, apesar das vantagens alardeadas do sistema? E que alívio é hoje em dia terceirizar tudo para uma calculadora? Esforço semelhante dedicado a tarefas análogas com diferentes maneiras de representar números — o tabuleiro de contagem, por exemplo — podem fazê-lo, também, parecer eficiente e natural. Chrisomalis afirma: "Não estamos no ponto-final de uma sequência histórica linear, mas no meio de um mundo ramificado e complexo, embora padronizado e explicável, de números escritos."

Então, não é um ponto-final, e na maioria das épocas e lugares, a história da contagem não foi nem mesmo escrita, mas envolveu outras maneiras de se manter o controle. A curva do último século aconteceu mesmo nas partes do mundo dominadas pelos algarismos arábicos. Durante a vida de Molesworth, surgiram as primeiras dicas de que a era das grandes tabulações, dos cálculos e até mesmo das contagens à mão, usando algarismos arábicos no papel, não duraria para sempre. Estavam começando a aparecer as máquinas capazes de executar algumas dessas funções automaticamente e cujos descendentes acabariam transformando a maneira como os humanos se relacionavam com contagens, números e dados. Nas últimas décadas, a prevalência de representações numéricas no mundo aumentou exponencialmente, porém a esmagadora maioria delas não é de algarismos arábicos no papel, mas algo bem diferente: representações binárias codificadas em impulsos elétricos.

Outro ramo extremamente importante na árvore da contagem deve certamente ser a história dos dispositivos físicos — manuais, mecânicos e, finalmente, os elétricos e eletrônicos — que auxiliam no processo de contagem: a história, em outras palavras, das máquinas de contagem. Assim como os algarismos arábicos, eles correram o mundo, tornando sua história global, mas em nenhum lugar sua história profunda é mais ricamente registrada do que no Leste Asiático.

6

Máquinas que contam: ao redor do Leste Asiático

De raízes africanas, a história da contagem espalhou seus ramos pelo Crescente Fértil, Europa e Índia. O Leste Asiático abriga outro ramo, que teve sua própria evolução durante milênios. Aqui, as palavras numéricas também são decimais em sua maior parte, como nas grandes famílias linguísticas mais a oeste. E os símbolos numéricos têm um papel importante, mesmo em alguns dos primeiros textos existentes. No entanto, aqui, o ato de contar envolve também um conjunto distinto de dispositivos de contagem. Todo mundo já viu um ábaco — *suanpan* em mandarim, *soroban* em japonês e *jupan* em coreano —, e seus operadores se tornaram famosos muito além do Leste Asiático por sua habilidade e rapidez com que trabalhavam.

Após o ábaco, vieram as máquinas elétricas. Até a década de 1950, dizia-se que elas trabalhavam mais devagar do que os operadores de ábaco mais habilidosos. Mas, por fim, as máquinas ultrapassaram os humanos, e agora é na forma de sinais elétricos e magnéticos que a maior parte da contagem é feita no mundo: pelas representações binárias no interior dos dispositivos digitais modernos. Esta é uma história global, com as primeiras inovações técnicas vindas dos Estados Unidos, em particular. Hoje, o Leste Asiático é líder tanto na fabricação quanto na aceitação pelo consumidor dos produtos que fazem a revolução digital.

E antes do ábaco? Antes, o Leste Asiático era o lar de uma tecnologia diferente para registrar e manipular contagens, e seus operadores também atingiram destreza e eficiência surpreendentes. Ela foi usada por séculos, e seus padrões forneceram as formas dos símbolos numéricos chineses clássicos. Essa tecnologia eram as varetas de contagem.

Hong Gongshou: contando com varetas

Zhili, distrito de Qimen, prefeitura de Huizhou, China. Décimo quarto ano do imperador Chongzhen (1641 EC). Está sendo realizada a avaliação fiscal de Hong Gongshou.

Ele informa ao avaliador sua própria idade (47) e a idade de seu irmão, seu filho e sua esposa. O documento de avaliação também registra o tamanho de suas terras a partir de uma medição realizada uma década antes e seu compromisso com os impostos de verão e de outono.

Ele entra em detalhes sobre o tamanho de oito lotes de terra, incluindo um arrozal e uma zona pantanosa, e encerra com uma nota de que a casa da família foi construída com palha e tem três cômodos.

O imposto de verão de Hong é informado como 6 *dou* 4 *sheng* 4 *ge* 1 *shao* de trigo; e o imposto de outono, 1 *shi* 6 *dou* 3 *sheng* 9 *ge* de arroz descascado.

A mesma cena acontecia milhões de vezes a cada ano, em toda a China Ming, enquanto os avaliadores de impostos tentavam averiguar quem devia o que sob o complexo sistema contábil do país. As receitas eram arrecadadas em uma área de terra de 4 milhões de quilômetros quadrados, do Pacífico ao Himalaia, e de uma população de mais de 150 milhões. O total arrecadado equivalia a talvez 5% ou 10% da produção agrícola do país.

Para fins administrativos, o vasto país fora dividido em treze províncias e, depois, em prefeituras, subprefeituras e condados. No nível mais inferior, grupos de 110 famílias foram organizados em *li*, cada um sob um *lichang* rotativo (chefe, conselheiro), que realizava, entre outras coisas, a coleta de impostos. O imperador controlava tudo da capital Pequim, em um sistema que dependia muito — pelo menos em teoria — de seu controle direto. Algumas das questões trazidas à sua atenção eram muito pequenas: "A realocação de uma estação de imposto comercial específica ou de qual área produtiva um condado específico deveria retirar seu suprimento de sal, ou quantos rolos de seda deveriam ser concedidos a uma missão tributária estrangeira."

Tais assuntos eram passados para outras instâncias superiores a partir do nível do povoado e reunidos por uma pirâmide de funcionários nas prefeituras e províncias, chefiadas pelo ministro da receita. Essas mesmas estruturas também organizavam a imensa tarefa de deslocar os bens, após a coleta, através do país, para onde seriam distribuídos. Por exemplo,

> até 1578, a universidade imperial em Nanquim ainda recebia 3.500 *piculs* de arroz descascado da prefeitura de Ch'ang-chou, 100 *piculs* de trigo da prefeitura de Ning-kuo e 100 *piculs* de lentilhas verdes da prefeitura de Ying-t'ien, todos no sul de Chihli, e também mais de 20.000 *catties* de peixe seco da província de Hukwang, sendo todos esses itens cobrados nas cotas de impostos dos respectivos distritos.

Além de impostos diretos sobre a produção agrícola, de tempos em tempos, havia a obrigação de fornecer serviços e vários tipos específicos de bens: materiais administrativos, equipamentos militares, suprimentos médicos e até mesmo vassouras para varrer o palácio. Além disso, a contabilidade era ajustada com base em uma pesquisa decenal de terras e um censo anual do número de pessoas e da quantidade de propriedade em cada domicílio.

Embora o sistema fosse simples em teoria, ele inevitavelmente tendia a crescer em complexidade, com sobretaxas e acréscimos para cobrir o transporte das mercadorias e uma disposição cada vez maior de substituir barras de prata pelo conjunto de itens nominalmente devidos. Isso levava a cálculos complexos, com resultados que às vezes precisavam ser especificados em milésimos de uma onça de prata. Um comentarista moderno sugere que mesmo os casos mais simples poderiam levar uma hora e meia para serem calculados, dando o exemplo de "um pagamento de serviço de 0,0147445814487 taéis de prata para cada *picul* de grão na avaliação básica do imposto sobre a terra", situação que "fornecia um paraíso para cobradores de impostos e contadores de escalão inferior". Tentativas de consolidação e simplificação foram feitas no século XVI, mas foram implementadas apenas de modo inconstante.

Mesmo que houvesse uma tendência a que parte disso se tornasse uma mera formalidade, com números de pesquisas e censos sendo transferidos de um período para o outro inalterados ou apenas mecanicamente atualizados, ainda assim o esforço administrativo envolvido era enorme, assim como o volume de registros fiscais gerados. Na época de Hong Gongshou, reclamava-se que toda a rotina era um desperdício de papel e de pincéis. Eram feitas quatro cópias de cada avaliação do imposto: para o condado, a prefeitura, o governo provincial e o governo imperial. A última era objeto de um elaborado regime de armazenamento em uma ilha no Lago Hsuan Wu, perto de Nanquim. Na década de 1640, havia 1,7 milhão de volumes em 700 depósitos, provavelmente o maior arquivo que o mundo já vira.

O maior arquivo e, portanto, a maior coleção de símbolos numéricos. Os chineses, na época e agora, têm várias maneiras de registrar o resultado de uma contagem ou cálculo, e as pesquisas e censos certamente refletiam um pouco dessa variedade.

Uma maneira de se escrever um número era simplesmente escrever o logograma para sua palavra. Eles já apareciam efetivamente em sua forma moderna em inscrições do século III AEC e continuam em uso até hoje. O sistema, tanto falado quanto escrito, é decimal, com palavras para os números de 1 a 9, e para "dez", "cem", "mil" e "dez mil", que se combinam. Por exemplo: *dois-miríades quatro-mil três-cem seis-dez cinco* (24.365). Um zero foi introduzido no sistema escrito a partir do século XIII, se não antes, mas, estritamente falando, é redundante. As palavras "dez mil", "mil", "cem" e "dez" já especificam o que cada sinal de unidade significa, não há necessidade de que sua posição o faça também.

Esse sistema se espalhou por todo o Leste Asiático, aparecendo no Japão no século III e na Coreia no século XV. Variantes caligráficas dos sinais — que não mudavam a estrutura do sistema — começaram a aparecer a partir do primeiro século AEC. Pelo menos duas dessas variantes, os chamados numerais contábeis e os numerais secretos, ainda são usados hoje em dia, e sua maior complexidade visual fornece uma proteção contra falsificações.

Mas qual tecnologia era realmente usada para contar e calcular na China e em seus vizinhos? Textos do primeiro milênio AEC mencionam varetas sendo usadas para contar e, pelo menos no terceiro século AEC, elas eram empregadas em um sistema que as colocavam juntas sobre uma superfície plana. As varetas nunca foram completamente padronizadas e podiam ser feitas de bambu, madeira, marfim, osso ou outros materiais. No período clássico, variavam entre cerca de 9 e 14 centímetros de comprimento, tinham cerca de 7 milímetros de largura e 271 delas podiam ser transformadas em um feixe hexagonal e seguras em uma mão.

Os padrões nos quais as varetas eram dispostas funcionavam como símbolos numéricos. A contagem até cinco era feita com as varetas dispostas verticalmente uma ao lado da outra, assim como a maioria das marcas de contagem primitivas. Números de seis a nove eram representados pela combinação de uma vareta horizontal com uma, duas, três ou quatro outras verticais (relembrando, a visão nunca precisou lidar com um grupo único maior que quatro). Os mesmos padrões eram repetidos para as dezenas, centenas, e assim por diante, com as potências maiores colocadas à esquerda. Uma complicação interessante foi adicionada para os dígitos pares — dezenas, milhares, centenas de milhares, e assim por diante —, onde o padrão das varetas foi rotacionado em 90 graus para ajudar a distinguir os dígitos uns dos outros. Um verso dizia:

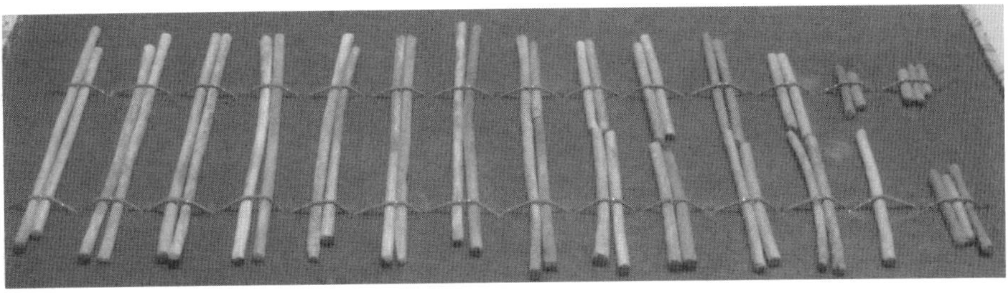

Varetas de contagem chinesas.

> Unidades são verticais, dezenas são horizontais,
> Centenas de pé, milhares deitados;
> Então milhares e dezenas parecem iguais,
> Dez milhares e centenas são parecidos.

Qualquer número de qualquer tamanho poderia ser representado dessa maneira — sujeito aos limites de quanto espaço plano e quantas varetas estivessem disponíveis.

Referências literárias parecem indicar que se colocavam as varetas em mesas, camas ou no chão. Entretanto, para que o sistema funcionasse de forma realmente eficiente, a superfície na qual eram colocadas provavelmente deveria ser marcada de alguma forma, caso contrário, o vão entre um grupo de varetas e o próximo poderia causar ambiguidade: 24 poderia assemelhar-se muito com 2004. Grandes tábuas de madeira devem ter sido incômodas, pois nenhuma delas apareceu como artefato arqueológico. Mas há pelo menos uma referência a um tecido marcado com colunas ou fileiras para se posicionar as varetas.

Assim como as palavras de contagem chinesas e seus símbolos equivalentes, as varetas de contagem espalharam-se para o Japão e a Coreia, e foram muito utilizadas em todo o Leste Asiático por 2 mil anos. Elas eram empregadas não apenas na contagem, mas também no cálculo. Algoritmos para as operações aritméticas básicas no sistema de varetas não são muito difíceis de se elaborar, e relatos de testemunhas oculares sugerem que estas poderiam ser realizadas muito rapidamente. Um especialista no século XI "podia mover suas varetas de contagem como se estivessem voando, tão rapidamente que o olho não conseguia acompanhar seus movimentos antes de obter o resultado". Tanto o cálculo mental quanto o escrito parecem ter se tornado incomuns, substituídos pelo sistema mais eficiente de varetas. No século XII, talvez antes, foram inventados algoritmos não apenas para extrair raízes quadradas e cúbicas usando as varetas de contagem, como para encontrar números que satisfizessem sistemas de relações que um grego teria representado usando a geometria de quadrados e retângulos e para os quais um europeu moderno usaria a álgebra de equações lineares e quadráticas.

As varetas de contagem também estimulavam seus usuários a escreverem números da mesma forma: fazendo conjuntos de traços que representassem a disposição das varetas. Já em 400 AEC, as moedas chinesas traziam números usando símbolos que parecem ser desse tipo, e, como as próprias varetas, esses símbolos numéricos permaneceram em uso até o período Ming. Eventualmente, já foi sugerido que esse conjunto de representações numéricas de fato viajou para o oeste até a Índia e se tornou inspiração para a estrutura de valor posicional dos símbolos numéricos brami. No entanto, faltam evidências diretas, e especialistas na área discordam sobre o quão plausível seria tal sugestão. O certo é que, por volta do século VIII EC, os próprios numerais brami foram vistos na China, tendo sido objeto de comentários que os comparavam desfavoravelmente às varetas de contagem como técnica de cálculo: "O método é complicado... e você tem sorte se acertar."

As varetas e suas técnicas foram constantemente requeridas — e, em alguns casos, descritas em detalhes — por toda a rica tradição da escrita matemática chinesa: no conjunto de textos didáticos canônicos codificados no século VII, em escritos eruditos posteriores e também em coleções de problemas mais práticos. Uma dessas coleções, compilada no século XIII, abrangia assuntos práticos como cronologia, topografia, arquitetura, problemas militares e comércio. Dentre suas seções, havia uma que tratava de impostos e arrecadações de serviços, precisamente do mesmo tipo a que Hong Gongshou e outros milhões de pessoas estavam sujeitos. Os problemas davam uma sensação vívida das dificuldades que contribuintes e coletores de impostos passavam no período Ming. O fazendeiro A cede mais de 407 *mou* de arrozais para o fazendeiro B e 516 *mou* para o fazendeiro C. Como isso afetará as obrigações fiscais dos três homens, em arroz e seda? Em certa prefeitura, a terra emergiu do mar. Como os impostos devem ser repartidos entre as seis vilas que reivindicam partes dela em nove tipos diferentes de campo? Doze mil homens são recrutados para transportar rações militares até a fronteira, em proporção à sua responsabilidade tributária de campo e na proporção inversa à sua distância da fronteira: quantos homens terão que ser recrutados de cada vila?

A última questão ganharia nova relevância no início do século XVII, quando o regime Ming enfrentou uma série de crises que levou à sua queda. De 1618 em diante, ocorreram invasões manchu; os gastos militares chineses dispararam e os impostos aumentaram na mesma proporção. Porém, o sistema não foi capaz de mobilizar os vastos recursos da terra em velocidade suficiente. Embora as receitas tenham quintuplicado em apenas vinte anos, não era possível pagar o exército de forma constante.

Para piorar o desastre, o norte da China também sofreu colheitas ruins em meados da década de 1630, comprometendo a possibilidade de se levantar as somas necessárias e, finalmente, desencadeando rebeliões locais. Inundações, fome e doenças chegaram para completar o quadro. De fato, o ano entre 1641 e 1642 foi o último em que o censo fiscal foi elaborado. O estado Ming entrou em colapso logo depois, em 1644.

A vasta coleção de documentos mantida em Nanquim foi destruída quando a cidade caiu sob o exército Qing, em 1645. Um relatório afirma que essa, que era a maior coleção de símbolos numéricos escritos do mundo, foi usada como combustível para pólvora na última defesa da cidade. Documentos como a declaração de imposto de renda de Hong Gongshou são raros remanescentes, lembretes de um sistema há muito abandonado, pois as varetas de contagem e os símbolos numéricos baseados nelas também estavam destinados ao esquecimento. Tanto para contagem quanto para cálculo, outro dispositivo estava em ascensão: o *suanpan*.

Kiyoshi Matsuzaki (e Thomas Wood): contando com contas

Ninguém sabe quando foi inventado, ou mesmo onde, o *suanpan* em mandarim, o *soroban* para os japoneses ou o *jupan* para os coreanos. Parece ter sido durante os séculos XVI e XVII que o *suanpan* superou o uso generalizado das varetas de contagem como forma de representar e trabalhar com números, embora tenha feito sua primeira aparição já no século XIII, e talvez ainda antes. A ideia, como todas as grandes ideias, é bastante simples: uma moldura retangular segura um conjunto de fios paralelos onde se amarram contas. A posição das contas representa um número, e a rapidez com que alguns dedos podem mover as contas para mudar ou calcular o número é a razão evidente para seu sucesso. Seus operadores ficaram famosos muito além do Leste Asiático pela habilidade e velocidade com que trabalhavam.

Seu nome já diz algo sobre o próprio objeto e a até a matemática. O historiador Joseph Dauben explica:

> O caractere "suan" tem sua base em um radical que significa búzio, concha ou, em uma forma ligeiramente diferente, mercadoria... "Suan" originalmente se referia à tábua de contagem, na qual varas de contagem de bambu eram usadas para realizar cálculos durante transações, e mais tarde passou a se referir ao ábaco ou a qualquer método de cálculo, incluindo a matemática em geral. Assim, o caractere "suan" ideogramaticamente incorpora tanto os objetos originais quanto os métodos que se tornaram o recurso habitual dos matemáticos e administradores da corte.

A moldura é geralmente de madeira, frequentemente de bambu, mas um *suanpan* pode ser feito de muitos materiais. O número de hastes parece que nunca foi padronizado, mas há uma tendência perceptível ao longo do tempo para que números maiores de hastes fossem considerados e, ao mesmo tempo, eles se tornaram menores, de modo que todo o dispositivo sempre permanecesse num tamanho portátil ou ao menos administrável. No século XX, um *suanpan* típico de uso comercial tinha apenas um milímetro de espaço entre uma coluna de contas e a próxima, deixando pouco mais de um centímetro de fio livre para o deslizamento das contas.

Assim como suas antecessoras, as varetas de contagem, o *suanpan* representa os números por meio de um sistema decimal. Qual fileira representará o número 1 é uma questão de escolha, dependendo da necessidade do momento; uma vez escolhida, sua vizinha à esquerda representará as dezenas, a próxima será a das centenas, e assim por diante. De fato, um raio que atravessa o quadro divide cada fio em seção superior e inferior: as contas na seção inferior valem 1, 10, 100, e assim por diante; as da parte superior valem 5, 50, 500... As contas são colocadas em jogo ao serem empurradas contra a barra.

O mais antigo *suanpan* chinês tinha duas contas de "cinco" e cinco contas de "um", e a segunda conta de "cinco" permitia que números maiores que 10 fossem brevemente representados em um único fio durante o cálculo. No Japão, as contas de "cinco" foram reduzidas a apenas uma, durante a segunda metade do século XIX, e as contas de "um" a quatro, algumas décadas depois, produzindo o *soroban* decimal mais simplificado possível com apenas cinco contas no total em cada fio. Esse formato japonês difundiu-se na Coreia, embora não tenha suplantado totalmente os formatos mais antigos, principalmente na China.

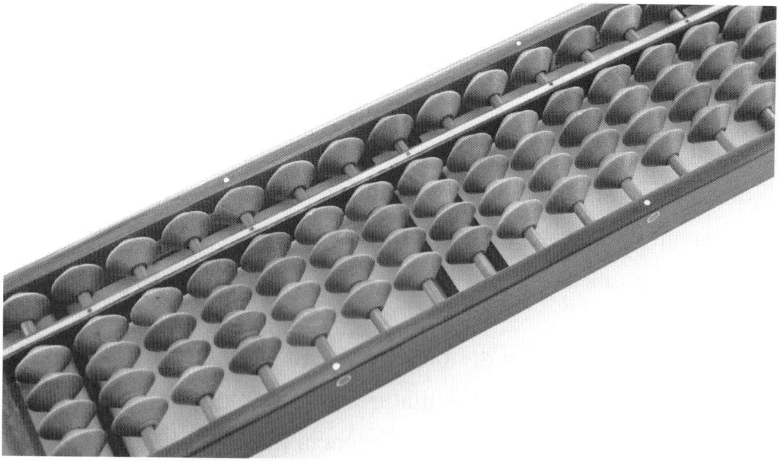

Um *soroban* japonês.

É notável que o moderno *soroban* japonês tenha a mesma estrutura de "4 contas mais 1" de algumas tábuas de contagem gregas e romanas. Se a transmissão ocorreu em qualquer uma das direções, talvez durante a Idade Média, parece não ter deixado nenhuma evidência direta. Em vez disso, pode ser um caso de duas culturas convergindo para soluções semelhantes para problemas análogos de cálculo e eficiência. O "ábaco" que começou a aparecer na Europa e nos EUA a partir do século XIX é geralmente rastreado de volta até modelos russos levados para a França durante o período napoleônico, mas a ancestralidade do *schoty* russo, que tem dez contas por haste, é obscura. O fato de a palavra "ábaco" se referir a qualquer um desses dispositivos — grego, romano, medieval, russo ou do Leste Asiático — só aumenta a confusão.

Existem algumas descrições muito detalhadas de técnicas de manipulação eficientes para o *suanpan* e o *soroban*. A versão mais minimalista tem a conta (ou contas) dos "cinco" movida para cima e para baixo pelo dedo indicador, enquanto as contas dos "um" são movidas para cima pelo polegar e para baixo pelo dedo indicador. Mas técnicas de três dedos ou mesmo de duas mãos também aparecem em alguns livros. A aritmética com o *soroban* procede da esquerda para a direita, de valores posicionais maiores para menores. As tabelas de adição e de multiplicação são do mesmo tamanho e complexidade que aquelas necessárias para cálculos com algarismos arábicos, ou mesmo com qualquer representação decimal de números. As técnicas de aritmética são muito análogas àquelas com as varetas numéricas, que representam números usando uma estrutura similar de unidades, quintetos, dezenas, cinquentenas, e assim por diante. Em certa época, também era comum memorizar uma tabela de divisão, fundamentada, em última análise, em técnicas de contagem com varetas, mas foi descontinuada na primeira metade do século XX em favor de um método de divisão que usava apenas a tabela de multiplicação. Assim como as varetas, é perfeitamente possível fazer aritmética mais avançada, como a extração de raízes quadradas e cúbicas, usando um *soroban*.

O *soroban* continuou a reunir interesse e expertise, recebendo refinamentos no próprio dispositivo e em suas técnicas, até o final do século XX, se não além. Sua visibilidade e a habilidade de seus operadores provavelmente atingiram seu ápice na segunda metade daquele século. Na época, era frequente que as crianças aprendessem o uso do *soroban* em casa, mesmo antes de entrarem para a escola. Tanto no Japão quanto na China, as técnicas de *soroban/suanpan* faziam parte do currículo formal, tipicamente da terceira ou quarta série. Escolas vocacionais que preparavam os alunos para entrar no mundo dos negócios também forneciam treinamento intensivo de *soroban*. E para aqueles que desejavam se tornar especialistas, havia programas extracurriculares geralmente associados a escolas primárias, com um treinamento que podia ocupar várias horas por semana. A prática e a memorização paciente podiam produzir resultados impressionantes de qualquer ponto de vista, e institutos nacionais organizavam exames e competições: no Japão, a partir da década de 1930, e mais recentemente na China. Os níveis de habilidade exibidos nessas ocasiões eram surpreendentes: no sistema japonês, onde a maioria dos examinandos era de adolescentes, até mesmo o nível mais baixo do exame envolvia a adição de cinco colunas de quinze números de vários dígitos em até cinco minutos, requerendo 70% de precisão. Em nível nacional, um competidor poderia somar ou subtrair quinze números de até nove dígitos em pouco mais de um minuto.

> Tóquio, segunda-feira, 12 de novembro de 1946. Teatro Ernie Pyle do Exército dos EUA. Uma plateia de quase 3 mil soldados se reúne para testemunhar clássicos do entretenimento como 759.843 × 57.941 ou 4.768.788.098 ÷ 14.593, realizados em um par de máquinas de calcular. Segundo relatos confiáveis, eles aplaudem freneticamente.

No século XIX, já se comentava entre observadores ocidentais que o cálculo com *soroban* era surpreendentemente mais rápido que as alternativas em papel. No contexto da ocupação norte-americana no Japão após a Segunda Guerra Mundial, o *soroban* foi notoriamente posto à prova diante de uma das novas máquinas elétricas de calcular. A revista *Stars and Stripes* organizou uma disputa direta entre um soldado do exército dos Estados Unidos operando uma máquina feita na Califórnia e um especialista japonês com um *soroban*.

Apenas um ano após o fim da guerra, a economia e a infraestrutura japonesas permaneciam destruídas, e o país, ainda ocupado por tropas estrangeiras. Metade de Tóquio havia sido destruída pelo bombardeio dos Aliados. O evento foi planejado como entretenimento para as tropas norte-americanas, e relatos sugerem que se esperava uma vitória fácil da máquina elétrica. Haveria duas rodadas de problemas de adição, três de subtração, multiplicação e divisão e, finalmente, uma rodada de problemas mais complexos que exigiam várias operações. Os números variavam em tamanho de até doze dígitos.

O soldado Thomas Wood foi escolhido após uma competição interna e parece ter sido o melhor operador da máquina elétrica de calcular encontrada no Japão na época. Ele trabalhava na seção financeira do quartel-general do general MacArthur. Seu oponente, Kiyoshi Matsuzaki, era um escrivão no Ministério das Comunicações; operador habilidoso de *soroban*, ele era conhecido pelos patrocinadores estadunidenses como "The Hands".[1] Ambos os competidores tinham 22 anos. Quase 3 mil soldados lotaram o local, e muitos deles fizeram apostas (em Wood, presumivelmente).

Na verdade, Matsuzaki venceu quatro dos cinco eventos e, no geral, oito das doze rodadas de problemas. Ele completou os problemas de adição em cerca de 1 minuto e 15 segundos cada, demorando um pouco mais para os outros problemas. Em um caso, Wood ficou mais de trinta segundos atrás: trinta segundos que devem ter sido mais do que dolorosos para Wood e seus fãs, que não mais torciam. O resultado parece ter sido um choque real para os patrocinadores e repórteres estadunidenses do evento, embora um olhar mais atento os teria mostrado que tais confrontos diretos já haviam sido organizados antes, com a vitória tipicamente indo para o *soroban*. O *Stars and Stripes* chamou o acontecimento de um passo atrás para a "era das máquinas"; o *Nippon Times* (controlado de fato pela força de ocupação) declarou que a "civilização" havia "cambaleado". Nos EUA, as reportagens na revista *Time* e em outros veículos assumiram um tom menos ofendido, mas uma nota de surpresa ainda era bastante evidente. Entre os estudiosos de *soroban* no Japão e em outros lugares, o concurso continuou comentado até a década de 1950, e continua sendo parte do folclore da contagem e do cálculo.

O fato é que um especialista em *soroban* pode somar e subtrair números tão rápido quanto podem ser lidos. Para multiplicação e divisão, fontes da década de 1950 avaliaram que um operador especialista em *soroban* estava no mesmo nível de uma máquina elétrica para problemas com cerca de dez ou doze dígitos: mais dígitos, e a máquina normalmente venceria; menos, e o humano venceria.

[1] Em português, "As Mãos". [N. da T.]

Quando não estavam sendo usados em exames, competições e concursos públicos, o *suanpan* e o *soroban* continuavam sendo um equipamento comum em lojas e empresas por todo o Japão, a Coreia e a China. Comparados aos métodos de papel, eles eram rápidos; comparados às máquinas elétricas que no momento ganhavam atenção, eram baratos e não exigiam manutenção regular nem fonte de eletricidade. Sua portabilidade sempre foi uma dádiva. Até a década de 1980, os dispositivos baseados em contas podiam ser considerados onipresentes no Leste Asiático. Contudo, logo se viu um certo grau de declínio à medida que calculadoras de bolso e registradoras elétricas os substituíram como as ferramentas mais convenientes para cálculos cotidianos. Mesmo assim, a aritmética *suanpan/soroban* continuou sendo uma parte importante da educação matemática, e no início do novo século, uma alta proporção de adultos relatava usar seus métodos, ao menos de vez em quando. O treinamento pós-escolar, voltado para competições, também manteve sua popularidade.

Uma característica intrigante dessa cultura era que o próprio dispositivo físico provou ser, estritamente falando, desnecessário para os usuários mais habilidosos. Usuários regulares do *suanpan* e do *soroban* há muito tempo descobriram que tendiam a interiorizar as operações, a ponto de poderem fazer pelo menos alguns cálculos igualmente bem em um dispositivo imaginário. Na segunda metade do século XX, o chamado "ábaco mental" (*anzan*, "cálculo cego") havia se tornado um elemento regular dos programas de treinamento e era utilizado nos exames de *soroban* no Japão e, mais tarde, em seus equivalentes na China. Enquanto o número de dígitos envolvidos nos cálculos se mantiver administrável, parece ser possível para quase qualquer pessoa adquirir rapidez no cálculo mental dessa forma, o que seria surpreendente em outros contextos. Um observador na década de 1980 descreveu uma aula em Dongyuan:

> As crianças vão para lá depois da escola e geralmente sentam-se em bancos compridos em grandes salas cheias de alunos. Um exercício típico de cálculo mental de ábaco começa quando o professor, de pé na frente da sala, levanta a mão, e a sala fica em silêncio à espera. O professor então lê em voz alta uma lista de vinte números de três dígitos o mais rápido que pode, tão rápido, na verdade, que os números são quase ininteligíveis. As crianças permanecem em silêncio, a sala toda tensa em concentração. Depois que o último número é lido, todas as mãos na sala se levantam, e o professor chama uma criança para relatar a soma. Normalmente, a resposta da criança está correta.

Como não há necessidade de mover contas reais, as velocidades atingíveis são ainda maiores do que com um dispositivo físico, e o desenvolvimento do treinamento de "ábaco mental" permitiu que seus usuários dominassem eventos competitivos como a Copa do Mundo de Cálculo Mental. Um especialista pode somar dez números de dez dígitos em menos de quinze segundos.

O fenômeno chamou a atenção de pesquisadores da ciência cognitiva e tem sido regularmente estudado desde a década de 1980. O ábaco mental fornece uma maneira de contar, representar e manipular números que é totalmente mental e independente de linguagem, símbolos escritos ou mesmo gestos físicos. Especialistas podem manter uma conversa, ou uma batida rítmica, enquanto calculam. Há evidências de que a proficiência com o *suanpan*, o *soroban* ou seus equivalentes mentais resulta em uma pessoa que usa diferentes partes do cérebro para executar tarefas numéricas em comparação com alguém que aprendeu a calcular usando palavras ou símbolos: ela usa centros motores, em vez de centros de linguagem. Este é um lembrete útil de que palavras e símbolos, mesmo os mais sofisticados, não são essenciais para a contagem.

Herman Hollerith e Kawaguchi Ichitaro: máquinas que contam

E quanto à máquina elétrica que o soldado Wood operava e que foi exaustivamente derrotada em 1946? Onde ela se encaixa na história da contagem, no Leste Asiático ou em outro lugar? Para descobrir, é necessário recuar até por volta dos anos 1900, quando as preocupações modernas estavam começando a dominar a prática muito antiga da realização de censos.

> Japão, provavelmente Tóquio, 1905. Uma operadora senta-se junto do protótipo de uma máquina, feito de madeira escura polida, do tamanho de um grande piano vertical. A operadora tem uma mesa plana onde trabalha e fica de frente para um suporte com quarenta mostradores, cada um parecido com um relógio, com dois ponteiros.
>
> Ela insere cartões perfurados na máquina, um após o outro, tirando-os de um separador de cartões dedicado que fica à sua direita. Ela coloca um cartão na posição e gira uma manivela. A máquina faz conexões elétricas através dos furos no cartão; o padrão dos furos determina quais circuitos fecham e quais não. Isso, por sua vez, determina qual dos quarenta mostradores avança um passo: talvez um mostrador, talvez vários. Cada mostrador tem marcações até cem, e com dois ponteiros, cada um pode contar até 10 mil. Ao final do dia de trabalho — ou do conjunto de cartões —, os números podem ser lidos e anotados e os mostradores podem ser zerados.

Máquina Elétrica de Tabulação de Kawaguchi.

A máquina foi projetada por Kawaguchi Ichitaro, um engenheiro que trabalhava com tecnologia de sinalização telegráfica, para auxiliar na tabulação de dados do censo. O pedido para tal dispositivo veio do gabinete japonês por meio do Ministério das Comunicações e Transporte. Seu protótipo foi concluído em 1905 e foi usado para processar alguns dos dados da pesquisa demográfica do ano anterior.

A criação dessa máquina de contagem foi um dos resultados de um movimento de trinta anos por mais e melhores estatísticas sobre a população e a economia japonesas, liderado por indivíduos do governo e das empresas. Na época, já existia um sistema de mapas de terras e registros familiares, muito amplamente semelhante às antigas pesquisas de tributação chinesas, porém, após a restauração Meiji, em 1868, o governo percebeu cada vez mais a necessidade de reunir mais informações sobre a atividade econômica do país, para ajudar a planejar seu crescimento e industrialização. Quando uma nova lei nacional censitária foi promulgada em 1902, ficou claro que o volume de dados a ser coletado se beneficiaria de um processamento mecânico: daí o pedido a Ichitaro para construir sua máquina de tabulação.

Aqueles familiarizados com a história da computação e das máquinas de calcular terão uma sensação de *déjà vu* sobre a máquina de Ichitaro. Ela tinha uma semelhança marcante, tanto na aparência quanto na maneira como funcionava, com as máquinas projetadas nos Estados Unidos, duas décadas antes, por Herman Hollerith e que se espalhavam rapidamente pelo mundo por volta de 1900.

Nos EUA, realizar um censo populacional regular era obrigação desde 1787, quando a Constituição especificou que a distribuição tanto dos membros da Câmara dos Representantes quanto da tributação direta deveria se basear nas populações dos vários estados da União. Especificava-se que um censo — uma "enumeração" da população — deveria ser feito para esse propósito dentro de três anos após a primeira reunião do Congresso, e pelo menos a cada dez anos depois disso. O primeiro foi devidamente realizado em 1790.

Ao longo do século seguinte, os detalhes do censo e algumas de suas suposições mudaram drasticamente. A população dos Estados Unidos cresceu de menos de 4 milhões para cerca de 60 milhões, e tanto o governo quanto o povo passaram a exigir mais e mais informações sobre essa população. Do punhado inicial de perguntas de senso comum sobre nomes e números, o trabalho dos recenseadores cresceu constantemente em complexidade, com novas perguntas adicionadas sobre agricultura, indústria, nascimentos e mortes, escolas, bibliotecas, igrejas e propriedades. O censo de 1880 fez 24 perguntas separadas, produziu centenas de toneladas de formulários brutos ("tabelas") e resultou na publicação de 22 grandes volumes de dados. As autoridades, então, se preocuparam sobre se a situação seria sustentável. Um censo implica tanto em reduzir dados a uma forma administrável quanto em coletá-los em primeiro lugar: qualquer conjunto de dados pode ser processado se houver tempo suficiente, mas havia limites para os atrasos tolerados e para o dinheiro apropriado para financiar esse trabalho.

"Contar" os resultados do censo, até então, significava fazer marcas de contagem em folhas de papel. Especificamente, as folhas eram preparadas, cobertas por uma grade de pequenos quadrados, e em cada quadrado eram feitas até cinco marcas de lápis por um funcionário do censo que estava contando, digamos, o número de tabelas censitárias que relatavam seu sujeito como praticante de uma ocupação específica. Uma linha completa de cinco quadrados continha 25 marcas; um bloco completo de quatro linhas continha 100. Fazer as marcas inspecionando as tabelas originais do censo dessa maneira era algo repetitivo, chato e suscetível a erros, e converter as folhas cheias de marcas em algarismos arábicos, escritos em outra folha de papel, também era uma tarefa altamente passível de ser feita de forma errada por seres humanos cansados, apressados ou estressados. Além disso, se vários tipos de dados precisassem ser extraídos — idade, ocupação e estado civil, por exemplo —, as tabelas originais do censo teriam que ser manipuladas várias vezes, criando um gargalo em todo o processo.

Para evitar um possível desastre no censo de 1890, seu diretor organizou uma competição para testar possíveis soluções mecânicas para o problema da contagem repetitiva em larga escala. Auxílios mecânicos já haviam sido usados nos vinte anos anteriores, incluindo uma folha com marcas, movida automaticamente em rolos, e um sistema no qual os registros brutos eram inicialmente transcritos em cartões ou papéis separados, mais fáceis de manusear. Em testes no ano de 1889, apareceram sistemas envolvendo tiras de papel e tintas coloridas, ou "fichas" de papelão de cores diferentes. Mas a competição foi facilmente vencida por um sistema usando cartões perfurados para transcrever os dados do censo, inventado por um homem de 29 anos, filho de imigrantes alemães, graduado pela Universidade Columbia, chamado Herman Hollerith.

Cartões perfurados ou tiras de papel perfuradas eram usados havia muito tempo para controlar teares mecânicos e pianolas, ou para armazenar informações sobre os portadores de bilhetes ferroviários. A inovação de Hollerith, motivada pelo menos em parte por uma sugestão de seu colega, funcionário do censo, John Shaw Billings, foi usar um cartão perfurado para armazenar informações sobre cada indivíduo registrado no censo. Crucialmente, ele percebeu que as informações naquele formato poderiam ser classificadas e contadas automaticamente por um dispositivo mecânico ou elétrico. Na época dos testes de 1889, para o censo federal, seu sistema já havia sido patenteado e usado com sucesso para tabular estatísticas de saúde para Baltimore, Nova York e Nova Jersey, e para o exército dos Estados Unidos.

A partir da segunda-feira, 2 de junho de 1890, quase 47 mil recenseadores bateram de porta em porta pelos EUA, coletando dados. Havia 8 milhões de quilômetros quadrados para cobrir. Um formulário impresso foi usado para cada família, com 26 perguntas a serem respondidas sobre cada pessoa e cinco perguntas extras sobre a casa. Formulários adicionais foram usados para veteranos, agricultores, fabricantes, deficientes, sem-teto, condenados... Um total de quase setecentas informações diferentes foram coletadas. Havia penalidades para quem se recusasse a responder. Enquanto isso, agentes especiais coletavam separadamente informações sobre propriedades, hipotecas e uma enorme variedade de indústrias e produtos: de implementos agrícolas a meias, de olarias a artigos de seda.

Cada recenseador enviava a um supervisor relatórios diários do trabalho concluído, bem como os formulários preenchidos.

Após a verificação, os formulários seguiam para Washington:

> Os formulários preenchidos eram dispostos um sobre o outro em uma placa de cortiça. Cada pilha continha as tabelas de um único recenseador. Acima disso, havia um portfólio vazio, em cujo centro estampava-se uma etiqueta com o nome do recenseador e a designação de seu distrito. Então era amarrado em um maço, com vários desses maços representando de 13 a 15 distritos de recenseamento, colocados juntos em uma caixa na qual se encaixavam perfeitamente. A caixa, de cerca de 68 por 45 centímetros de comprimento em suas dimensões, devidamente fechada e lacrada, era enviada neste formato para o escritório de Washington. Cem dessas caixas eram recebidas diariamente, e utilizavam-se vários caminhões para transferi-las.

Nos escritórios do censo de Washington, cerca de 20 milhões de formulários foram eventualmente recebidos no total, pesando cerca de 200 toneladas. Os dados nos formulários eram transferidos para cartões perfurados usando-se um dispositivo muito parecido com o teclado da máquina de escrever acoplado a um furador. Fazia-se um cartão para cada pessoa pesquisada, portanto, cerca de 60 milhões de cartões eram perfurados, cada um do tamanho de uma nota de dólar, com uma média de talvez vinte furos por cartão, que registravam diferentes informações de acordo com um esquema precisamente definido de posições de furos. Com prática, uma pessoa poderia perfurar mil cartões por dia, e foi relatado que, ao final do processo, os funcionários haviam manuseado tantos cartões que conseguiam "ler" as informações apenas olhando para os furos.

Após seis meses, os cartões estavam prontos para serem contados. Um jornalista relatou ter visitado "uma oficina mecânica bastante arrumada e arejada... onde moças bonitas em agradáveis vestidos brancos trabalham nas longas filas de máquinas de contagem" que "lembram pianos verticais". Uma dessas funcionárias colocava um cartão plano sobre uma placa de borracha dura e puxava uma alavanca para abaixar uma moldura nele. Um padrão gradeado de pontos elétricos na moldura encontrava uma grade semelhante de contatos de mercúrio na placa, fazendo contato apenas nas posições onde havia um furo no cartão. Os circuitos eram então completados, um sino tocava e uma seleção dos quarenta mostradores da máquina avançava um por um. Uma funcionária de dedos rápidos poderia processar 7 mil cartões em um dia, e havia até cem funcionárias.

Uma tabuladora Hollerith utilizada em 1890.

Em 12 de dezembro, uma contagem preliminar de toda a população foi concluída, pouco mais de um mês após os últimos retornos do censo. Contou-se um total de 62.629.250 pessoas. O trabalho subsequente forneceu uma análise detalhada desse número por estado, cidade e vilarejo, assim como a contagem de pessoas por local de nascimento, idade, ocupação, parentesco, alfabetização e estado civil. Os circuitos elétricos podiam contar um padrão complicado de furos tão facilmente quanto contavam um único furo e podiam contar vários desses padrões simultaneamente, até quarenta em princípio: a quantidade de mostradores que havia em cada máquina Hollerith. Além disso, quando os circuitos fechavam, eles não apenas tocavam uma campainha e avançavam os contadores, mas também realizavam a tarefa final de abrir a tampa de uma das duas dúzias de caixas ao lado da máquina. A funcionária tirava o cartão da máquina, colocava-o na caixa aberta e fechava a tampa. Assim, conforme um conjunto de contagens progredia, os cartões eram automaticamente classificados para o próximo conjunto de contagens.

Jornalistas que visitavam a sala de trabalho ficavam invariavelmente impressionados, ainda que meio ensurdecidos pelos sinos ("...seus tímpanos tilintam/Ao tilintar, tinir, tilintar/Dos sinos!"). Duas dúzias de volumes de estatísticas foram impressos ao longo de um período de sete anos, e o censo de 1890 foi indiscutivelmente a maior e mais detalhada visão da população e economia estadunidense já produzida (apesar da crença generalizada de que certas cidades, e talvez a população como um todo, tenham sido subcontadas). Foi um dos boletins impressos desse censo que notou que "a área não colonizada" do continente norte-americano "foi tão dividida por assentamentos isolados que dificilmente se poderia dizer que havia uma linha de fronteira", o que provocou uma longa conversa sobre o significado de fronteira — sua presença, seu movimento e agora sua ausência — para a história norte-americana. O censo também resultou em um aumento no tamanho da Câmara dos Representantes de 325 para 356 membros.

A máquina de Hollerith era um contador mecânico genuíno — não para fazer aritmética, mas uma máquina cujo único propósito e capacidade era responder à pergunta: *qual a quantidade?*. Nenhum ser humano precisava prestar atenção aos itens contados; eles poderiam simplesmente ser colocados na máquina e uma contagem seria acessada algum tempo depois, na forma de um símbolo numérico indicado pela máquina. O cerne do processo de contagem — atenção repetida mais controle — era realizado pela própria máquina, levantando uma questão interessante sobre como ou se uma máquina pode "prestar atenção" a qualquer coisa. Para o propósito do censo, os itens contados eram pessoas representadas por pedaços perfurados de papel-cartão, mas estava claro que quase tudo poderia ser contado por meios semelhantes. Essa foi uma novidade genuína na história da contagem e que, naturalmente, se provou capaz de um enorme desenvolvimento nas décadas subsequentes. E talvez não seja nenhuma grande surpresa que as máquinas de contagem tenham mudado o mundo.

As máquinas que tinham basicamente o mesmo projeto original continuaram em uso no processamento do censo seguinte, mas, a partir de 1910, a agência censitária norte-americana criou sua própria oficina mecânica para fabricar dispositivos semelhantes, em vez de alugar cada máquina de Hollerith por US$ 1.000 ao ano. Enquanto isso, os projetos de Hollerith foram adotados para realizar o censo e outras tarefas estatísticas em uma sucessão de países, incluindo Áustria, Canadá, Noruega, Rússia, França e Itália. Em 1912, um admirador poderia falar — admitindo algum exagero — de sua adoção por "quase todos os países civilizados".

Melhorias posteriores incluíram um sistema para registrar números decimais nos cartões, usando uma opção de dez furos para cada dígito, e um maquinário para somar números assim armazenados. Subtração, multiplicação e os meios para representar números negativos vieram em seguida, assim como um dispositivo para alimentar automaticamente os cartões na máquina, eliminando grande parte da necessidade de hábeis operadores humanos. Cartões de controle especiais poderiam dizer às máquinas para parar, e dispositivos de impressão poderiam imprimir automaticamente os totais, para que as pessoas não precisassem transcrevê-los.

Hollerith vendeu sua empresa em 1911, permanecendo como consultor, e ela se tornou parte da Computing-Tabulating-Recording Company, que na década seguinte mudou seu nome para International Business Machines Corporation (IBM). Durante grande parte do século XX, a IBM seria uma das maiores empresas de processamento de dados do planeta, fornecendo equipamentos para governos e empresas ao redor do mundo.

Ocorreu, porém, um epílogo desastroso para o próprio censo de 1890. Ao contrário da prática do censo nos EUA até 1870, não se tirava nenhuma cópia antes de as tabelas censitárias serem enviadas para Washington. Um dos motivos era economizar trabalho e reduzir o fardo das administrações locais de produzir e armazenar literalmente toneladas de formulários de papel. Outro era a crença de que os cartões perfurados já constituíam uma cópia adequada dos dados; um funcionário escreveu com otimismo que as tabelas originais "poderiam ser queimadas, e o Décimo Primeiro Censo poderia ser retomado do começo ao fim, por meio de pedacinhos de papel", isto é, pelos cartões perfurados. Na verdade, esse não era o caso, uma vez que os nomes dos indivíduos não eram registrados nos cartões, apenas números de referência indicando as tabelas originais onde poderiam ser encontrados: os dados eram irreversivelmente perdidos durante a transcrição para os cartões perfurados. Uma terceira razão foi que alguns pensaram que os dados originais não teriam mais valor depois de contados e reduzidos a estatísticas agregadas e depois publicadas. Talvez esse tenha sido um efeito colateral nefasto das práticas de contagem muito eficientes.

Em março de 1896, um incêndio acidental destruiu partes das tabelas originais do censo de 1890. Um grande volume restante ainda estava nos portfólios em que foi entregue, amarrado com barbante e empilhado nas prateleiras. Na época, os recursos eram limitados para sua preservação, assim, juntamente com 180 toneladas de cartões perfurados, eles foram armazenados em más condições em um porão, em Washington. E em 10 de janeiro de 1921, um incêndio de alerta máximo destruiu o prédio. Não houve vítimas humanas, mas quatro horas de fogo e jatos de vinte mangueiras danificaram de modo irrecuperável cerca de dois terços dos registros de 1890.

O restante foi descartado como imprestável na década de 1930, pouco antes do advento de novas ações para gestão de registros e preservação de documentos históricos. A pedra fundamental do edifício do Arquivo Nacional Americano foi lançada apenas um dia antes de o descarte ser autorizado, e um programa para fotocopiar e encadernar registros antigos do censo entrou em andamento no mesmo ano. Era tarde demais para as programações e cartões de 1890 e, com sua destruição, criou-se uma lacuna permanente e lamentável nos registros de genealogia e história social norte-americana.

E quanto à máquina censitária japonesa, baseada ou inspirada na invenção de longa duração de Hollerith? Em fevereiro de 1904, o Japão estava em guerra com a Rússia, conflito que continuaria por um ano e meio, com enormes consequências para as prioridades e alocações orçamentárias do governo. O censo foi adiado indefinidamente, e uma nova pesquisa populacional nacional no Japão não foi realizada até 1920, época em que o protótipo da máquina de Ichitaro já estava obsoleto, talvez esquecido.

Hoje, ela repousa em Tóquio, no Museu Estatístico do Bureau de Estatísticas do Japão, ao lado de outros computadores e tabuladores antigos. Quem seriam as pessoas que essa máquina contou durante seu breve período de uso como protótipo? Impossível dizer.

Sia Yoon: contando curtidas

Coreia do Sul, primavera de 2022. Sia Yoon (1,52 metro de altura, tipo sanguíneo A, nascida em 15 de março, atualmente com 17 anos de idade) acorda com seu despertador digital, senta-se na cama, se espreguiça. Dá *play* em uma música (Schubert), toma banho, se veste e sai de seu pequeno apartamento para a ir à Dara High School.

Meio milhão de pessoas seguem a rotina matinal de Sia — ela é uma *vlogger* de sucesso. Aos 7 anos, ela aparecia na TV como um prodígio das artes marciais, e nunca mais parou. Ela se autodenomina uma "gracinha por natureza" ("Sim, sim! Morra de inveja!"), e agora busca aumentar o alcance do estrelato. Seu objetivo é ter 1 milhão de seguidores e ela está começando a fazer posts patrocinados: para marcas de batons e de bolsas (o post das bolsas teve 24.318 curtidas).

O dia de Sia continua com aulas, almoço, encontros com amigos. Ela posta fotos e verifica as métricas: quantas visualizações, quantas curtidas (ou descurtidas). Verifica sua posição no ranking ("De todos os alunos da Dara High School, estou no top 1% em número de inscritos!").

Porém, não há apenas boas notícias. Sia terminou recentemente com o parceiro de vlog, com quem namorava havia dois anos. Naturalmente, havia uma angústia pessoal em sua reação, mas ela também se preocupava profundamente com os efeitos disso em sua presença online. A postagem anunciando o término teve 155.205 curtidas em poucas horas, no entanto, seu número de inscritos caiu às dezenas de milhares nos dias subsequentes. Sua vida no momento é dominada pela busca de meios para remediar a situação.

Sia Yoon, celebridade do NewTube.

Nas décadas antes e depois dos anos 2000, a cultura foi transformada em muitos países por um conjunto de processos vagamente agrupados como “digitais”. O hardware envolvido descende de três fontes.

Primeiramente, havia máquinas de calcular mecânicas, cuja história remonta ao século XVII, se não antes. No final do século XIX, calculadoras de mesa que podiam executar as quatro operações aritméticas eram comuns, e permaneceram assim até meados do século XX. Em segundo lugar, havia dispositivos mecânicos de contagem e cálculo como o de Hollerith, que usava cartões perfurados para armazenar dados e manipulava os cartões para executar várias operações sobre esses dados. Em terceiro, a máquina de escrever e, ainda mais comum em certa época, a caixa registradora eram dispositivos de entrada mais amigáveis ao usuário que a perfuração laboriosa dos cartões.

Na década de 1930, já era viável montar múltiplas máquinas de cartões perfurados para executar e controlar sequências complexas de operações automaticamente e aplicar em campos como astronomia e engenharia. A IBM comercializou uma “calculadora programada em cartão”, nas décadas de 1940 e 1950, que já funcionava efetivamente como um computador, no sentido de ser programável e capaz de armazenar, recuperar e processar dados. Seguiram-se inovações no hardware básico — válvulas, transistores, circuitos integrados —, levando a máquinas menores, mais rápidas e mais baratas ao longo de algumas décadas. Cartões perfurados, como meio de armazenar dados e controlar máquinas, foram similarmente substituídos por fitas magnéticas e disquetes. Mas os conceitos básicos de armazenamento e manipulação de dados, assim como programas, permaneceram centrais nos computadores.

Um computador a válvulas nas décadas de 1940 e 1950 ocupava toda uma sala ou até mesmo um prédio. Seus nomes eram raros o suficiente a ponto de serem individualizados e agora soam como piadas pitorescas: "Colossus", "Whirlwind". No entanto, em meados da década de 1950, um deles — o ENIAC, da Universidade da Pensilvânia — poderia alegar com toda razão ter feito mais aritmética em seus onze anos de vida do que a humanidade havia feito em toda a sua história.

No princípio, a utilização dos computadores permaneceu limitada a cálculos industriais, militares e científicos, assim como tarefas administrativas: sistemas de reserva de companhias aéreas, administração de recursos humanos e controle de estoque. Na década de 1960, havia cerca de 10 mil computadores no mundo. As duas décadas seguintes viram o surgimento de computadores acessíveis a pessoas físicas, e surgiu o mercado de software, focado particularmente em processamento de textos, planilhas e bancos de dados. No final dos anos 1980, as interfaces de usuário se tornaram gráficas, em vez de serem baseadas em texto. Enquanto isso, os microchips encontraram uma gama cada vez maior de usos para além dos computadores, por exemplo, em caixas eletrônicos, leitores de código de barras, relógios digitais e jogos de fliperama.

Inicialmente, os computadores eram dispositivos isolados, mas isso também foi mudando aos poucos, ao longo das décadas de 1960 e 1970, à medida que novas funcionalidades eram criadas. Primeiro, para permitir o trabalho remoto de vários terminais dentro de um único *campus* universitário, estando todos conectados a um computador central. Em seguida, para conectar vários computadores em rede, seja em redes locais com fiação dedicada ou — usando linhas telefônicas existentes — através de continentes e além. Uma vez que os protocolos foram padronizados para assegurar uma rede e trocar dados a partir dela, os serviços comerciais online decolaram rapidamente a partir de meados da década de 1980. Em 1990, havia pouco mais de 300 mil computadores na internet; uma década depois, 100 milhões.

O e-mail foi a aplicação crucial nos estágios iniciais da popularização da internet, seguido de perto pela World Wide Web e pelas plataformas de mídia social que hospedavam, agregavam, classificavam e peneiravam oceanos cada vez maiores de conteúdo gerado pelo usuário. Na década de 2020, ficou difícil imaginar uma função social ou econômica que não pudesse ser feita online: compras, reuniões, jogos, operações bancárias... O crescimento da internet coincidiu com o desenvolvimento de cada vez mais dispositivos portáteis — laptops, smartphones, tablets e smartwatches —, impulsionando a demanda crescente por eles.

Desde a década de 1930, autores de ficção científica especularam e fantasiaram sobre o compartilhamento global de informações, sob títulos evocativos como o "cérebro mundial", o "memex" e a "noosfera". Na primeira década do século XXI, parece que esses sonhos se tornaram realidade, com suas consequências positivas e negativas. Para alguns, a internet criou uma forma radicalmente nova de cultura, uma "alucinação consensual", um parque digital no qual a percepção individual, a colaboração e a bricolagem substituiriam os antigos modos de produção cultural. Uma gama cada vez maior de artefatos culturais agora já "nascia digital" ou era rapidamente convertida em substitutos digitais para distribuição online. As identidades online seriam livremente maleáveis; as liberdades online, irrestritas.

Ao mesmo tempo, era notório que algumas partes da experiência humana haviam sido deixadas para trás por causa de sua resistência em serem transformadas em dados, e que algumas pessoas — na realidade, a maioria das pessoas — estavam sendo deixadas de fora da revolução digital por motivos financeiros e de acesso à tecnologia. No entanto, a nova e participativa cultura online foi muitas vezes, senão sempre, aberta, irrestrita e democrática, o que facilitou tanto os comportamentos negativos — como roubo, mentira e intimidação — quanto os positivos. Também facilitou a espionagem, a coerção e o controle de novas, alarmantes e poderosas maneiras. Na nova realidade de dados online, muitas vezes sente-se que as tarefas de navegação e controle de qualidade foram terceirizadas para serem executadas por usuários finais mal equipados, o que criou uma sociedade da pós-verdade instável e não confiável, na qual o que importa para ser crível é quantos seguidores se pode obter, e não se o que é dito tem alguma relação com uma realidade offline.

Tudo isso tem tudo e nada a ver com a história da contagem. O que é a digitalização senão, em certo sentido, uma "contagem"? (O uso do "dígito" — literalmente "dedo" — para denotar um número ou símbolo numérico parece derivar da prática romana e medieval de contagem com os dedos.) O que é a cultura online senão a total profusão de meios modernos para se contar, o espetáculo participativo de um mundo convertido em pura numeração? Os computadores são inerentemente digitais desde a época das válvulas, consistindo em componentes elétricos cujo estado estava ligado ou desligado, convencionalmente interpretado, em uma representação binária numérica, como 1 ou 0.

No entanto, mesmo nos primeiros anos do século XX, as máquinas de cartões perfurados realizavam tarefas muito mais complicadas do que apenas contar. Parece forçado descrever os dispositivos de decifração de códigos de meados do século como meras "máquinas de contagem" e, francamente, é bizarro insistir que essa seja a definição real de um smartphone. De fato, uma vez que a função da contagem se desvinculou de se ter um ser humano prestando atenção sequencial a coisas ou eventos e mantendo o controle sobre isso, a contagem feita pela máquina logo começa a se tornar muito diferente de outros tipos de contagem. As questões interessantes passam a ser a sua capacidade de transformar pessoas em cartões perfurados, pinturas em imagens na tela, vídeos em receita publicitária, e se afastam do fato de que essas transformações são mediadas por números binários.

Dito isso, os dispositivos de microchip também são usados para funções muito mais parecidas com a contagem à moda antiga, como um substituto, ao perguntar *qual a quantidade*, na contagem com palavras, dedos ou algum outro dispositivo. Um dos mais visíveis é a contagem de amigos, curtidas, seguidores e visualizações em contextos de mídia social. Nesse momento, o mundo digital fornece não apenas uma nova tecnologia para contar, mas coisas novas para contar.

Todas essas questões se desenrolam em microcosmo na vida de Sia Yoon. Ela mora na Coreia do Sul, país cuja industrialização e crescimento econômico envolveram um sucesso notável na indústria eletrônica, de componentes semicondutores a telefones e relógios, e também fases sucessivas de exportação cultural — a "Onda Coreana" — facilitada e impulsionada pelo marketing e pela presença online.

O K-pop lidera o caminho, com os artistas e vídeos mais populares ganhando incontáveis seguidores online. Em dezembro de 2014, o vídeo de Psy, "Gangnam Style", estava a caminho de "quebrar o YouTube", pois o número de visualizações se aproximava do maior que poderia ser armazenado usando 32 dígitos binários (pouco mais de 2,1 bilhões, supondo que se use o primeiro dígito para registrar se o número é positivo ou negativo), ilustrando nitidamente que toda forma de contagem tem seus limites. O YouTube então atualizou seu contador de acessos para usar 64 dígitos, e o problema foi evitado. Jogos, filmes, conteúdos para televisão e, claro, aparelhos da Samsung e da LG também constituem grandes exportações. A Coreia é um dos países mais conectados do mundo em termos de banda larga, conectividade sem fio e posse de telefones digitais, câmeras e outros dispositivos.

Após a separação, Sia encontrou um novo namorado bem rápido e começou um projeto de vlog que envolvia transformá-lo. Minho (1,77 metro de altura, tipo sanguíneo AB, aniversário em 17 de agosto) era, para começar, um devoto nerd de animes: acima do peso, nada saudável nem carismático. O melhor amigo dele ficou chocado com a ideia de ele gostar de uma garota "fora da tela". Mas Sia estava convencida de que sua paixão redescoberta da infância poderia ser transformada, especificamente ao longo de cem dias, que ela, de modo diligente, contava regressivamente diante da câmera para seus seguidores. O projeto foi um sucesso nas redes sociais: seu anúncio inicial teve 1,59 milhão de visualizações no primeiro dia, recebendo 27 mil curtidas (e poucas ou nenhuma descurtida), e ela continuou a fazer um vlog em detalhes sobre o novo regime de exercícios e dieta imposto a Minho ("E-espera... Mas... Não tem nada aqui além de verduras e batata-doce...").

Seu primeiro vídeo de treino teve 250 mil visualizações em um dia; uma pesagem, 880 mil, com 3 mil comentários. Conforme sua aparência melhorava, a primeira *selfie* do casal ganhou 20 mil curtidas, e um vídeo de uma viagem de esqui viralizou, atraindo 1,6 milhão de visualizações. E assim prosseguiu. O projeto foi um sucesso, tanto em termos de saúde e aparência de Minho (seu peso eventualmente caiu para 76 quilos), quanto de novos assinantes, que subiram para mais de 650 mil. Como disse um apoiador, "você se tornou um símbolo de esforço e trabalho duro, e todos te amam por isso". No entanto, Sia nunca perderia de vista o fato de que "o que importa é a contagem de visualizações".

Acontece que Sia não é uma pessoa real. É uma personagem do webtoon *My Dud-to-Stud Boyfriend* (história de Yerang; arte de Sutggi; 9 milhões de visualizações de página no momento que este livro foi escrito).

Os *webtoons* descendem dos *manhwas*, quadrinhos impressos, e dos diários ilustrados online dos anos 1990. Assim como o K-pop, eles cresceram enormemente em popularidade nas primeiras décadas do novo século, tanto dentro quanto fora da Coreia: até 2018, havia mais de 35 bilhões de episódios lidos, sendo que meio milhão de visualizações por episódio não era incomum para uma série de sucesso. Tradutores comissionados e voluntários os traduziram para mais de trinta línguas estrangeiras até o momento. Surgiram filmes, programas de TV e jogos como *spin-offs*. Como o acadêmico Dal Yong Jin descreve:

> em uma viagem movimentada de metrô para o trabalho, não é difícil encontrar pessoas olhando para seus smartphones ou tablets, rolando rapidamente a tela para baixo para ver o que aparece em seguida. Nas calçadas ou nas cafeterias, a situação é a mesma. Se um sorriso pode ser visto no rosto do usuário, não seria absurdo dizer que ele poderia estar lendo um de seus webtoons favoritos.

Adaptados para serem vistos na web ou por meio de um aplicativo dedicado, os webtoons rolam verticalmente por sessenta ou oitenta painéis por episódio, geralmente terminando em um gancho. Em contraste com o *manhwa* impresso, eles são coloridos, às vezes com a adição de som ou animação. Os gêneros variam de biografia e esportes a ficção de crime e fantasia. Romances e histórias da vida cotidiana conscientemente mundanas são bastante populares, nas quais aparições autorreferenciais da tecnologia e mídia social são comuns: os personagens usam telefones para contar postagens, curtidas e comentários; smartwatches para verificar a frequência cardíaca e duração de exercícios; tablets para acessar músicas, vídeos e notícias e fazer compras, verificar as horas e pagamentos bancários, ler webtoons…

O chamado sistema de incubação, no qual os artistas competem pela atenção do público nas plataformas de webtoons, tem muito em comum com plataformas de mídia social como o YouTube (ou o equivalente fictício NewTube, no qual Sia Yoon é uma celebridade), com comentários, curtidas, contagens de acessos e seguidores. Contudo, tem havido críticas e comemorações sobre esse modelo que reduz as barreiras de entrada — "artista de webtoon" é alegadamente uma das ambições de carreira mais populares entre pré-adolescentes coreanos —, mas concentra as recompensas em uma porcentagem muito pequena de participantes, escolhendo um punhado de vencedores, com base principalmente em sua popularidade, que estão sob intensa pressão para atender as expectativas do público e manter uma agenda exaustiva de novos conteúdos. Assim como a própria Sia, na verdade.

A história de Sia é perfeitamente crível em um mundo digital, em que o que conta é o que você pode contar, ou melhor, o que seus muitos dispositivos podem contar para você. Em que sucesso, popularidade e valor são uma questão de números automaticamente agregados de acessos, visualizações e curtidas. A ressonância entre sua história e a "economia da atenção", na qual os próprios artistas de webtoons trabalham, acrescenta uma camada de riqueza a ela, mas talvez um bocado de desconforto também.

A história de Sia ainda não chegou ao fim (até a edição deste livro), e seus muitos fãs — reais e fictícios — aguardam ansiosamente os próximos acontecimentos. Agora que seu novo namorado está transformado, ambos assumiram posições de fama e liderança social em sua escola, mas também aprenderam rapidamente sobre os custos de explorar as mídias sociais para envergonhar e expor seus inimigos. As postagens patrocinadas continuam, mas também os dilemas; assim como, às vezes, um certo vazio no coração da vida digital de Sia. As fotos de sua festa de aniversário tiveram 10 mil curtidas, mas ela comenta com tristeza que "todos os presentes que recebe, todos os anos, são apenas produtos patrocinados por marcas". De acordo com os criadores de Sia, ainda há anos de conteúdo por vir, e não há dúvida de que ela continuará compulsiva e mecanicamente contando visualizações, curtidas e seguidores, todos rastreados para ela por seus dispositivos e pelas plataformas online nas quais ela se inscreve. Ela é, em mais de um sentido, o produto de uma era digital.

Um mundo digital é aquele em que se conta mais ou menos? O que o futuro reserva à medida que os seres humanos terceirizam cada vez mais suas contagens (e aritméticas) cotidianas para máquinas sofisticadas? É razoável imaginar que a aritmética, e até mesmo a contagem em si, podem eventualmente desaparecer da prática humana, da mesma forma que desapareceu, digamos, a escrita à mão em chapa de cobre? Talvez. Hoje, poucas pessoas com acesso à tecnologia digital fariam mais do que uma aritmética simples, seja mentalmente ou no papel, em vez de pedir a um dispositivo. Poucas pessoas contariam mais do que algumas dezenas de objetos à mão sem terceirizar a tarefa a uma máquina. Quando foi a última vez que você contou mais de cem unidades de qualquer coisa? E mais de dez?

Talvez um dos possíveis futuros da humanidade seja um mundo *pós-contagem*.

7

Contando palavras e mais: a região do Pacífico

Máquinas de contar são outro ramo da história da contagem que corre o risco de parecer *a própria história* da contagem. Suas formas atuais são tão dominantes que ofuscam qualquer outro modo de contagem, passado ou presente. Mas, na realidade, elas são apenas um ramo entre muitos. Continuar a jornada ao redor do globo é encontrar outros mundos de contagens no Pacífico e nas Américas: ricos, distintos e fascinantes.

Caminhe tão longe para o leste e o sul quanto o continente asiático permitir e prossiga. Construa jangadas e canoas e reme ou navegue pelos canais, ilha após ilha. Através do arquipélago da Indonésia, faça curtas passagens marítimas nas quais você possa ver a próxima ilha a partir daquela que acabou de deixar. Em algumas das passagens mais longas, seu destino estará fora de vista, e será uma nova viagem rumo ao desconhecido.

Continue até onde o vento e a água o levarem. Descubra florestas, desertos, atóis estéreis e recifes abundantes. Encontre novos mundos e crie novas maneiras de viver neles. Para o grande continente no sul; para as ilhotas espalhadas mais além. Leve com você sua língua, sua cultura — e suas maneiras de contar.

Do início ao fim, os seres humanos levariam mais de 60 mil anos para povoar o Pacífico.

Não é de surpreender que a Oceania seja o lar de uma enorme diversidade de culturas humanas e, portanto, de maneiras de contar. A história humana extraordinariamente profunda do Pacífico, com suas sucessivas ondas de migração ao longo de dezenas de milhares de anos, dá um sabor particular à história da contagem na região. Eram culturas baseadas nas palavras faladas, não escritas: sua história depende da arqueologia e da memória de línguas e comunidades vivas. Não havia símbolos numéricos, mas sim uma gama extraordinária de palavras e gestos numéricos, de alguns dos sistemas mais simples documentados a alguns dos mais complexos. Essa gama é bem representada pelas línguas faladas atualmente. As línguas da Austrália, faladas pelos descendentes dos primeiros humanos a chegarem ao Pacífico, têm, no geral, sistemas de contagem bastante simples, às vezes consistindo de apenas algumas palavras. Por outro lado, os povos da vizinha Nova Guiné são famosos por rotinas elaboradas que combinam palavras e gestos, e parecem ter se desenvolvido *in situ* ao longo dos últimos milhares de anos. Finalmente, as línguas austronésias, cujos falantes povoaram a Micronésia e a Polinésia ao longo dos últimos 5 mil anos, têm sistemas decimais regulares e podem contar até números extremamente altos, utilizados para a distribuição de alimentos e outros propósitos. Essa é uma região que demonstra o alcance e o poder humano das palavras de contagem como nenhuma outra.

Ayangkidarrba: contando ovos

> Ayangkidarrba (Groote Eylandt), início do século XX. Uma mulher coletou ovos de tartaruga e retorna ao acampamento no início da noite, carregando-os em uma cesta de casca de árvore. Outros caçaram, pescaram, coletaram. Ela divide o monte de ovos contando de cinco em cinco: *awilyaba, ambilyuma, abiyakarbiya, abiyarbuwa, amangbala*...

Groote Eylandt fica a cerca de 50 quilômetros da costa australiana, no lado oeste do vasto Golfo de Carpentária. É uma ilha de 7 mil anos ou mais, e os habitantes originários de seus 2 mil quilômetros quadrados são os anindilyakwa. Colinas, nascentes, rios e, claro, a costa compõem uma rica variedade de habitats, desde florestas até dunas. Tradicionalmente, ela abrigava algumas centenas de pessoas, em uma das maiores densidades populacionais da Austrália aborígene.

A ilha era uma densa rede de lugares identificados: características naturais e recursos controlados por diferentes clãs. O mundo humano era uma rede similarmente densa de relações de parentesco ligando quatorze clãs. Um conhecimento prodigioso do ambiente local permitiu que os anindilyakwa coletassem alimentos que iam de bagas, raízes e frutas, mel silvestre e cocos flutuantes até marsupiais, dugongos, peixes e tartarugas, em um padrão que mudava conforme as estações. Lanças, arpões, bolsas e cestos, ornamentos, instrumentos musicais e até canoas eram todos feitos de materiais locais, incluindo madeira e casca.

Ovos de tartaruga-marinha contados em Groote Eylandt.

Um etnógrafo que visitou o local na década de 1970 descreveu sua visita à mata, naquela época já muito mais rara do que nas gerações anteriores:

> [as pessoas] acordavam com o nascer do sol, ferviam um pouco de chá e comiam algo que sobrou do dia anterior. Depois, saíam para trabalhar pescando, caçando ou coletando até que o sol estivesse diretamente acima de suas cabeças, comendo o suficiente para se sustentarem com o que conseguiram coletar conforme avançavam. No calor do dia, eles dormiam, depois começavam a trabalhar novamente no meio da tarde, retornando ao acampamento no início da noite com a maior parte da coleta do dia, que então preparavam e consumiam comunitariamente. Após isso, às vezes vagavam pelos baixios com uma luz em busca de peixes, ou descansavam em quartetos, ao lado de suas fogueiras, contando histórias, com uma fogueira entre cada par. Depois de algumas horas de sono, eles acordavam novamente, comiam mais alguma coisa, podiam vagar e talvez contar outra história, depois dormiam novamente, acordando ao nascer do sol.

Os anindilyakwa tinham fortes laços com seus vizinhos das ilhas menores ao redor de Groote Eylandt e do continente e importavam certos materiais — sílex, ocre, penas de ema, bambus — em troca de materiais locais e se casavam entre si. E por cerca de duzentos anos, até o início do século XX, eles eram visitados regularmente todo mês de dezembro pelo povo makassar, de Sulawesi, na Indonésia. Distribuídos amplamente nas costas do norte da Austrália, esses visitantes colhiam pepinos-do-mar (cozidos, secos e defumados, serviam como alimento e remédio e eram apreciados no sudeste da Ásia) e também levavam cascos de tartaruga e conchas de pérolas. Empregando esse povo australiano para trabalhar para eles coletando pepinos-do-mar, eles proporcionavam materiais importados como tamarindo e pimenta, tecidos e itens de metal. Eles introduziram a canoa, alguns novos nomes de lugares e talvez quarenta palavras, a maioria para os itens que eles próprios levavam.

A língua própria dos anindilyakwa — amamalya ayakwa —, falada em Groote e nas ilhas menores próximas, provavelmente está relacionada às línguas faladas na costa próxima, mas o longo desenvolvimento separado do continente lhe deu um caráter completamente diferente. As palavras são longas — até quatorze sílabas — e há 32 consoantes distintas. A gramática é uma das mais complexas já documentadas, com substantivos divididos em oito classes, que exigem prefixos diferentes nos verbos e adjetivos correspondentes. Assim como existem as opções singular e plural, também há formas especiais de verbos, substantivos, pronomes e adjetivos para duplos (dois itens) e triplos (três itens, eventualmente quatro).

Enquanto isso, as verdadeiras palavras de contar funcionam de cinco em cinco, com palavras para "um", "dois", "três", "quatro", "cinco", "dez", "quinze" e "vinte". Elas ganham prefixos para concordar com os substantivos que as acompanham, como outros adjetivos na língua. Existem formas especiais para "uma vez", "duas vezes", "três vezes"... e para "de um em um", "de dois em dois", "de três em três"... Às vezes, os gestos dão suporte à rotina de contagem:

> A mão é erguida frouxamente com a palma voltada para a pessoa que conta. Os dedos são reunidos um por um; dedo indicador ao polegar, dedo médio ao polegar, dedo anelar ao polegar e dedo mínimo ao polegar, até que todos os dedos estejam agrupados. Se o número for maior que cinco, os dedos são mantidos juntos, enquanto a contagem continua com a outra mão. Depois de dez, os dedos dos pés são tocados um por um, primeiro em um pé e depois no outro.

Apesar disso, as palavras numéricas não exibem nenhuma relação detectável com os termos para mãos ou pés.

Para que eram usadas as palavras de contagem? Um contexto era a caça: contar o número de pessoas disponíveis para caçar ou o número de animais caçados. Similarmente, o número de guerreiros que saíam para lutar ou retornavam poderia ser contado. Outra possibilidade seriam os cálculos de calendário, e ainda outra, a contagem de recursos alimentares, como ovos. Na verdade, o principal contexto para a contagem no amamalya ayakwa parece ter sido o compartilhamento de alimentos de tamanho médio, como peixes, ovos ou maçãs silvestres.

> Há uma história em Groote Eylandt sobre um cão mítico que sabia contar. A história conta como o animal foi caçar e voltou para sua família com os ovos de tartaruga que havia encontrado. Ele começou a contá-los para poder compartilhá-los (embora a história revele que o cachorro trapaceou escondendo alguns ovos, o que deu início a uma briga!).

Relatos de meados do século XX mostram que eles podiam coletar mais de cem ovos de tartaruga, e o procedimento de contagem — demonstrado a um visitante utilizando uma porção de pedras — mostrou como esses ovos eram contados em porções usando palavras numéricas de base 5.

Os anindilyakwa eram tanto típicos quanto atípicos, em um continente onde a mudança e a diversidade parecem ter sido a norma. A Austrália foi povoada — após uma rápida expansão humana pela Indonésia — há pelo menos 55 mil anos, talvez mais de 65 mil. Naquele período, os níveis do mar eram muito mais baixos; grandes partes do Sudeste Asiático insular estavam conectadas ao continente, como a única massa de terra de Sunda, enquanto a Tasmânia, a Austrália, o Estreito de Torres e a Nova Guiné estavam unidos como Sahul. No entanto, alguns trechos significativos de oceano aberto precisaram ser cruzados para chegar a Sahul: passagens de 20 quilômetros ou mais. Evidências genéticas mostram que houve um pequeno grau de cruzamento com os hominídeos já presentes na Ásia e na Indonésia. Também apontam que o povoamento da Austrália foi essencialmente um evento único, sem nenhuma nova incursão substancial na população aborígene após o período inicial de assentamento. Após isso, as culturas e línguas australianas ficaram substancialmente isoladas por dezenas de milhares de anos.

Tudo isso aconteceu em um enorme período de tempo: como na Idade da Pedra africana, é mais do que tempo suficiente para que palavras, conjuntos de palavras, tecnologias e práticas tenham sido inventadas, esquecidas e inventadas novamente, talvez muitas vezes. Em uma cultura oral, não leva mais do que algumas gerações para que uma palavra ou ideia seja esquecida, não deixando nenhum vestígio de que tenha existido. Claro, é de se esperar certo grau de estabilidade cultural, mas não há razão para que a Austrália fosse um ambiente estático ou um conjunto imutável de culturas. Faixas litorâneas e climas gradualmente em mudança, combinados com a criatividade e inquietação dos seres humanos, fizeram do continente um mosaico mutável de diferentes modos de vida, do norte tropical aos desertos centrais áridos, das costas temperadas do sul às ilhas em submersão e pontes de terra do Estreito de Torres.

A dependência da caça e da coleta uniu o continente, assim como o usufruto de uma ampla variedade de espécies animais e vegetais, desde frutas, sementes e mel silvestre, até marsupiais, peixes e gansos. As ferramentas variavam de arpões e machados, linhas de pesca e iscas, até colheres, bolsas e capas. O fogo era usado para aquecimento e cozimento, mas também para controlar a vegetação e a diversidade de espécies, com algumas espécies de plantas deliberadamente plantadas e replantadas.

Uma tradição de pintura em pedra também se estendeu pelo continente, com uma variedade de estilos regionais; contas de conchas e de ossos eram usadas, e cada tribo tinha suas histórias transmitidas em períodos de tempo desconhecidos. A Austrália também era atravessada por redes de comércio, cada tribo interagindo diretamente com seus vizinhos e indiretamente com as fontes e destinos de bens; histórias e ideias percorriam longas distâncias, tão longe quanto as ilhas do Estreito de Torres e Papua, depois que elas se separaram do continente.

No século XVIII, havia cerca de quinhentas tribos interligadas na rede australiana de comércio e de modos de vida. Elas falavam 240 ou 250 línguas distintas; muitas pessoas falavam duas línguas ou mais. É provável, embora não haja certeza disso, que quase todas essas línguas descendam de uma única ancestral, porém elas foram se alterando durante um tempo enorme, o que facilitou muito o empréstimo mútuo de palavras, sons e estruturas, assim como ocorreram muitas mudanças evolutivas, e nenhuma língua em qualquer outro lugar do mundo pode ser relacionada às línguas australianas.

Como qualquer idioma em qualquer lugar do mundo, cada uma das línguas australianas está no final de um desenvolvimento de dezenas de milhares de anos cujas raízes estão na África da Idade da Pedra. Como suas culturas, elas não são, em nenhum sentido, línguas "primitivas". Seus vocabulários são tão extensos quanto os de outras línguas, e suas gramáticas são, no mínimo, mais complexas que a maioria. Elas tendem a ter muitas consoantes distintas, mas poucas — tipicamente três — vogais distintas. Sistemas grandes ou complexos de classes de substantivos são comuns, assim como certos fenômenos de caso de substantivos que são raros em outras partes do mundo.

É importante saber que as culturas e línguas da Austrália não são "primitivas" nem "relíquias", ao abordar seus sistemas de contagem, e também são distintas em comparação com o restante do mundo. Quando as línguas foram documentadas nos séculos XIX e XX, três quartos delas tinham apenas três ou quatro palavras numéricas. Cinco por cento delas contavam somente até 2, e para outros 20%, foram relatados limites de contagem de 5 a 100. O viés do observador pode ter subestimado a extensão da contagem australiana, assim como o fato de que muitas línguas australianas já estavam bastante alteradas quando suas palavras foram escritas. Ainda assim, em comparação com outras partes do mundo, as línguas australianas mostram uma tendência a limites baixos em sua sequência de contagem de palavras.

As estruturas internas das listas de palavras de contagem mostram uma diversidade impressionante de idioma para idioma. Enquanto uma proporção das línguas australianas não apresenta nenhuma evidência de qualquer sistema de base (um caso mostrou que um conjunto de dezenove palavras de contagem parece não ter nenhuma estrutura interna), a maioria delas estende sua rotina de contagem verbal combinando palavras de contagem menores com palavras maiores. Entretanto, sistemas decimais são raros. Uma lista de dois, três ou quatro números não pode ter uma estrutura de base 10; mesmo as línguas com conjuntos maiores de palavras de contagem são notáveis pela ausência de sistemas decimais. A maioria, de fato, usa 2 como base, embora sistemas com bases 3, 4 ou 5, particularmente, sejam também encontrados.

Em uma reviravolta final, às vezes, algumas das línguas com conjuntos muito pequenos de palavras de contagem parecem tê-las estendido usando gestos, objetos ou marcas de contagem para expressar, registrar ou calcular com números para os quais a língua não tinha uma palavra específica. Relatos em toda a Austrália mostram que certos tipos de tarefas de contagem tendiam a ser realizadas usando os dedos em rotinas como a de Groote Eylandt. Em idiomas cujas palavras numéricas paravam antes do cinco, mostrar uma mão poderia desempenhar as funções do quinto número de contagem.

Os anindilyakwa eram parte de um mosaico complexo de diferentes maneiras de se fazer as coisas: sistemas de números pequenos, sistemas de números grandes, sistemas com ou sem uma estrutura de base, sistemas estendidos ou não pelo uso de gestos. Isso, contudo, não esgota as possibilidades encontradas na Oceania, pois em outros lugares da região do Pacífico, a contagem por gestos atingiu importância e sofisticação ainda maiores.

Oksapmin: contagem de corpos

Planalto central da Papua-Nova Guiné, 2012. Um homem entra em uma pequena loja e compra alguns itens alimentícios usando a moeda local, *kina* e *toea*. Os preços estão escritos em um quadro atrás do balcão.

Ele e o proprietário usam moedas e palavras numéricas para negociar sobre quanto deve ser pago e qual o troco. Também usam uma série complexa e rápida de gestos, apontando para partes do corpo — mãos, braços e cabeça — seguindo uma sequência convencional: os gestos são tão importantes quanto as palavras, talvez até mais. Na verdade, as palavras são simplesmente as nomenclaturas das partes do corpo.

Para somar dois números ou subtrair um do outro, é necessário redirecionar esses gestos de maneira que os ancestrais dos participantes não os teriam reconhecido. Mas ambos os homens terminam a transação satisfeitos e com o número correto de moedas.

No norte da Austrália, sul do equador, a Nova Guiné é a segunda maior ilha do mundo, lar de uma infinidade de espécies, incluindo seres humanos. Foi povoada por humanos há muitos milhares de anos, enquanto ainda estava conectada à Austrália, mas as terras altas centrais permanecem remotas até hoje, podendo ser alcançadas somente por trilhas árduas e algumas pistas de pouso espalhadas para aviões monomotores. Uma geografia acidentada de montanhas, rios e desfiladeiros, bem como guerras internas, contribuíram para o isolamento dos grupos humanos que vivem no local.

Um desses grupos é o oksapmin. Seu território nas montanhas perto do centro da ilha é limitado a oeste pela cordilheira Victor Emanuel (fria o suficiente para matar); ao norte, pelo rio Ok Om (uma travessia de jangada descrita como "muito arriscada"); e ao sul e leste, pelo desfiladeiro Strickland, às vezes comparado ao Grand Canyon: envolve um penhasco de quase 500 metros que deve ser escalado com a ajuda de apoios de madeira para as mãos e os pés. É uma bela paisagem, com vales brilhantes, rios arenosos e fumaça saindo de telhados de palha. Um mosaico de hortas preenche a terra e nuvens enfeitam os picos florestados. O clima é tropical, com estações chuvosas e secas e temperaturas características das terras altas, caindo para 10°C durante as noites mais frias, e atingindo até 30°C nos dias mais quentes.

No estilo de vida tradicional oksapmin, os dias são preenchidos com o trabalho em hortas de taioba e de batata-doce — consertando cercas, eliminando ervas daninhas, colhendo —, além de cuidar de porcos e caçar pássaros e pequenos animais nas florestas. As ferramentas são de madeira, ossos e sílex, acompanhadas ao longo do último meio século por facas e machados de aço importados. As casas são de casca de pândano, cobertas com folhas, e se espalham pelos vales em conjuntos de duas ou três. A população total de falantes de oksapmin foi estimada, na década de 1960, em cerca de 4 mil pessoas; hoje, pode ser mais que o dobro disso.

O comércio era importante para a vida pré-histórica dos oksapmin e seus vizinhos. Eles obtinham machados de pedra, conchas, arcos, sal e tambores — objetos de valor feitos de conchas eram usados como uma espécie de moeda entre os grupos nas montanhas. Os bens podiam viajar centenas de quilômetros, apesar das fronteiras geográficas e linguísticas.

A sequência de contagem oksapmin consiste em gestos direcionados a 27 partes do corpo. Começa em "um" no polegar e se move pela mesma mão até o dedo mínimo ("cinco"), com o dedo indicador da outra mão sendo usado para apontar. Em seguida, continua subindo pelo braço — pulso, antebraço, cotovelo, parte superior do braço, ombro, pescoço, orelha, olho — finalmente chegando ao nariz ("catorze"), atinge o ponto médio da contagem. A contagem então continua simetricamente descendo até o outro pulso, com uma troca de mãos para apontar. Os cinco elementos finais — "vinte e três" a "vinte e sete" — vão do polegar da segunda mão até seu dedo mínimo, o que significa que o fim da sequência não é bem a imagem espelhada de seu início.

Número 6 em oksapmin.

Cada item nesta sequência corresponde a uma palavra falada — *tipana, tipnarip, bumrip, hadrip, hatatah* — que é idêntica ao nome da parte do corpo; o contexto deixará claro se é a parte do corpo ou o número de contagem do que se está falando. Um prefixo (*tan*) é adicionado aos nomes das partes no segundo lado do corpo, para distingui-las daquelas do outro lado. Alguns relatos indicam que as palavras podem ser usadas sozinhas para contar, mas a maioria das descrições do sistema considera os gestos como essenciais.

O ciclo completo termina em 27 — segundo dedo mínimo, *tan-hatatah* — e pode ser denotado pela palavra *fu*. Se for necessário contar um pouco mais, o sistema pode ser estendido; neste caso, não se inicia novamente pelo começo, mas é feita uma volta do dedo mínimo para o pulso da mesma mão ("28"), e prossegue de volta pelo braço. Interpretar as palavras e os gestos resultantes — potencialmente ambíguos — é, novamente, uma questão de contexto.

Um conjunto separado de palavras para os números de um a cinco também existe: as chamadas palavras de contagem conversacional, que não correspondem a nada na contagem corporal. Elas são *tit, yota, yetir, yota yota, hanen* e podem ser combinadas com a contagem corporal, se for necessário mais de um ciclo completo: *tit fu* (um ciclo), *yot fu* (dois ciclos), e assim por diante.

O sistema era bem adequado aos diversos usos na vida tradicional oksapmin, podia ser usado em qualquer situação cotidiana em que se necessitasse saber o número de elementos em um conjunto e servia para contar objetos de valor, como conchas ou porcos, aferir sacos de cordas, indicar um conjunto de posições ao longo de um caminho. No dia a dia, um sistema de contagem de 27 elementos era mais do que suficiente para as quantidades que existiam. Não há evidências de que o sistema tenha sido usado em aritmética, de que alguém tenha aprendido tabelas de adição ou multiplicação utilizando as partes do corpo ou seus termos. De fato, não há evidências de que, na vida tradicional oksapmin, qualquer cálculo aritmético tenha sido feito.

Apesar de ter menos de 10 milhões de pessoas, a Nova Guiné abriga cerca de 850 línguas, um sexto do total mundial. Ela tem uma das situações linguísticas mais densas e complexas do mundo, resultado da migração e miscigenação ao longo de dezenas de milhares de anos, começando com a primeira população na Nova Guiné e na Austrália. A região montanhosa que inclui a área oksapmin abriga vários grupos linguísticos diferentes; o próprio oksapmin é geralmente considerado um grupo isolado, sem parentesco próximo com línguas vivas.

A região também tem provavelmente a coleção mais densa de sistemas de contagem já documentados em qualquer lugar. E contagens corporais como a de oksapmin são típicas da Nova Guiné central, particularmente nas terras altas. Cerca de 15% de seus sistemas de contagem são desse tipo: há dezenas de sistemas de gestos de contagem separados, todos ligeiramente diferentes, e eles eram usados para propósitos tradicionais, como dotes, e para contar objetos de valor, como conchas, porcos e outros bens. Em algumas línguas, eles eram usados apenas em situações especiais, como negociações de dotes ou em festivais (era comum haver um conjunto adicional de "números de conversação", como em oksapmin); outras os utilizavam constantemente, com relatos de indivíduos contando até mesmo coleções de objetos pelo puro prazer de fazê-lo.

Cada um desses sistemas faz gestos em uma trajetória pelo corpo, começando com os dedos de uma mão, prosseguindo pelo braço e, às vezes, pela cabeça, e depois volta pelo outro braço para terminar com o segundo conjunto de dedos. Alguns são simétricos, outros não. Alguns têm um ponto central, como o nariz ou o esterno, fazendo que toda a contagem seja um número ímpar; outros não têm um ponto central e contam até totalizar um número par. Em geral, a metade inferior do corpo não é utilizada. Todos os sistemas usam ou adaptam os nomes das partes do corpo como palavras de contagem, embora tenha sido relatado um grau de dissonância em alguns casos, e sufixos ou outras modificações podem estar envolvidos, a fim de distinguir a sequência de contagem dos nomes comuns das partes do corpo. Muitos sistemas adotam um prefixo ou sufixo especial para distinguir a segunda metade da contagem da primeira. O comprimento da sequência varia bastante. Pelo menos dois sistemas de contagem corporal contam até 47; relatos dispersos sugerem que existiam sistemas que permitiam números ainda maiores. Enquanto isso, o sistema mais curto registrado tem apenas dez palavras e usa apenas um lado do corpo: possivelmente tenha sido truncado de um predecessor mais longo.

De onde surgiu essa maneira de contar? Em retrospecto, parece natural, até mesmo inevitável, estender a contagem nos dedos para a contagem no restante do corpo, entretanto, em nenhum outro lugar do mundo as pessoas contam de forma parecida com as contagens corporais da Nova Guiné. Sistemas semelhantes foram relatados nas ilhas do Estreito de Torres e no sudeste da Austrália, mas são desconhecidos em outros lugares, e parece que são uma invenção da região, provavelmente das terras altas da Nova Guiné. Sugeriu-se que contagens desse tipo derivariam do uso de partes do corpo — comprimentos ao longo do braço, por exemplo — para medir objetos físicos como fios de conchas ou cordas de vime. É bem provável que tenha havido um único sistema ancestral em algum momento, subsequentemente transmitido e transformado pela região. Sugeriu-se uma idade em torno de 9 mil anos, embora existam outras reconstruções possíveis. Certamente as contagens corporais passaram por um padrão complexo de mudanças durante os séculos ou milênios antes da história escrita.

O povo oksapmin foi contactado em junho de 1938 por uma patrulha australiana que viajava pelas terras altas da Nova Guiné central em busca de minerais e de um local para uma estação de patrulha. Dez anos depois, um posto avançado do governo australiano foi estabelecido na área, em Telefomin, a cerca de doze dias de caminhada dos oksapmin. Foi somente na década de 1950 que o contato com as patrulhas ficou regular, e apenas em 1962 um posto de patrulha e uma pista de pouso foram construídos no território oksapmin; uma estação missionária foi aberta dois anos depois. A partir da década de 1960, o governo e a missão abriram escolas na área oksapmin, e essas escolas e o emprego no posto de patrulha introduziram as línguas tok pisin e inglês aos habitantes.

As mudanças culturais resultantes disso foram de longo alcance. Especificamente para o sistema de contagem oksapmin, o aumento do contato com pessoas de fora, a mudança dos sistemas de governo e a introdução do dinheiro forjaram uma série notável de alterações. Os primeiros pagamentos das patrulhas para a população local foram em sal ou fósforos, e há relatos do uso de conchas de búzios como dinheiro no período inicial do contato. No final da década de 1960, os xelins australianos substituíram outros meios de troca (a uma taxa de cerca de um xelim para um búzio).

Nessa época, artefatos oksapmin eram levados para o exterior: um escritor relatou ter visto uma flecha oksapmin à venda na Brentano's Book Store em Nova York, por 15 dólares. Empregos na pista de pouso, na missão e na estação de patrulha se tornaram mais regulares, e surgiram oportunidades em plantações e, mais tarde, em minas, em outros lugares da ilha. A partir da década de 1960, desenvolveu-se uma economia que se baseava no dinheiro, na qual se vendia mão de obra, madeira e vegetais.

A moeda australiana foi decimalizada em 1966, com 100 centavos para um dólar. Mais tarde, precedendo sua independência, Papua-Nova Guiné emitiu uma nova moeda com 100 *toea* equivalendo 1 *kina*, embora os termos *xelim* e *libra* tenham permanecido em uso muito tempo depois de sua retirada oficial.

Enquanto isso, a partir de 1964, a missão administrou uma loja na qual era possível usar moeda para comprar machados e facas, roupas de estilo ocidental, fósforos, bolas, espelhos... "todo tipo de inutilidades e itens desnecessários", nas palavras de um funcionário do governo. Trabalhadores assalariados frequentemente investiam sua riqueza em bens como arroz e peixe enlatado. Alguns abriram seu próprio comércio, e, em 1980, havia mais de cem lojas desse tipo na área, vendendo de tudo, desde alimentos e roupas até sabão e pilhas.

Todas essas mudanças introduziram novas coisas para contar, novas estruturas para contagem determinadas pela sucessão de moedas em uso e uma necessidade de realizar novas operações aritméticas, particularmente no contexto de transações em comércios. No nível mais básico, isso poderia significar contar moedas da mesma forma que outros objetos eram tradicionalmente contados, relacionando-as gesto por gesto com as partes do corpo.

Um par de antropólogos relata que "em 1960, quando xelins e libras australianos eram usados na área oksapmin, uma mulher podia estabelecer uma correspondência um-para-um entre uma sequência de seis partes do corpo (em uma ordem convencional) e 6 xelins e, então, indicar que o valor dos xelins é *pulso*, a sexta parte do corpo na sequência". Problemas de adição poderiam ser resolvidos incluindo dois grupos de moedas na contagem; a subtração seria feita retirando-se fisicamente certas moedas e contando o grupo que sobrou.

No entanto, indivíduos iniciando sua participação em uma economia monetária tiveram dificuldades quando as moedas não estavam presentes: era difícil contar moedas imaginárias e chegar às respostas corretas.

> Algumas pessoas de participação limitada na economia monetária (em 1980) não haviam criado funções de acompanhamento para partes do corpo em composições aritméticas. Em seu esforço para adicionar cinco moedas a sete moedas quando estas não estavam presentes para contar, elas começavam com o antebraço (7), enumerando o cotovelo (8), bíceps (9) e não tinham certeza onde parar.

No entanto, participantes mais experientes criaram novas estratégias. Alguns usaram um subconjunto de partes do corpo para manter o controle do segundo conjunto de moedas a ser contado: em outras palavras, contavam, digamos, do dedo mínimo até o polegar simultaneamente à contagem do antebraço até a orelha. Outros simplificaram esse procedimento ao empregar as *palavras* do dedo mínimo ao polegar, juntamente com os *gestos* do antebraço até a orelha. Por fim, particularmente entre os próprios balconistas dos comércios, surgiu o procedimento chamado de "corpo pela metade", no qual um lado do corpo era usado para "segurar" um número, enquanto o outro lado segurava um segundo número. Ao transferir sistematicamente unidades de um lado do corpo ao outro, a adição ou subtração poderia ser realizada gestualmente, e os resultados, traduzidos para a forma decimal necessária.

A pesquisa mais recente sobre os gestos de contagem oksapmin revela uma tendência marcante de truncar o sistema de contagem em 20, refletindo a importância da libra de 20 xelins e agora da nota de 20 *kina* em transações monetárias. O tradicional "*fu*", que significa "27", ou uma contagem completa foi reaproveitada para refletir isso: não significa mais 27, mas 20 ou, em um contexto monetário, 2 *kina* (ou seja, vinte moedas de 10 *toea*). Alguns falantes estendem o significado de 2 *kina* para significar 2 de qualquer outra coisa, e até começa a significar um sufixo capaz de duplicar cada uma das palavras numéricas da tradicional contagem corporal. As possibilidades de inovações e mudanças parecem ser quase infinitas.

Os sistemas de contagem corporal da Nova Guiné são um lembrete notável da gama de maneiras possíveis de se contar: uma estratégia que parece perfeitamente natural como uma extensão da contagem com os dedos e que não surgiu em nenhum outro lugar na Terra. Mas os oksapmin e outros foram rápidos em inovar em suas maneiras de contar em resposta à necessidade de contar coisas novas em situações novas. Desfazendo o elo entre partes do corpo e palavras, eles deram novos significados a velhas palavras e gestos. É uma imagem impressionante de quão adaptáveis podem ser os sistemas de contagem.

Tonga: contando folhas

Ilha de Tonga, 2007. Uma mulher coleta folhas de pândano para tecer um fino tapete tradicional. Ela coleta folhas de um tipo especial de pândano, o *kie*, e as processa para obter uma cor clara.

> As folhas de kie são cortadas ainda verdes, e as partes afiadas de ambas as bordas e da nervura do meio são retiradas. A maioria das pessoas também as corta ao longo da nervura do meio. Enroladas em pedaços grandes, as folhas são então fervidas durante a noite ou o dia inteiro para ficarem mais moles, porém ainda marrons. Neste ponto, são amarradas em feixes e levadas ao mar.

A contagem de folhas em feixes é tradicional:

> Embora seus métodos possam diferir para números pequenos — alguns contam um por um; outros, em pares —, eles fazem um maço de 20 folhas (*tekau*): o número exato amarrado em um maço para se levar até o mar. Esses maços ou vintenas de folhas são, depois, contados até *tefuhi* ("10-vintenas") e além, se aplicável.

O processo de preparação das folhas continua:

> Perto da praia, uma fileira de varas é cravada no chão, e as pontas de cima são conectadas por uma corda. Os feixes são presos a essa corda, sob o mar na maré alta, e expostos ao sol na maré baixa. Após cerca de dez dias, eles são pegos de volta, enxaguados e enrolados em espirais, que são secas ao sol. Quando estão totalmente secas, as folhas são alisadas, geralmente com um pedaço de metal, e, então, cortadas em pequenas tiras.

Folhas de pândano secando em Tonga.

Finalmente, as tiras são trançadas como tecidos para uma variedade de usos. Os tecidos menores podem ser usados na cintura ou como roupa de cama. O tamanho mais prestigioso, com cerca de 2 metros de largura por 10 metros de comprimento, pode ser um presente de casamento ou para o funeral; talvez ainda para a venda. Quatro ou cinco mil folhas seriam necessárias para um tapete desse tamanho, e este teria de ser feito por uma cooperativa de mulheres, cada uma fornecendo um número igual de tiras. Os melhores tecidos se tornam relíquias de família; a coleção de tecidos finos no palácio é às vezes descrita como as joias da coroa de Tonga e é exibida em ocasiões de Estado. Quando a rainha Salote Tupou III, de Tonga, recebeu a rainha Elizabeth II, do Reino Unido, em dezembro de 1953, ela usou um tecido de 600 anos que também usara em sua própria coroação.

O reino de Tonga consiste em mais de 150 ilhas que se estendem por mais de 800 quilômetros do Oceano Pacífico, em uma área de aproximadamente um terço do caminho da Nova Zelândia ao Havaí. Situa-se na borda ocidental do grande arquipélago conhecido como Polinésia. Seu clima é tropical, com verões quentes e úmidos, invernos frios e muita chuva. O solo é fértil, assim como o oceano. Peixes e mariscos são tradicionalmente importantes, bem como produtos vegetais cultivados em um denso mosaico de campos. Agricultura, pesca e silvicultura constituem grande parte dos empregos da ilha, seus ganhos com exportação e sua alimentação. Por outro lado, poucos animais terrestres fizeram esse caminho através do oceano, e a alimentação de origem animal era tradicionalmente usada para ocasiões especiais, e não para o consumo diário.

Tonga manteve sua independência política e sua herança cultural durante o período de incursões dos séculos XVIII e XIX e continua sendo uma monarquia constitucional, a última monarquia originária remanescente entre as ilhas do Pacífico. A linhagem dos chefes Tu'i Tonga remonta há mil anos.

Cerca de 100 mil pessoas falam a língua tonganesa, que, como muitas de suas irmãs polinésias, incorpora formas distintas de contar. Seu conjunto de palavras numéricas é um sistema decimal perfeitamente regular, com palavras para os números de 1 a 9 (*taha*, *ua*, *tolu*, *fā*, *nima*...) e para as potências de dez até 100 mil (complementadas hoje com palavras em inglês para "milhão" e além). Multiplicação e adição são usadas com regularidade quase perfeita para criar termos para cada número até esse limite.

O tonganês tem palavras especiais chamadas classificadores de substantivos, que acompanham suas palavras numéricas e especificam que tipo de coisa está sendo contada. Distingue-se quatro categorias de substantivos, em linhas gerais: pessoas, animais, objetos pequenos ou feitos à mão e objetos grandes ou naturais. As palavras classificadoras também são flexionadas para marcar a distinção gramatical entre dual e plural: entre duas coisas e mais de duas.

O sistema se torna ainda mais complicado por quatro maneiras diferentes de contar certos tipos de objetos, que envolvem alguns termos distintos para certos números. Pedaços de cana-de-açúcar são contados em pares, com palavras especiais para "par", "dez pares" e "vinte pares". Cocos são inicialmente contados em pares, mas para números maiores, são contados de vinte em vinte e, depois, em duzentos: há palavras especiais para pares, para vinte e pares de vinte, e para duzentos e pares de duzentos. Porções de inhame e folhas de pândano seguem o mesmo padrão de grupos de contagem que os cocos, mas suas palavras especiais são diferentes. Os peixes são contados em pares e a cada vinte, mas não em duzentos.

Todos os sistemas especiais, de fato, combinam o sistema decimal regular com pareamento de objetos e com agrupamento deles em vintenas. O resultado é que certas palavras são reutilizadas em diferentes contextos. *Teau*, por exemplo, significa cem coisas comuns, mas também cem *pares* de palha de cana-de-açúcar ou cem *vintenas* de coco, inhame ou peixe. Realmente, há até mesmo palavras separadas em tonganês para "contar em geral", em vez de "contar um-por-um", isto é, não em pares.

À primeira vista, os sistemas especiais de contagem são desconcertantes em sua complexidade, assim como a decisão de contar certos itens de forma incomum. Os itens em questão são produtos naturais de subsistência; o que eles têm em comum não é sua importância ou abundância, mas seu significado cultural, particularmente no contexto de prestígio, para presentear ou festejar. São produtos que, em certas ocasiões tradicionais, eram coletados em grandes quantidades, apresentados e redistribuídos por chefes e reis. As primeiras descrições sugerem um fluxo frequente de alimentos, em particular, para as cortes dos chefes, e uma redistribuição regular correspondente em ocasiões especiais. Recentemente, aniversários, casamentos e funerais foram marcados dessa forma, com objetos de valor trocados. Ao que consta, a apresentação de certos alimentos ao rei ainda utilizava os sistemas tradicionais de contagem no início do século XXI.

> Uma dessas apresentações ocorreu no final de agosto de 2004, quando Sua Majestade, o rei Taufā'āhau Tupou IV, e vários membros de sua família visitaram Pangai, em Lifuka, Ha'apai, para presidir o Show Agrícola. As exibições e apresentações durante esse show têm uma forte semelhança com a cerimônia dos primeiros frutos, "*inasi*". Tais presentes geralmente incluem pés inteiros de kava, cana-de-açúcar, inhame ou taioba gigante e porcos adultos (*puaka toho*). Peixes, tartarugas, polvos e mariscos gigantes também podem fazer parte do *fakapangai* e, às vezes, adicionam-se cestas de frutas, tecidos de pândano e de tapa (*ngatu*).
>
> Enquanto para objetos maiores, peças individuais podem ser suficientes... outros objetos devem ser apresentados em maços de 20. Especialmente inhame e taioba gigante são exclusivamente ofertados e contados em *kau* (vintenas). Portanto, o mínimo esperado é uma vintena e, se mais do que isso for ofertado, precisa ser em múltiplos de 20.

O tonganês não é um caso isolado nesses aspectos; sistemas semelhantes podem ser encontrados em muitas das quase trinta línguas da família polinésia, incluindo samoano, taitiano, maori e muitas outras. Suas palavras numéricas reais são, em muitos casos, semelhantes, refletindo sua ancestralidade linguística compartilhada. A maioria usa sistemas de numeração decimais e também tem — ou tinha — sistemas de contagem distintos para certos tipos de objetos, com base em diferentes unidades de contagem, como grupos de dois, quatro, dez ou vinte. Em geral, os objetos contados de maneiras especiais parecem ter sido aqueles conectados a práticas tradicionais de produção de alimentos, com banquetes ou rituais, recursos que eram culturalmente importantes e abundantes o suficiente para serem contados em grandes números. Os peixes eram um exemplo frequente, assim como os cocos e os tubérculos, além das matérias-primas para a fabricação de tecidos.

Em Rennell, por exemplo, nas Ilhas Salomão, fala-se uma língua polinésia cuja contagem inclui unidades especiais para bananas, inhame, fruta-pão e taioba. As bananas são contadas em montes de quatro cachos; inhame e fruta-pão; em pares, com dez pares em uma cesta; inhame, em montes de dez (ou oito se forem grandes); taioba, com talos em cestas geralmente de quatro pedaços; talos de taioba, em cachos de cinco, doze ou 22, dependendo do tipo; tubérculos de taioba, em sacos. Cocos, em montes de dez. Folhas de pândano, em rolos de sessenta ou 72. Um relatório fala de um conjunto de 7.600 cachos de bananas, aproximadamente 300 mil bananas no total, quando contadas por esses métodos.

Os exemplos poderiam ser multiplicados. Em Mangareva,

> fruta-pão, folhas de pândano, ferramentas agrícolas e cana-de-açúcar eram contados em pares (*tipau rua*); fruta-pão madura e polvo eram contados em quatro; mas a primeira fruta-pão e os primeiros polvos capturados da estação, que seriam dados como tributo ao dono, eram contados em grupos de oito. Todas as outras coisas (incluindo humanos, mamíferos ou pássaros) eram contadas individualmente (*tipau tahi*).

Em samoano, há unidades especiais para peixes, leitões e cocos, e assim ocorre em toda a família de línguas polinésias. O mesmo é verdade para as línguas mais distantes da família da Micronésia: um sistema decimal no qual muitas das palavras numéricas refletem uma origem comum com as da Polinésia é complementado, em alguns casos, por um sistema de contagem em pares ou em outras unidades.

Assim como muitas das formas de contagem do mundo, as palavras numéricas polinésias estão sob pressão. Palavras emprestadas de outras línguas, como o inglês, tendem a entrar no léxico e substituir termos para os números maiores. A experiência com símbolos numéricos em um sistema posicional resulta em palavras numéricas faladas sem usar o sistema decimal tradicional completo, mas nomeando os dígitos únicos: dizendo "dois sete quatro três" como equivalente a 2.743, por exemplo. As partes mais complexas dos sistemas tradicionais são, portanto, sistematicamente perdidas: os sistemas especiais de contagem não são mais aprendidos e as pessoas fluentes neles se tornam cada vez mais raras. Os linguistas relatam que aqueles que conhecem os sistemas antigos não concordam mais sobre como eles funcionavam: "Alguns não o utilizam e nem mesmo se lembram dos sistemas tradicionais, enquanto outros generalizam demais algumas das estratégias de contagem." No entanto, como muitas atividades humanas, os sistemas tradicionais de contagem polinésios eram bem adaptados aos propósitos para os quais serviam e merecem ser compreendidos e lembrados, mesmo que não sejam mais praticados no futuro.

As complexidades dos sistemas de contagem tonganeses e de seus vizinhos e parentes linguísticos levanta a questão de como as coisas se tornaram assim. A arqueologia testemunha que um grupo de navegadores do sul da China se dispersou cerca de 6 mil anos atrás. A evidência linguística — da família de línguas chamada austronésia — conta a mesma história. Essas pessoas se espalharam primeiro para Taiwan e, depois, para as Filipinas. Mais tarde, para a Malásia, Indonésia, Madagascar e para o leste através do Pacífico. Elas devem ter deixado a Austrália totalmente para trás (apesar do confuso nome moderno "austronésio" para a família linguística) e ter se estabelecido apenas nas partes mais costeiras da Nova Guiné, no entanto, povoaram todas as ilhas menores. Desde cerca de 3 mil anos atrás, elas se movimentaram sucessivamente pela Polinésia Ocidental e Central e pela Oceania Remota. Os limites de sua viagem foram a Ilha de Páscoa, o Havaí e a Nova Zelândia. O último grande arquipélago foi colonizado há cerca de setecentos anos. Uma consequência dessa rápida dispersão por muitas ilhas é a ampla diversificação de suas línguas: a família austronésia representa cerca de um quinto das línguas vivas.

Eram um povo aventureiro, seguindo o caminho dos ventos para encontrar pequenos pedaços de terra em um vasto oceano. Eles cultivavam, comercializavam, deixavam as ilhas habitáveis introduzindo plantas como taioba, inhame, batata-doce, banana, coco, cana-de-açúcar, kava, e também levaram consigo alguns animais, como aves, porcos e cães. E suas palavras.

As palavras numéricas protoaustronésias, usadas por aqueles que deixaram a parte continental leste asiática há 6 mil anos, podem ser reconstruídas com confiança (*a-sa, dusa, telu, sempat, lima*...), e parece certo que seu sistema de contagem era decimal regular. Não está claro até quanto eles contavam, mas os primeiros a chegar na Polinésia certamente tinham uma palavra para "cem", enquanto o próprio protopolinésio tinha palavras para até 10 mil, possivelmente até um milhão. Um sistema decimal com um grande intervalo é antigo nesta parte do mundo, embora as palavras para as maiores potências de 10 pareçam ter se desenvolvido independentemente em diferentes ilhas, de acordo com a necessidade.

Parece certo que esses grandes números de contagem surgiram no contexto da coleta e distribuição de recursos em festas e rituais: um culto de oferenda pública, no qual quanto mais um chefe tinha a oferecer aos deuses e ao povo, maior seu status. "Em Lamotrek e Fais, nas Carolinas Centrais, por exemplo, grandes quantidades de peixes til eram regularmente distribuídas entre as aldeias de acordo com proporções fixas, e em Woleai, há um caso documentado de redistribuição de mais de 12 mil cocos localmente durante um funeral." Na verdade, não é tanto o acúmulo de recursos, mas sua redistribuição ordenada que realmente requer uma habilidade de contar eficientemente até números altos.

Quanto ao uso de sistemas especiais de contagem para contar certos itens, sua origem parece estar ligada ao uso de palavras classificadoras nessas línguas. Muitas das línguas micronésias e algumas das polinésias, como o tonganês, categorizam substantivos em até algumas dezenas de classes. Comparado com as quatro classes nominais de tonganês, por exemplo, o samoano tem quinze, o trukese e o kiribati têm noventa, cada um com sua própria palavra classificadora. Essa característica dessas línguas é certamente também antiga, presente no ancestral protopolinésio, se não antes.

Algumas dessas palavras classificadoras não apenas especificam o tipo de coisa contada, mas também a unidade em que é contada: não bananas ou cocos, mas cachos de bananas e cachos de cocos. Parece bastante provável que essa tenha sido a origem dos sistemas especiais de contagem. Em contextos em que era necessário contar grandes números de objetos com precisão, a tarefa era simplificada adotando-se um classificador que especificava que não se estava contando itens únicos, mas conjuntos: às vezes, pares, dezenas ou vintenas. Essa técnica efetivamente estendeu o alcance da contagem verbal sem a necessidade de se inventar novas palavras numéricas.

A Oceania tem uma das histórias mais longas, complexas e multifacetadas de assentamento humano de qualquer região fora da África. A dependência tradicional de seu povo das palavras para transmitir ideias e culturas a torna uma vitrine do que as palavras podem ser e fazer. As práticas de contagem da Oceania são sofisticadas, criativas e perfeitamente adequadas aos propósitos que serviam. Elas são a melhor evidência do que a contagem com palavras pode alcançar e a gama inesperada de maneiras pelas quais isso pode feito. As línguas polinésias não teriam ficado sem números como ficou o YouTube. Os oksapmin demonstraram uma notável inventividade e flexibilidade ao elaborar procedimentos aritméticos usando seus gestos numéricos em contato com ideias modernas sobre dinheiro e pagamento. E os povos da Austrália tinham todas as palavras numéricas de que precisavam para seus modos de vida ricos e diversos ao longo de dezenas de milhares de anos.

Mais além no globo, nas Américas, o quadro é diferente em todos os aspectos. Esse conjunto de continentes tem o menor período de ocupação humana do mundo e talvez a mais diversa gama de formas de contagem.

8

Panorama: contando nas Américas

Os humanos chegaram à América do Norte quando o gelo começou a recuar, há 14 mil anos, talvez mais. Eles cruzaram a pé, possivelmente também com a ajuda de embarcações, sobre o que é hoje o estreito de Bering, da Sibéria ao Alasca.

Eles encontraram um imenso continente: um quarto da terra habitável do planeta estendendo-se por quase 16 mil quilômetros de norte a sul. Ao longo de centenas, talvez milhares de anos, as pessoas se espalharam pela costa e para o interior, povoando as Américas do Norte, Central e do Sul, a última grande massa de terra a ganhar uma população humana permanente. E criaram um rico mosaico de culturas e línguas.

Por volta de 1500 EC, havia mil línguas nas Américas. Elas não se agrupam em um pequeno número de grandes famílias, como as línguas da África, Europa e Ásia, mas em um grande número de famílias pequenas e não relacionadas. O mesmo acontece com as práticas de contagem americanas. Quase tudo que pode ser encontrado no restante do mundo também se encontra neste continente: de simples objetos de contagem e contas em cordões a elaborados sistemas de palavras e símbolos numéricos, em uma densa colcha de retalhos de práticas não relacionadas ou apenas remotamente relacionadas.

Assim, este capítulo é algo como uma recapitulação. Os últimos cinco capítulos seguiram a contagem ao redor do mundo, da África e do Crescente Fértil, passando pela Europa e Índia, até o Leste Asiático e o Pacífico. Este capítulo segue pelas Américas, do Alasca à Amazônia. Segue o caminho dos primeiros humanos a pisar no continente, de norte a sul, e conta não uma história, mas muitas. Pois neste continente, que é um microcosmo da diversidade cultural do planeta, o ato de contar também exibe tanta amplitude, diferença e surpresa quanto em todo o restante do mundo.

Yup'ik: contando jogos

Escavaram do solo congelado da baía de Kuskokwim, no oeste do Alasca, um feixe de 38 palitos de madeira iguais: palitos de contagem usados em um jogo, com bastante certeza. Hoje, eles estão armazenados no museu em Quinhagak com muitos milhares de outros achados do mesmo local.

Conjunto de palitos de contagem de Nunalleq.

> Esta descoberta foi feita... em um piso fino carbonizado de uma casa, sob uma parede. O piso desta casa é feito do [solo] natural, o que representa uma das primeiras atividades a ocorrer no local. Perto dos palitos de contagem, havia uma grande colher de pau e os restos de uma grande panela de barro. Isso e a evidência de fogo nos fazem pensar que essa poderia ser uma área para cozinhar — mas o que peças de um jogo estariam fazendo na cozinha?

O Ártico americano tem sido há muito tempo local de movimentos populacionais complexos, impulsionados pelo menos em parte por seu clima em constante mudança. Há cerca de mil anos, um grupo conhecido hoje como cultura Thule apareceu na área do estreito de Bering, no norte do Alasca. Eles se expandiram pela costa oeste até o arquipélago de Kodiak e o Golfo do Alasca, e para o leste através do norte do Canadá e para a Groenlândia, absorvendo ou substituindo as populações existentes. Seus descendentes vivem na região atualmente e são conhecidos agora como o povo yup'ik.

A vila de Agaligmiut foi ocupada no final do século XIV; ficava na baía de Kuskokwim, perto do oceano e da foz do rio Arolik. Naquela época — a Pequena Era do Gelo —, as temperaturas eram um pouco mais frias que hoje, mas este local não era o alto Ártico: os dias nunca eram mais curtos do que cinco horas, e havia três meses de verão em que as temperaturas podiam ultrapassar os 25° C.

Toda a região de Yukon–Kuskokwim é um delta do tamanho de um estado: uma ampla planície pantanosa atravessada por riachos e valas, densa e com cursos de água. As fozes dos rios mudam, e a costa sofre erosão. Uma única tempestade pode mudar o litoral, tornando-o irreconhecível. É uma rica paisagem de tundra e abriga algumas das maiores populações de aves aquáticas e peixes do planeta. Em certos dias, os gansos bloqueiam o sol.

O local da vila foi escolhido por seu acesso a essas riquezas naturais: focas na costa, salmão no rio e caribu na terra. A casa principal foi ampliada, remodelada e revestida com novo piso em diversas ocasiões. Inicialmente escavada profundamente no solo, em sua fase final, por volta da década de 1670, a casa tinha pelo menos três entradas separadas, com longos corredores e seis ou mais cômodos laterais.

O modo de vida do povo era estritamente adaptado aos recursos do local. Eles usavam madeira e chifres para fazer ferramentas, armas, peças de jogo, máscaras, peças de caiaque e flechas. As cestas eram feitas de capim; as roupas, de pele e couro; e outros recipientes eram feitos de barro cozido. Os yup'ik capturavam a fauna da terra, do rio e do mar com arcos, arpões e redes, e eles se concentravam na costa, mas talvez também fizessem excursões para acampamentos de caça e captura no interior durante parte do ano. Cães puxavam seus trenós.

Esse era um estilo de vida amplo e flexível, capaz de se adaptar a mudanças quando um recurso não se encontrava disponível, passando a se apoiar mais fortemente em outro. Assim, durante o período mais frio do século XIV, diminuiu a quantidade de peixes, e as pessoas passaram a consumir uma proporção maior de carne de caribu, cachorro e foca. Contudo, não há evidências de que tenham passado fome, mesmo nos anos mais frios. Por outro lado, há evidências claras de guerras em grande parte do Alasca durante os anos 1700 — possivelmente tenham começado muito antes —, e uma sugestão para sua causa é a escassez de recursos e talvez a competição pelos locais mais ricamente dotados, como a baía de Kuskokwim. Aconteceram ataques, emboscadas e a destruição de vilas inteiras. A própria Agaligmiut foi incendiada em um ataque ocorrido em algum momento nos últimos anos do século XVII.

Hoje, os habitantes da área chamam o local deserto de "Nunalleq", a antiga vila. Agaligmiut pode, na verdade, não ser o nome original da vila: alguns dizem que o elemento "Agalik" se refere ao termo local para cinzas.

Uma combinação de etnografia e achados arqueológicos — como o conjunto de palitos de contagem descritos anteriormente — revela que este era um mundo no qual números e contagem estavam ricamente trançados. Jogos de habilidade são frequentemente mencionados em descrições do estilo de vida yup'ik, incluindo jogos de dardos como um observado na década de 1890. Um bloco de madeira de cerca de 15 centímetros de comprimento foi cortado em um cilindro, alargado em uma extremidade e apontado na outra. Plantado no chão, ele formava um alvo circular entre 5 e 7 centímetros de diâmetro, com um buraco profundo feito em seu centro. Os jogadores se reuniam ao redor dele, sentados de pernas cruzadas no chão. Eles repassavam um pequeno dardo de madeira, com o qual cada jogador tentava acertar o buraco no topo do alvo. Por perto, havia "uma pequena pilha de palitos curtos, de tamanho uniforme, usados como peças de contagem". Um jogador bem-sucedido pegaria um desses palitos e também faria uma segunda tentativa de acertar o alvo com o dardo. Quando todos os contadores acabassem, o jogo terminaria, "os jogadores contavam e aquele que tivesse mais palitos [seria] o vencedor".

"Normalmente, este jogo é praticado por homens, mulheres ou crianças meramente como passatempo", escreveu um observador, "mas às vezes pequenos artigos são apostados. É uma fonte de bastante diversão para os jogadores, que brincam e riem como crianças em idade escolar das jogadas ruins uns dos outros". De fato, de acordo com a tradição local, a queima de Agaligmiut foi um ato de vingança provocado por um ferimento durante um jogo de dardos.

Outros jogos de arremesso de dardos eram praticados, incluindo arremessar em uma vareta plantada verticalmente no chão: dez palitos de madeira eram usados para manter a pontuação e determinar qual time teria vencido. Em outros jogos, os palitos podiam ser tanto peças de contagem quanto parte da jogada em si:

> Um maço de 50 a 75 pequenas talas quadradas de madeira, com cerca de 10 centímetros de comprimento e um pouco mais largas que um fósforo, é colocado em uma pequena pilha transversal nas costas da mão direita estendida de um jogador. Este, então, remove sua mão rapidamente e tenta agarrar os palitos que caem entre o polegar e os outros dedos, mantendo ainda a palma para baixo. Se um ou mais palitos caírem no chão, é um erro e o próximo jogador tenta. Toda vez que um jogador consegue pegar todos os palitos, ele deixa um deles de lado como uma contagem até que todos acabem. Quando cada jogador conta, aquele que tem o maior número de palitos é o vencedor.

Os palitos também poderiam ser usados de maneira similar ao atual jogo de palitos: eles eram empilhados, e cada jogador era desafiado a remover um palito sem mover os outros. Mais uma vez, os palitos funcionavam como contagem: o jogador com mais palitos no final seria o vencedor. É claro que nem todos os jogos eram numerados da mesma forma; os jogos com bola envolviam contagem de pontos, mas jogos de força como luta livre ou cabo de guerra, ou testes de velocidade como corridas a pé ou de caiaque, não eram pontuados assim.

Da mesma forma, nem toda contagem era um jogo. Contagens de animais capturados na caça eram gravadas em marfim ou dente de baleia, seja com marcas retas simples, seja com representações incisivas dos animais em questão: morsas, ursos, gansos. Um belo exemplo remanescente é um conjunto de cabeças de pássaros esculpidas em uma caixa, possivelmente outra forma de contar a caça.

E ainda mais particularmente, alguns caçadores eram tatuados com — entre muitas outras marcas e desenhos — contagens dos animais que capturaram durante a vida: caribus ou, em comunidades onde era possível caçá-las, baleias. Os cabos dos arpões eram supostamente marcados da mesma forma, para denotar números de animais mortos ou a passagem do tempo, de acordo com um relato de uma comunidade inuit mais ao norte. Em um conto sobre um grupo de inuits perdidos no gelo:

> "Quanto tempo demorou", perguntei, "desde o momento em que foram levados pelo mar até chegarem à sua terra natal novamente?" "Dez verões e dez invernos foram os números dos entalhes que Comock cortou no cabo do seu arpão", respondeu Nanook.

Da mesma forma, esculturas de marfim de vários formatos às vezes eram equipadas com braços removíveis, para que um braço pudesse ser inserido em cada dia da semana, formando assim um calendário de contagem.

O povo yup'ik também contava em palavras. A língua de Agaligmiut era o yup'ik central da área de Yukon e Kuskokwim. O grupo de cinco línguas yup'ik, das quais essa é uma, era falado em todo o Alasca e no Extremo Oriente Russo; seu irmão inuit é falado mais ao norte, no Canadá, norte do Alasca, e na Groenlândia. Juntas, as línguas yup'ik e inuit — com as línguas aleúte do arquipélago Aleuta — formam uma das poucas famílias linguísticas realmente grandes do continente norte-americano, chamada esquimó-aleúte.

As palavras numéricas yup'ik correspondem aproximadamente a uma prática de contagem de gestos nas mãos e nos pés: do polegar esquerdo ao dedo mínimo esquerdo, continuando do dedo mínimo direito ao polegar direito e, depois, similarmente, pelos dedos dos pés da direita para a esquerda. A expressão para "cinco", *tallimat*, deriva da palavra *taliq*, para "braço". Dez, *qulit*, parece significar "topo", isto é, os dígitos da metade superior do corpo. A palavra para vinte, *yu-i'-nik*, significava "um homem está completo".

Até vinte, a contagem era de cinco em cinco, embora com algumas irregularidades, de modo que as expressões para nove e dezenove significavam literalmente "quase dez" e "quase vinte". Objetos para contagem parecem ter sido regularmente agrupados em grupos de cinco. Além disso, o sistema funcionava de vinte em vinte, com o múltiplo de vinte dado primeiro, seguido pelos números extras. Uma situação em que as palavras numéricas maiores eram particularmente importantes acontecia quando armazenavam e contavam peixes.

No início do contato com pessoas de fora, uma palavra para "mil" foi adotada do russo — *tiisicaaq* — e sua metade foi usada para denotar quinhentos, complicando ainda mais o sistema para números maiores. Durante o século XX, as formas das palavras também mudaram gradualmente, obscurecendo a relação com as partes do corpo e, no geral, deixando o sistema mais regular, com uma base de 5 para números baixos e uma base de 20 para números maiores. Hoje, o yup'ik central tem mais de 25 mil falantes, e suas palavras numéricas nesta forma provavelmente sobreviverão no futuro.

Após sua derrota, Agaligmiut foi redescoberta. Mudanças na linha da costa levaram a vila queimada e enterrada a ser erodida pelo mar, e seus artefatos foram surgindo em uma trilha ao longo da praia: "pedaços de madeira lascados, estacas afiadas e fragmentos de casca de bétula cortada, finamente distribuídos entre destroços mais modernos ao longo da linha da maré alta." O próprio terreno emergiu do solo: "Projetando-se dos solos escuros, havia fragmentos de hastes, pedaços de tigelas de madeira curvada e vigas de madeira talhada de choupanas desmoronadas." A partir de 2009, o local foi escavado por arqueólogos com o consentimento e a participação da população local em Quinhagak. As condições frias e secas fizeram que artefatos de madeira, ossos e chifres — e até mesmo grama trançada — sobrevivessem em quantidades impressionantes, e alguns ainda tinham vestígios de tingimento, apesar de séculos no solo.

O conjunto de 38 palitos de contagem foi escavado em julho de 2018. Como eram usados? Há muitas possibilidades. Talvez para um jogo de dardos, ou para relatar números de animais capturados, ou, ainda, manter o controle dos dias. Talvez tivessem mais de um tipo de uso ao longo dos anos, pois eles testemunham um mundo ártico no qual a contagem fazia parte da vida cotidiana; no qual os números, como em outras épocas e lugares, eram algo para manusear, segurar e manipular.

Pomo: contando custos

> Pegue uma concha de molusco (vazia). Esfregue a áspera superfície externa, use uma pedra para quebrar a concha em discos rústicos e lasque quaisquer pedaços pontiagudos com uma lâmina de quartzo. Os discos resultantes podem ter cerca de um centímetro de diâmetro, e, se tiver cuidado, você poderá fazer até quarenta discos com uma única concha.
>
> Em seguida, faça um furo em cada disco com um implemento muito parecido com uma broca aquecida: um eixo de madeira, com ponta de quartzo ou sílex, girado em alta velocidade por uma corda esticada. Esta é a parte mais especializada do trabalho, e tabus rodeiam aqueles que o realizam.
>
> Em seguida, agrupe as contas escolhendo um conjunto do mesmo tamanho aproximado e enfiando meia dúzia delas em brotos de salgueiro. Role-as à mão em uma placa de arenito lubrificada com água, para remover quaisquer arestas ásperas. (A combinação de cal e água enrugará e marcará as mãos, de modo que um fazedor de contas pode ser reconhecido à primeira vista.) Também é possível fazer um polimento final com pele de veado.
>
> Por fim, enfie as contas em filamentos de grama, formando cordões de até duzentas. Elas serão armazenadas em cestos ou sacos de couro, ou até mesmo enterradas, para mantê-las seguras.

Os Pomos viviam onde hoje é o norte da Califórnia, na costa do Pacífico e, aproximadamente, até 150 quilômetros para o interior. Era, e ainda é, um terreno diverso, com campo aberto à beira-mar, mas há montanhas com cinturões de floresta, vales esparsamente arborizados e lagos. Três mil quilômetros mais perto do equador do que a terra natal ártica dos yup'ik, era rica em recursos naturais, algo próximo do ideal para um estilo de vida de caçadores-coletores. O clima era, em geral, muito ameno, e a precipitação era frequente, mas não excessiva. Seca e fome, embora conhecidas, eram raras, e a área, em tempos históricos, sustentava mais de 8 mil pessoas. As estimativas da primeira habitação humana na área variam até 9 mil anos antes do presente.

Conchas monetárias pomo.

O nome "pomo" reúne os falantes de sete línguas relacionadas. Eles viviam em pequenos grupos ou bandos, e suas aldeias contavam com centenas de pessoas, além de acampamentos de caça e pesca mais ou menos temporários. Seus alimentos eram pães de bolotas do carvalho, nozes, sementes, bulbos e raízes, assim como mamíferos, pássaros e, para os habitantes da costa, moluscos. Pescavam truta e salmão em rios e lagos utilizando lanças e redes e coletavam amêijoas e mexilhões do mar. Caçavam veados e outros grandes mamíferos, com arco e flecha, e capturavam coelhos e esquilos. Grande parte do mundo deles era feito de madeira: saias de casca de árvore desfiada, jangadas de troncos. As casas eram construídas com placas de casca de sequoia e madeira. Suas cestas trançadas são famosas até hoje. Como ornamentos, eles tinham contas, além de penas e tatuagens.

Na região da Califórnia, os humanos começaram a fazer contas logo depois que a povoaram. Com o tempo, diferentes grupos utilizaram várias espécies de moluscos para retirar suas conchas: abalones, amêijoas, conchas dentes-de-elefante e as chamadas *Olivellas minutas*, entre outras. Parecem ter sido os chumash nas ilhas do canal de Santa Bárbara quem primeiro fizeram contas de conchas em quantidade, e os povos do continente inicialmente as obtinham por meio do comércio. Suas contas de conchas de *Olivellas* foram, de fato, um dos primeiros objetos a ser comercializados em longas distâncias na América do Norte; elas aparecem no Deserto de Mojave em datas muito antigas. No entanto, com o tempo, grupos do interior também se tornaram fabricantes de contas de conchas. No início, eles negociavam para obter as matérias-primas:

> Wokox, o informante pomo do sudeste, disse que antigamente as conchas de moluscos... eram obtidas principalmente por meio do comércio. Os indivíduos raramente iam atrás das conchas por medo de problemas com os povos ao longo da extensa rota... Os miwok da costa, de Bodega Bay, vendiam as conchas para o povo do rio Russo, que, por sua vez, as vendiam para os wappo da região de Middletown; estes, para os miwok do lago, do Vale do Coyote, e os miwok do lago as vendiam para os pomo do Sudeste.

Porém, depois que o contato com os brancos afetou os miwok da costa e reduziu sua população, certos grupos pomo começaram a fazer jornadas, uma ou duas vezes por ano, para Bodega Bay para eles próprios coletarem conchas de moluscos — assim como algas, sal e frutos do mar. A jornada era de mais de 100 quilômetros e podia levar até três ou quatro dias, envolvendo a maioria ou todos os adultos disponíveis na comunidade. As amêijoas eram escavadas usando um pedaço de pau para fazer um buraco, de onde era puxada manualmente; até 45 quilos de conchas podiam ser levadas por pessoa para casa.

No final do século XIX, os pomo eram os principais fornecedores de contas para a Califórnia central, em que os yuki, miwok do lago, wappo e wintu as recebiam por meio de troca ou doação. A fabricação de contas era um ofício especializado: a maioria dos homens fazia algumas contas, mas alguns faziam em maior quantidade.

Alguns relatos dizem que aqueles que perfuravam as conchas estavam sujeitos a tabus, como acordar cedo, trabalhar fora de casa ou se abster de carne.

Em princípio, esses californianos usaram suas contas como ornamentos, notavelmente como adereços pessoais: pulseiras, pingentes, colares e brincos. Descrições do período histórico falam de pulseiras largas feitas de contas finas, bem como elaborados colares e pingentes pendurados até os joelhos. Havia cintos de contas de até 20 centímetros de largura e mais de um metro de comprimento. Palitos de nariz podiam ter fios de conchas de abalone pendurados. As contas também eram usadas para decorar objetos como cestas e bolsas, juntamente com vívidas penas vermelhas de pica-pau. Para as cerimônias, quantidades especiais de decoração de contas podiam ser usadas, incluindo cintos ornamentados especiais e redes de cabelo. A figura do "médico-urso" usava cordões de contas e cintos como parte de sua vestimenta.

Contas — e suas quantidades — podiam denotar prestígio, bem como enriquecer uma pessoa; é relatado que um líder pomo podia designar um sucessor transferindo certa quantidade de contas. Em algumas partes da Califórnia, a herança de contas de concha era tratada com muito cuidado. Em alguns casos, podia-se acumular grandes quantidades; fotografias de pessoas do rio Bear no século XIX mostram indivíduos usando 10 metros ou mais de cordões de contas, totalizando bem mais de mil pedaços de conchas.

No século XIX, era comentário frequente entre os pomo e seus vizinhos que as contas serviam principalmente como meio geral de troca. Seu uso não era restrito a classe ou sexo nem limitado a quais objetos ou serviços poderiam ser comprados ou vendidos. Elas eram utilizadas para pagar comida e objetos, pagar médicos, xamãs e cantores; eram trocadas durante negociações de casamento e para quitar dívidas de sangue. Um veado custava 1.200 contas; um arco feito à mão, 2.000 ou mais.

Assim, as contas se tornaram dinheiro. A Califórnia é um dos relativamente poucos lugares no mundo em que se inventou dinheiro de forma independente — artefatos usados para armazenar e trocar valor —, e não está perfeitamente claro quando ou sob quais condições a inovação ocorreu.

As estimativas variam de cerca de 800 a quase 2 mil anos antes do presente, e existem várias teorias sobre a combinação de fatores que levaram ao desenvolvimento do dinheiro neste lugar e tempo em particular. Uma visão é a de que o aumento da densidade populacional e, possivelmente, a variabilidade ambiental tenham dificultado ainda mais que o normal que grupos humanos obtivessem os recursos de que precisavam, seja diretamente, seja por escambo com seus vizinhos. Nesse cenário, o dinheiro permitiu transferir recursos entre grupos que não estavam dispostos a contrair dívidas uns com os outros. Ao facilitar a troca, melhorou-se a eficiência geral com que os recursos poderiam ser coletados do ambiente. O fato de as contas já existirem em grande número — e serem portáteis e duráveis — fez delas uma escolha natural para esse novo uso.

As festas comerciais forneciam um sistema para trocar contas pelo excedente de alimentos de uma aldeia e ilustravam bem a função que o dinheiro exercia ao suavizar as variações de recursos ao longo do tempo e do lugar. Por exemplo, uma aldeia com excedente de peixes ou bolotas podia convidar outras aldeias para uma festa comercial, definindo os termos em que o excedente seria trocado por dinheiro de conchas. Os convidados não tinham escolha quanto ao preço pago. Após as cerimônias iniciais,

> o chefe anfitrião dividia as [contas] apresentadas em cordões de centenas. Ele as colocava no chão em um local combinado, depois que os chefes tinham acertado em conselho a quantidade de produtos que estavam dispostos a dar em cada cordão... Depois disso, os diversos representantes familiares do grupo vendedor iam até seus respectivos estoques e cada um trazia medidas de produtos no valor de um cordão. [Cada doador] pegava o cordão de cem contas ao qual tinha direito.

O processo continuava enquanto durasse o excedente de comida — ou as contas—, após o chefe dos convidados dividir a comida entre seu povo.

Havia, de fato, dois ou até três padrões de contas monetárias nesse sistema. Os discos de conchas comuns eram a unidade de menor valor; acima deles, havia contas feitas da ponta de conchas, com aproximadamente o mesmo diâmetro das contas comuns, porém mais longas, cilíndricas. Não mais do que quatro podiam ser feitas de uma única concha, e elas valiam de vinte a quarenta discos de contas. No topo da escala, estavam as contas de magnesita, mineral que precisava ser minerado e era comercializado entre os povos. Tinha de ser preparado de forma semelhante à concha, mas inevitavelmente envolvia mais trabalho: depois de torrado, era moído, furado e, finalmente, assado e polido. Uma única peça podia ser avaliada em 800 contas de concha. De cor vermelha e amarela, assim como a concha, tinha uma função decorativa e também era valorizada em trocas.

Muitas tribos californianas mediam as conchas monetárias, em vez de contá-las. Os miwok centrais, por exemplo, mediam as cordas por *lua*, a distância do mamilo ao polegar e indicador de um braço estendido. Outros usavam marcas de referência tatuadas no corpo para padronizar os comprimentos. No entanto, os pomo e outros povos na Califórnia central contavam as contas usando palavras. Como resultado, eles ganharam uma reputação pela sua facilidade em contar até mesmo as dezenas de milhares.

De fato, os pomo tinham um conjunto especial de palavras de contagem para lidar com as contas. Sua maneira normal de contar era em dezenas, mas dividiam as contas em grupos de quatro; dois quartetos faziam (na língua pomo oriental) um *wedi*. Dez *wedi* eram chamados de "um valioso" (às vezes, um palitinho de contagem era usado para representar esse número de contas). Oito "valiosos" eram a próxima unidade: *dan ba'a*. Vinte *dan ba'a* é normalmente citado como o limite do sistema: *ethekai ba'a*, ou 12.800 contas. Depois disso, o ciclo seria repetido se houvesse necessidade de contar ainda mais contas.

Apesar dos milhares e dezenas de milhares de contas relatadas como tendo existido, trocadas, contadas e medidas, elas sobreviveram ao período histórico em menor quantidade do que se poderia esperar. Contas foram oferecidas, sacrificadas e destruídas em uma variedade de ocasiões: quantidades particularmente grandes foram destruídas em funerais. Enquanto alguns grupos pomo permitiam que bens fossem herdados, outros insistiam na queima de metade — ou mesmo todos — dos bens do falecido: casa e tudo, em alguns casos. Além disso, ofertas funerárias também eram feitas por parentes e amigos, frequentemente na forma de contas.

A cremação com o rosto para baixo, de bruços, em uma pira em um poço raso, era a maneira normal de se desfazer do corpo humano. A prática variava em detalhes, mas o cadáver podia ser enrolado em fios de conchas ou praticamente enterrado sob contas soltas de conchas antes de ser queimado. Em algumas tradições, uma dispersão final de contas cobria as cinzas após o término da cremação. Como disse um informante, "dois funerais em um mês, semana após semana. É para onde vão todas as minhas boas contas."

O uso de contas monetárias continuou até o período em que os pomo e seus vizinhos tiveram acesso a dólares americanos. As taxas de câmbio variavam em torno de US$ 5 ou US$ 10, às vezes menos, por metro de contas em cordões.

Após a década de 1920, a função das contas como dinheiro se perdeu, mas elas não deixaram de ser feitas. As técnicas evoluíram continuamente; adotaram pedras de amolar movidas a pedal e brocas movidas a volantes. Mais tarde, brocas de metal substituíram as antigas, de pedra. No século XXI, alguns fabricantes de contas adotaram ferramentas elétricas: brocas elétricas para perfurar as contas e prensas de alta potência para moldá-las.

Como os yup'ik, bem ao norte, os pomo entrelaçaram a contagem na textura de sua vida, adotando práticas de contagem baseadas em uma combinação de palavras e objetos de contagem. Eles levaram a fabricação e a troca de peças a um alto nível de sofisticação, chegando a um dinheiro de uso geral com apenas alguns paralelos em outras partes do mundo.

Waxaklahun-Ubah-K'awil: a contagem longa

Oxwitik, 9.15.5.0.0 10 *Ahau* 8 *Ch'en* (22 de julho, 736 EC). Herdeiro de trezentos anos de tradição da cidade, Waxaklahun-Ubah-K'awil, décimo terceiro governante, senhor divino, preside a dedicação de um novo monumento. Situado na extremidade norte de uma praça de 300 metros, que já contém um ciclo de estelas, ele inaugurará uma nova série, unindo o céu e a terra, marcando o tempo e afirmando o senhorio do rei sobre ela.

A pedra tem 4 metros de altura, os glifos de sua inscrição têm até 30 centímetros de largura. A inscrição a chama de "pedra de árvore". Ela especifica a data dizendo que há nove *baktuns*, quinze *katuns*, cinco *tuns*, zero *uinals* e zero *kin* concluídos; que o dia do calendário é 10 *Ahau* e que um certo deus é o senhor da noite, enquanto sua posição dentro do ano é 8 *Ch'en*.

Mais do que apenas um texto, a inscrição dá a data em uma forma visual mais elaborada, cada número representado por uma figura humanoide, e cada unidade de tempo, por um animal que a pessoa carrega: três pássaros, um sapo e um macaco. Os números personificados usam *tumplines*, faixas de pano amarradas ao redor da cabeça para suportar suas cargas. Eles se parecem com uma fileira de carregadores em uma caravana: mercadores ou peregrinos. O tempo, aqui, é um fardo que os deuses dos números devem carregar laboriosamente pela história; a pedra é seu lugar de descanso, onde eles podem deixar caírem seus fardos.

Ao menos alguns deles. No grande revezamento do tempo, o número cinco será, depois deste dia, substituído pelo número seis, mas os números personificados quinze e nove caminharão muito mais longe antes que seus sucessores assumam. Os ciclos interligados do tempo são grandes de fato.

A contagem longa em Copán.

A cidade de Oxwitik fazia parte do mundo maia: uma rede de cidades-estado em terras altas e baixas ligadas por comércio, competição e conflito, por línguas compartilhadas ou relacionadas e por crenças e rituais compartilhados. Falantes de línguas maias viviam em toda a península de Yucatán e onde hoje são Guatemala, Belize e partes de Honduras e El Salvador. Era outro conjunto abundante de ambientes e um dos poucos lugares no mundo a ter desenvolvido a agricultura sem influência externa. Havia pessoas vivendo na região cerca de 12 mil anos atrás, e elas viriam a formar sociedades estratificadas complexas no início do primeiro século EC.

Da mesma forma, é um dos poucos lugares que desenvolveu a escrita de forma independente. A Mesoamérica tinha pelo menos três tradições distintas de logografias nos últimos séculos AEC. No entanto, a relação entre elas não é bem compreendida. No terceiro século EC, as cidades maias ostentavam inscrições cada vez mais elaboradas em seus monumentos e edifícios. Os usos do texto neste mundo eram principalmente para o que poderia ser chamado de publicidade ou mesmo autopropaganda da elite governante: ao contrário dos primeiros manuscritos no Oriente Próximo e no Leste Asiático, as funções administrativas e contábeis estavam notavelmente ausentes. As mensagens escritas não eram apenas gravadas em monumentos públicos, mas pintadas em paredes, moldadas em estuque ou incisas em cerâmica e até mesmo joias, e destacavam datas importantes na vida de governantes e cidades: nascimentos, mortes, conquistas e a fundação de cidades. A escrita, que também servia como decoração, sempre foi capaz de assumir uma ampla gama de formas, e a elaboração artística desempenhou um papel no aumento do número de glifos distintos: talvez quatrocentos estivessem em uso ao mesmo tempo, alguns representavam palavras inteiras, enquanto outros, apenas sons individuais.

Descobertas arqueológicas tentadoras sugerem que também havia livros, feitos de casca de árvore ou pele animal e dobrados de forma sanfonada. Eles são retratados nas cerâmicas e ocasionalmente encontrados dissolvidos e ilegíveis em sepulturas, nenhum sobreviveu em estado legível após período maia clássico.

Assim como símbolos para palavras, os maias tinham símbolos para números, e esse povo é famoso justamente por sua aparente obsessão por informações complexas sobre calendários, testemunhados em muitas de suas inscrições. Muitas culturas contaram os dias, mas poucas, se alguma, os contaram com o brio e a sofisticação dos maias clássicos.

As línguas maias tinham palavras distintas para os números de 1 a 12 e formavam os números subsequentes como compostos com "dez". Na relacionada língua moderna de Yucatec, os números de 1 a 5 são *hun*, *caa*, *ox*, *can*, *hoo*, enquanto 10 é *lahun* e 13 é *oxlahun*. De 20 para cima, as palavras de contagem funcionavam puramente na base 20, e é provável que houvesse palavras para 400 e 8.000. Há relatos de significados subjacentes relacionados a "pessoa" para 20 e "saco" para 8.000, refletindo a contagem completa de dedos das mãos e dos pés e o conteúdo de um saco de grãos de cacau. Feijões, ou pedrinhas, podem ter sido usados nas tábuas de contagem maias descritas por fontes muito posteriores em espanhol, mas há nenhuma evidência arqueológica disso.

E, claro, havia símbolos numéricos como parte da escrita maia. Um ponto significava 1 e podia ser repetido até quatro vezes. Uma barra significava 5 e era repetida até três vezes; barras e pontos em combinação contavam até 19, o limite desta parte do sistema. (Assim como em outras tecnologias de contagem em diversas partes do mundo, nenhum elemento no sistema foi repetido além do limite da subitização, quatro vezes.) Como glifos, os sinais numéricos podem ser usados como sílabas e também aparecem nos nomes de divindades — "nove passos", "dez céus". Seu uso como sílabas, de fato, fez o nome Waxaklahun-Ubah-K'awil ser lido por algum tempo pelos arqueólogos como "18 coelhos".

No entanto, seu uso principal era no calendário maia. Ou melhor, calendários, pois havia vários, e eles se interligavam para evocar a vastidão do tempo em um grau inigualável. Havia vinte nomes para dias: *imix*, *ik*, *akbal*... e eles foram cruzados com os números de 1 a 13 para formar um ciclo de calendário de 260 dias, cada um especificado por uma combinação única de nome e número. Esse sistema já estava presente em textos pré-maias do primeiro milênio AEC, e possíveis explicações para sua extensão incomum em fenômenos astronômicos seria a duração de uma gestação humana, ou possivelmente a duração da estação agrícola mesoamericana. Em seguida, e de forma bastante independente do calendário de 260 dias, o ano era construído a partir de dezoito meses nomeados, cada um com vinte dias, mais um submês de cinco dias, totalizando 365 dias. Este também era um sistema antigo e fornecia uma segunda maneira de nomear qualquer dia dentro de seu ciclo.

Por fim, em terceiro lugar, um ano mais organizado de apenas dezoito meses — 360 dias — conhecido como *tun*, era usado como base para especificar datas no chamado calendário de "contagem longa". O *tun* era agrupado em vintenas (*katuun*), assim como o *katuun* (*baktun*). A partir de uma data de início colocada no passado mítico, os maias podiam especificar qualquer dia dando o número de *baktun*, *katuun*, *tun*, meses e dias que haviam passado. Esse sistema era bastante específico para os maias e, de fato, fortemente associado ao período clássico de aproximadamente 300 a 900 EC (em termos maias, de 8 *baktun* 12 *tun* a 10 *baktun* 4 *tun*).

Muitas inscrições maias começavam nomeando a data em todas essas três maneiras — como aquela na estela em Oxwitik, dedicada em um dia identificado como contagem longa 9.15.5.0.0, dia do calendário 10 *Ahau* e dia do ano 8 *Ch'en*. Com três ciclos diferentes em jogo, de 260, 360 e 365 dias, havia muitas possibilidades diferentes para aniversários e comemorações. Acontece, por exemplo, que 52 longos anos fazem exatamente 73 repetições do ciclo do calendário, e essa chamada volta do calendário era cuidadosamente observada como um aniversário. Ao mesmo tempo, era de particular interesse se o dia do calendário coincidisse com a comemoração de um evento anterior. Além disso, os anos novos e os fins de *katuun* e *baktun* eram tratados como aniversários especiais (muito parecidos com décadas e séculos na contagem decimal ocidental de anos); meio *katuun* e quartos de *katuun* também eram observados em algumas cidades.

Ao se registrar uma data de fim de ciclo, os dois ou três últimos "espaços" numéricos na data de contagem longa deveriam estar necessariamente vazios, e os maias usavam seu sinal equivalente à palavra "nenhum" para atender à necessidade: "havia 9 *baktun*, 15 *katun*, 5 *tun*, nenhum mês e nenhum dia." O sinal funcionava, portanto, como um zero no sistema de datação: uma das poucas invenções independentes do mundo de um símbolo para zero.

Havia algo exuberante sobre as contagens maias de dias em seus vários ciclos, e em muitas das inscrições, a abundância de informações numéricas era ainda maior, fornecendo mais dados além das três contagens básicas. Algumas davam a posição diária em um ciclo de nove dias de "senhores da noite"; outras especificavam a idade da Lua e a duração do mês lunar no momento: 28 ou 29 dias no calendário convencionalizado para isso. Alguns mencionavam, ainda, outro calendário, totalizando 819 dias. Outros se referiam a datas no passado mítico que estavam antes da data zero da contagem longa, isto é, durante uma suposta contagem longa anterior que havia totalizado treze *baktun*. Outros, ainda, evocavam o futuro distante usando glifos raros para múltiplos, como *pictun* (8.000 *tun*), *calabtun* (160.000 *tun*), *kinchiltun* (3.200.000 *tun*) e *alautun* (64.000.000.000 *tun*). Uma estela continuou essa série de unidades de tempo cada vez maiores para 24 iterações, uma contagem de anos que preencheria 31 algarismos em uma representação decimal.

É graças a essa quase obsessão por consagrar, dedicar e datar, comemorar e contar que a história de sítios como Oxwitik — agora chamado Copán — é bem compreendida hoje. Aninhado em um vale a cerca de 900 metros e regado pelo rio Copán, ocupava um bolsão de ricas terras agrícolas e dependia fortemente do cultivo de milho. Ocupada por povos não maias já em 1400 AEC, a região foi tomada em 426 EC por um novo governante maia, instalado pela cidade vizinha de Tikal. Esse rei estrangeiro ergueu ativamente edifícios e monumentos e fundou uma dinastia que duraria dezessete gerações, eventualmente governando uma população de cerca de 20 mil pessoas.

Seus sucessores criaram templos, praças, altares ao ar livre, quadras de baile cerimoniais e um complexo de residências reais em Oxwitik, um grupo de edifícios monumentais cujo impacto foi imediato e espetacular. Eles desviaram o rio e encomendaram algumas das esculturas mais ricas e distintas do período maia. Assim como em outras cidades maias, a sociedade tornou-se cada vez mais estratificada, e a produção, mais especializada, com plantas, animais, árvores e recursos minerais, todos explorados e comercializados por toda a região. Em diferentes épocas, conchas, contas de jade, sementes de cacau e sinetas de cobre serviam como dinheiro, e a cerâmica da cidade tornou-se uma exportação valiosa.

Waxaklahun-Ubah-K'awil (seu nome pode significar "Dezoito São as Imagens de K'awil") assumiu o trono em julho de 695 (especificamente, 9.13.3.6.8, 7 *Ahau*, 1 *Mol*). Ao longo de várias décadas, ele construiu templos, um túmulo para seu predecessor e pai e uma enorme quadra para o jogo de bola cerimonial maia. E encomendou uma série notável de estelas para a praça principal de Oxwitik. Cada uma retratava o rei realizando um ritual, talvez em transe, acompanhado por seres sobrenaturais; eram adornadas com um texto que informava sua data e as datas dos atos de ancestrais ou divindades que ecoavam e comemoravam. Juntas, transformaram a grande praça em algo como um espaço sagrado.

Uma primeira série de seis estelas foi concluída em 9.15.0.0.0 (22 de agosto de 731), e cinco anos depois, o rei começou um novo conjunto. A nova estela na extremidade norte da praça continha esculturas de beleza e complexidade fantásticas, retratando o rei mascarado e vestido para um ritual e ladeado por oito manifestações de um único deus. O lado em que continha a inscrição da data não usava os símbolos numéricos de ponto e barra de muitas inscrições maias, mas um sistema alternativo. Cada número até 12 (incluindo zero) era associado a um dos deuses que nomeavam os dias no calendário. Para os números entre 13 e 19, a dezena e o número menor foram combinados em um único algarismo, ecoando a estrutura das palavras numéricas maias. Essa lista de deuses (especificamente, o conjunto de imagens de suas cabeças) era uma maneira comum de se escrever números, perdendo apenas para os símbolos de barra e ponto. Era capaz de enorme elaboração artística e, ocasionalmente, os deuses podiam ser retratados como figuras antropomórficas completas; era assim que apareciam na nova estela. Combinado com o conjunto de divindades zoomórficas associadas às diferentes unidades de tempo, o resultado é uma cena complexa e naturalista de deuses-números carregando unidades de tempo. Um dos pináculos da escultura maia está entre as mais belas e elaboradas de todas as visões de contagem.

Se o rei era o dono do tempo e o controlador do ritual, ele também era o detentor monopolista da força, tanto na forma do trabalho usado para construir templos, monumentos etc. quanto na forma de guerra travada contra seus vizinhos, em disputa contínua pelo controle de recursos, comércio, tributo e prestígio. Os reinos maias nunca foram unificados em um único Estado, e eles gastaram muito de sua energia em conflitos uns contra os outros.

Cinquenta quilômetros ao norte de Oxwitik, ficava Quiringa, aparentemente uma cidade protegida ou tributária. Seu novo rei foi empossado em 724 EC sob a supervisão de Waxaklahun-Ubah-K'awil. Na década seguinte, algo deu errado com esse relacionamento: agressão de uma parte ou de outra, ou um desejo de independência pelo governante de Quiringa. Possivelmente com a ajuda de outra cidade maior na região, o rei K'ak' Tiliw Chan Yopaat de Quiringa conseguiu capturar Waxaklahun-Ubah-K'awil e, em 3 de maio de 738, ele o decapitou.

Naturalmente, há monumentos em ambas as cidades informando a data. Em Oxwitik, a descrição afirma que o "fôlego do rei expirou na guerra" e lamenta que a cidade agora não tivesse "nenhuma pirâmide, nenhum altar, nenhuma caverna", e o trabalho de construção ficou paralisado, assim como o acesso ritual ao submundo. A derrota foi sentida quase como um desastre cósmico.

Haveria mais quatro reis em Oxwitik, mas o século IX foi um período de declínio em todo o mundo maia, por razões que provavelmente incluíam tensões internas e superexploração do meio ambiente. Populações declinaram, dinastias entraram em colapso, cidades foram abandonadas. Oxwitik nunca se recuperou realmente de seu desastre, e o último rei morreu em 820. Edifícios ruíram, e o canal do rio mudou, cortando uma faixa através das ruínas. No século X, todo o vale ficou abandonado.

Poucos livros maias do século X ao XII sobreviveram, dando uma sensação vívida de que informações astronômicas e calendáricas ainda estavam sendo transmitidas séculos após o auge da cultura maia. O ciclo de calendário de 260 dias foi mantido por séculos (diz-se que ainda está em uso hoje), mas a contagem longa foi gradualmente abandonada. As datas passaram a ser dadas de forma simplificada, declarando o número de *katun*, mas omitindo a maior unidade, o *baktun*. O sistema se repetia a cada 256 anos.

Os numerais de barra e ponto também foram abandonados, embora as culturas mixteca e asteca tenham adotado sistemas relacionados e os transformado para seus próprios usos. Uma consequência dessas mudanças é uma incerteza duradoura sobre como exatamente o calendário maia clássico se correlacionava com calendários em outras partes do mundo: qual dia do calendário ocidental corresponderia ao seu início. Seria por volta de 11 de agosto de 3114 AEC, mas correções de um ou dois dias foram propostas de tempos em tempos, e a certeza é ilusória.

O povo maia descreveu e contou períodos de tempo mais longos do que qualquer cultura antes ou depois, e suas esculturas perduram como um monumento à sua habilidade e imaginação. O mundo deles era permeado por números como datas, escalas de tempo, comemorações e até mesmo como deuses. Na grande estela de Okwitik, eles deixaram um memorial de seu rei, sua cidade e uma das expressões supremas do poder e valor da contagem.

Pirahã: a contagem perdida

Xagiopai, nas terras baixas amazônicas, às margens do rio Maici, 2004.

Um membro do povo pirahã está diante de um antropólogo, que faz no chão uma fileira de pilhas e pede ao seu interlocutor para fazer outra fileira combinando-as uma a uma.

O que acontecerá?

Nas profundezas da América do Sul, a 10 mil quilômetros de Agaligmiut e 3 mil de Copán, os pirahã vivem atualmente ao lado de um afluente do Amazonas. Eles somam cerca de quatrocentos indivíduos e são caçadores-coletores. Suas aldeias — cada uma com cerca de dez ou quinze adultos — têm algum contato com comerciantes de língua espanhola e uma história de mais de duzentos anos de contato com brasileiros, bem como com seus vizinhos, os kawahiva. Mas eles rejeitaram a assimilação da cultura dominante do Brasil e permanecem monolíngues na língua pirahã. O linguista Daniel L. Everett, que passou mais de seis anos vivendo com os pirahã, escreve:

> Os pirahã são algumas das pessoas mais brilhantes, agradáveis e divertidas que conheço. A ausência de ficção formal, mitos etc. não quer dizer que eles não façam ou não possam fazer piadas ou mentir, coisas que particularmente gostam de fazer à minha custa, sempre bem-humorados.

Sua língua é a última remanescente de sua família. É famosa por uma série de características incomuns, que ameaçam quebrar várias generalizações atraentes sobre línguas humanas. De certa forma, é uma língua complexa, com morfologia verbal intrincada e um rico sistema de cinco tipos de sílabas diferenciados por seu peso. Por outro lado, seu conjunto de sons é um dos menores do mundo; as mulheres pirahã usam apenas sete consoantes e três vogais (os homens têm uma consoante a mais). É a única língua documentada sem termos para cores; tem, notavelmente, poucas palavras para tempo e tem o conjunto mais simples de pronomes conhecidos (que parecem, em todo caso, ser emprestados de outra língua). Não há tempo perfeito: nenhuma maneira de um verbo expressar especificamente a conclusão de uma ação descrita.

O fator cultural que se acredita estar por trás dessas várias características de sua língua é que o povo pirahã se comunica apenas sobre assuntos dentro de sua experiência imediata: coisas que foram vistas ou recontadas por alguém que vive no momento presente. Eles evitam completamente falar sobre o abstrato ou o passado. Exemplo de Everett:

> "Eu prefiro animais inteiros a porções de animais". (Literalmente "Quero [um] animal[s] inteiro[s], não pedaço[s].") Frases como essa não podem ser proferidas de forma aceitável na ausência de um par específico de animais ou instruções sobre um animal específico para um caçador específico. Em outras palavras, quando tais frases são usadas, elas estão descrevendo experiências específicas, não generalizando experiências.

Outras consequências disso são que estruturas abstratas como genealogias longas ou relações de parentesco complexas estão ausentes da cultura pirahã. Termos de parentesco se referem apenas a parentes que uma pessoa conhece, nunca àquelas que morreram antes que a pessoa nascesse (Everett "não conseguiu encontrar ninguém que pudesse dar os nomes de seus bisavós, e muito poucos conseguiam lembrar os nomes de todos os quatro avós").

Além disso, não há ficção, nem histórias de criação, nem mitos, nem quaisquer outras histórias sobre o passado antigo.

E não há contagem.

Primeiro, a língua pirahã não faz distinção entre singular e plural. Nenhuma classe gramatical é marcada para mostrar uma distinção entre "um" e "muitos", assim, diferentemente da maioria das línguas, você não precisa lidar com a questão um/muitos toda vez que profere uma frase; na verdade, você não poderia nem se quisesse.

Segundo, os pirahã não têm rotinas ou práticas de contagem nem o hábito de colocar objetos em sequência. Contar com os dedos ou com objetos é algo desconhecido. E a língua não tem palavras de contagem. Investigações iniciais relataram os termos *hói, hoí* e *bá a gi so* como significando algo como "um-dois--muitos". Mas investigações posteriores revelaram que esses termos não fazem parte de uma sequência de contagem e não são palavras numéricas; eles significam, respectivamente, um "tamanho ou quantidade pequena", um "tamanho ou quantidade um tanto maior" e "fazer que se juntem" ou "muitos". Nenhum é usado consistentemente para se referir a um número específico. A língua não tem outros termos para quantidade como "todos", "todo", "a maioria", "cada" ou "alguns", nem palavras para itens em uma sequência como "primeiro" ou "último". *Hói* frequentemente significa uma única coisa, mas não necessariamente; pode significar até seis. Da mesma forma, *hoí* pode significar grupos de dois a dez objetos, dependendo do contexto.

Durante a temporada de castanha-do-pará, embarcações fluviais fazem visitas regulares às aldeias pirahã. Esse contato provavelmente já dura mais de duzentos anos, com homens pirahã coletando castanhas e armazenando-as para negociar. Mas o comércio não é numerado: apesar desse longo contato, os pirahã não aprenderam as palavras numéricas portuguesas e fazem escambo com pouca consideração pela quantidade de bens envolvidos, segundo relatado. "Alguém pode pedir um rolo inteiro de tabaco em troca de um pequeno saco de nozes ou um pequeno pedaço de tabaco por um grande saco." "Nesta 'relação comercial', não há qualquer evidência de quantificação, contagem ou aprendizagem da base dos valores comerciais."

Em 2004, o antropólogo Peter Gordon envolveu membros da comunidade pirahã em uma série de tarefas experimentais para aprender mais sobre como a quantidade se apresentava ou não em seu mundo:

> Sentei diante dos participantes e, com um pedaço de pau separando meu lado do deles, apresentei uma série de objetos do meu lado da divisão... e eles responderam colocando um conjunto linear de pilhas AA (5,0 por 1,4 centímetro) no lado deles.

Ao descrever essa cena, ele enfatizou que os pirahã compreendiam claramente as tarefas e estavam se esforçando bastante para realizá-las.

A correspondência de um pequeno número de itens — dois ou três — frequentemente produzia uma correspondência um para um ou algo muito próximo disso. A correspondência de números maiores de itens produzia representações mais aproximadas, com a correspondência numérica caindo conforme os números se tornavam maiores. Para os pirahã, ao que parece, um conjunto de nove objetos e um conjunto de dez são distinguíveis, mas por pouco: cerca de três quartos das vezes.

De simples fileiras de pilhas, Gordon passou para "grupos de nozes combinados com a fileira de pilhas, combinação ortogonal de fileiras de pilhas, combinação de fileiras de pilhas espaçadas de forma irregular e copiando fileiras em um desenho". Uma tarefa final envolvia observar nozes colocadas em uma lata e depois retiradas uma por uma, com o experimentador perguntando em cada estágio se havia nozes restantes na lata.

Para essas tarefas mais complexas, algumas das quais envolviam transferência de contagens através do tempo ou espaço, as representações produzidas pelos pirahã eram ainda mais aproximadas, com correspondências exatas raramente ou nunca produzidas para conjuntos maiores de objetos. O alcance de suas representações se tornou mais amplo à medida que os conjuntos ficaram maiores, mostrando a característica clássica do senso numérico aproximado. Um colega mais tarde realizou experimentos relacionados, apresentando aos pirahã duas fileiras de objetos e perguntando se eram iguais em número. Os resultados confirmaram ainda mais diretamente que pequenas diferenças numéricas simplesmente não eram percebidas — não eram vivenciadas. De fato, sem nenhuma maneira de perceber ou nomear quantidades exatas, parece que *números exatos* simplesmente não são um conceito para os pirahã.

Como todos os humanos, os pirahã vivenciam números por aproximação, com diferenças entre números adjacentes cada vez menos perceptíveis conforme as quantidades se tornam maiores. Ao contrário de quase todos os humanos adultos, no entanto, eles não sobrepõem essa percepção a nenhuma outra forma de contagem.

Os pirahã e sua notável língua causaram uma boa dose de surpresa quando foram relatados pela primeira vez em jornais de antropologia e linguística. O debate sem dúvida continuará sobre o exato significado de certas palavras na língua pirahã, mas o fato é que ninguém que visitou o povo jamais afirmou tê-los visto contando algo espontaneamente. Duas outras equipes de antropólogos repetiram algumas das tarefas de correspondência de números. Algo que surgiu desse contato foi o desejo de alguns pirahã de aprender palavras de contagem. Everett respondeu ao pedido deles, de aprender a contar em português, e relatou que, após oito meses de esforço diário, nenhum deles havia aprendido a contar até dez. Uma segunda tentativa foi mais bem-sucedida. Um pesquisador que passou vários meses na aldeia pirahã de Xagiopai treinou seus habitantes em tarefas de correspondência um para um e inventou palavras semelhantes às pirahã para números até dez. O resultado foi (somente naquela aldeia) um conjunto significativamente mais exato de respostas para algumas tarefas de correspondência até o final do período. Isso certamente confirma que os pirahã são capazes de aprender a contar — que não existe uma incapacidade inerente —, mas não parece mudar o fato de que, em sua língua e cultura, conforme documentado originalmente, um número é vivenciado apenas como aproximado. Não se sabe ao certo o quão rara é essa visão de quantidade entre os humanos: foi alegado que vários outros grupos, principalmente os da Amazônia, não têm palavras numéricas em suas línguas, mas nenhuma recebeu a mesma atenção sistemática dada aos pirahã.

Os pirahã representam um caso notável dentro do leque de possibilidades para a linguagem e cultura humanas, e um ramo bastante surpreendente na história da contagem humana. O conhecimento de que há uma cultura viva sem contagem alguma é um lembrete salutar de que contar — no sentido de atenção repetida adicionada a uma maneira de mantê-la sob controle — não é algo inevitável para os seres humanos. Não está claro qual sequência de eventos levou à existência de um povo amazônico sem práticas de contagem, mas a prevalência de palavras de contagem nas Américas torna pouco crível que os pirahã de alguma forma representem uma linhagem de humanos que nunca aprendeu a contar. Parece quase certo que eles descendem de ancestrais que contavam.

Uma última possibilidade é sugerida pelo fato de que o mura, dialeto extinto intimamente relacionado ao pirahã, tinha alguns dos artefatos culturais que os pirahã não têm: fábulas, lendas e outras ficções sobre o passado distante. Talvez também tivesse palavras numéricas, ou uma língua ancestral comum as tivesse.

Se os pirahã são de fato descendentes de pessoas que contavam, trata-se de um caso impressionante. Contar não é apenas um artefato cultural, uma invenção que nem toda sociedade possui, já que nem todas têm um estilo de vida que precise disso. E a contagem poderia ser extinta se deixasse de ser necessária. Um dos ramos da história da contagem termina — pelo menos por enquanto — em um mundo sem contagem. Um dos futuros possíveis para qualquer cultura humana é, de fato, um mundo pós-contagem, no qual a habilidade — com todo seu alcance, poder e longevidade — tenha sido esquecida. Um mundo em que as palavras de contagem caíram em silêncio, os gestos de contagem foram esquecidos, as marcas não são mais feitas e as contas voltaram a ser apenas contas.

Conclusão

Muitas mãos, corpos, vozes e mentes já contaram. Mentalmente, manualmente, com objetos, com palavras, com marcas, com símbolos, com máquinas. Contaram pessoas, posses, alimentos, amigos, inimigos, votos, anos, dias, ovos, árvores, moedas. Contaram para pagar seus impostos, para garantir sua sobrevivência, para administrar suas cidades e seus negócios, para medir sua autoestima, para lembrar de seus ancestrais, para comprar ou vender. Contaram por diversão. Há sempre uma estranha alquimia na contagem que transforma incansavelmente uma coisa em outra: dias em marcas de contagem, pessoas em contadores, livros em fitas magnéticas.

Este livro descreveu alguns desses processos. Houve milhares de outros, em todos os milhares de idiomas vivos e mortos, em todas as milhares de culturas e centenas de escritas. Não há dois iguais. Talvez a verdadeira alquimia esteja em transformar todos esses processos em uma única coisa e chamá-la de "contagem".

Contar é — como este livro assumiu — a atenção repetida a coisas ou eventos, adotando uma maneira de manter isso sob controle. As diferentes coisas às quais se pode dar atenção, juntamente com as múltiplas ramificações das "maneiras de se manter o controle", produziram uma complexidade e diversidade quase inconcebíveis de processos de contagem em diferentes momentos e lugares.

O ato de contar se baseia em habilidades inatas: a capacidade de estimar os tamanhos relativos de grupos de objetos e (possivelmente) uma capacidade adicional de reconhecer rapidamente — de "subitizar" — conjuntos de um, dois, três ou quatro. Ao menos a primeira dessas habilidades é amplamente compartilhada entre a linhagem dos primatas, bem como em alguns mamíferos e pássaros, e possivelmente em outros grupos de animais também. Mas nenhum animal consegue contar de fato. Nenhuma espécie animal foi observada espontaneamente usando objetos ou marcas de contagem na natureza; nenhum consegue aprender mais do que os primeiros passos em um conjunto de palavras ou símbolos numéricos. A contagem usa, de modo inato, regiões do cérebro especializadas para o senso numérico aproximado. Dependendo do dispositivo de monitoração envolvido, ele pode englobar outras regiões do cérebro também, incluindo aquelas que processam a linguagem falada ou escrita ou as que lidam com o controle motor fino.

O ambiente da antiga Idade da Pedra continha várias estruturas que poderiam ser usadas com a função de monitoração, estruturas que envolviam uma sequência estável de objetos ou ações. As marcas produzidas por batidas repetidas de pedra em osso são encontradas há 3,2 milhões de anos; exemplos interpretáveis como contagens começam a aparecer cerca de 70 mil anos atrás. Contas em cordões também aparecem na arqueologia da África Oriental há pelo menos 70 mil anos, e muito possivelmente antes. Dedos estendidos ou dobrados aparecem pela primeira vez em evidências arqueológicas há apenas 27 mil anos, na Europa, mas é extremamente provável que as pessoas contassem nos dedos na África dezenas de milhares de anos antes. As vocalizações não deixam vestígios arqueológicos, mas muito possivelmente havia conjuntos de sons convencionalizados acompanhando ações repetidas no início da história da linguagem, e é impossível dizer quando eles foram incorporados à fala ou transformados em números cardinais — ordinais, distributivos, frequentativos, e assim por diante. Quase todas as línguas documentadas têm algumas palavras numéricas, e considerar o que elas têm em comum permite começarmos (apenas) a imaginar como poderiam ter sido as primeiras palavras numéricas.

Símbolos numéricos — potencialmente uma forma de contagem, porém utilizados mais como forma de registrar e comunicar o resultado de uma conta — apareceram ao lado dos primeiros registros de palavras faladas no Oriente Próximo, no Leste Asiático e na América Central. Há restrições na estrutura que um conjunto de símbolos visuais pode ter para codificar números de forma inequívoca, e cada uma das principais possibilidades foi usada com sucesso e de forma estável por longos períodos de tempo e em grandes áreas. Cerca de cem conjuntos distintos de símbolos numéricos estão documentados ao redor do mundo.

Com base nessas origens, a contagem se desenvolveu de diversas maneiras em diferentes épocas e lugares, com suas raízes sustentando muitos e muitos ramos. Os seres humanos, confrontados com diferentes coisas e razões para contar, têm sido extremamente criativos em encontrar novas formas de contar e de adaptar médotos existentes. Práticas de contagem sempre foram criadas em resposta a necessidades particulares, em momentos e lugares particulares; elas sempre surgiram no curso de interações específicas entre pessoas e seu mundo. Algumas foram transmitidas para culturas vizinhas e gerações subsequentes, mas muitas tiveram vida curta, persistindo apenas brevemente antes de serem transformadas novamente ou substituídas por novos experimentos e invenções. A retroalimentação tem sido uma força importante: uma vez que as pessoas adquiriam uma nova tecnologia — uma nova maneira de contar —, invariavelmente encontravam novas finalidades para ela, talvez até coisas que nunca souberam que queriam ou que precisavam fazer. E, às vezes, essas novas funções impulsionaram outras inovações nas maneiras de contar.

Em muitas das situações nas quais as pessoas desejavam contar, também queriam fazer ao menos uma aritmética simples, assim, houve uma sobreposição entre as tecnologias usadas para contar e outras para calcular. Muitos dispositivos de monitoração foram adaptados, mais drasticamente ou menos, para fornecer maneiras de calcular. Pelo menos algumas vezes, considerações sobre sua eficiência e eficácia para o cálculo afetaram a escolha de qual tecnologia seria usada para a contagem em si. A mudança do tabuleiro de contagem e dos numerais romanos para o papel e o uso dos numerais arábicos na Europa medieval são alguns desses casos; a ascensão do *suanpan* e do *soroban* no Leste Asiático é outro. Por outro lado, houve muitas ocasiões e lugares em que a contagem e o cálculo usaram tecnologias separadas.

Com o tempo, as formas manuais e verbais de contagem substituíram umas as outras; números falados e escritos ganharam ou perderam importância, formas mais concretas ou essencialmente mentais de contagem e cálculo avançaram e recuaram. Os acidentes da história deram destaque a uma forma de contagem e, depois, à outra. As formas mais simples (dedos, contas) nunca desapareceram de fato, nem a habilidade inata de estimar. Nem as limitações do sistema de subitização e suas consequências para os dispositivos que as pessoas constroem e as notações que criam.

A história da contagem é uma árvore densa, com várias raízes e quase uma infinidade de galhos. Suas pontas — como a árvore se apresenta hoje — incluem rotinas elaboradas com objetos de contagem não marcados em superfícies marcadas, conjuntos altamente desenvolvidos de palavras numéricas, conjuntos bem--sucedidos — e exportados com sucesso — de símbolos numéricos e máquinas elétricas, cujas informações internas são (para alguns propósitos) usadas para representar números. Incluem também conjuntos menores de palavras, às vezes acompanhadas por gestos, varetas de contagem e representações escritas de palavras numéricas. E incluem um mundo no qual não há contagem alguma.

Como será a contagem no futuro? A árvore continuará a crescer e mudar. Alguns ramos brotarão com um novo crescimento; outros, nem tanto. Com o tempo, esses padrões mudarão. A engenhosidade humana certamente ainda não terminou de contar. Quase nada pode ser dito com certeza sobre as formas detalhadas que a contagem assumirá no futuro. Mas elas continuarão a ser múltiplas, variadas, surpreendentes e fascinantes. Sempre haverá muitos elementos novos na história da contagem, assim como muitos elementos antigos.

Agradecimentos

Sou grato à saudosa Felicity Bryan, cujo interesse e entusiasmo ajudaram a moldar este projeto em seus estágios iniciais. E minha atual agente, Carrie Plitt, forneceu ajuda valiosa durante os estágios finais do trabalho.

Meus agradecimentos a Arabella Pike e sua equipe na William Collins, incluindo Sam Harding e Alex Gingell.

Christopher Hollings leu o livro no rascunho, assim como meus pais, Moira e Tony Wardhaugh, e seus comentários e sugestões foram de grande valor.

Como sempre, minha maior dívida é com minha esposa, Jessica, e nossos três filhos, cujo apoio, conselhos e assistência prática em todas as etapas deste projeto foram inestimáveis.

Créditos das imagens

p.11: kristof lauwers/Alamy Stock Photo.

p.17: imageBROKER.com GmbH & Co. KG Alamy Stock Photo.

p.23: Heritage Image Partnership Ltd/Alamy Stock Photo.

p.29: agefotostock/Alamy Stock Photo.

p.32: Musée d'Aquitaine, Bordeaux, Gironde. Japhotos/Alamy Stock Photo.

p.34: SOPA Images Limited/Alamy Stock Photo.

p.60: Metropolitan Museum of Art, 1988.433.2. Domínio público.

p.72: Nineveh, South-West Palace, Iraq; British Museum. Lanmas/Alamy Stock Photo.

p.76: British Museum, EA 10529 (recto). ©The Trustees of the British Museum. todos os direitos reservados.

p.84: Wikimedia Commons. CC BY-SA 2.5.

p.92: British Library, Royal 13 A. XI, f.33v. Com permissão da British Library.

p.99: The Morgan Library and Museum, MS M.240, fol. 8r. incamerastock/ Alamy Stock Photo.

p.102: H. de La Tour, *Catalogue de la collection Rouyer* (Paris 1899), plate 6, figure 1. Domínio público.

p.103: Jacob Köbel, *Ain New geordnet Rechen biechlin auf den linien mit Rechen pfeningen*, title page. Munique, Bayerische Staatsbibliothek, 4 Math.p. 175 va. CC BY-NC-SA 4.0.

p.104: Deutsches Museum, 1987-178. CC BY-SA 4.0.

p.118: Columbia University Library, Smith Indic MS 3.

p.118: Wellcome collection, MS OR Indic beta 249. CC BY 4.0.

p.127: University of Pennsylvania Library, LJS 464, fol. 2v. Domínio público.

p.132: Munique, Bayerische Staatsbibliothek Clm 14733, fol 32 v.
CC BY-NC-SA 4.0.

p.136: Saint Louis Art Museum, object number 72:1950. Domínio público.

p.145: National Meteorological Library and Archive C_1825–1832. Open Government Licence v3.0.
p.157: Replica of Han Dynasty Counting rods in National Museum of Natural Science in Taiwan. Wikimedia Commons. CC BY-SA 3.0.
p.162: Dexter Mikami/ Alamy Stock Photo.
p.169: IPSJ Computer Museum; collection of the Statistical Museum.
p.173: *Scientific American*, August 30, 1890, cover. Domínio público.
p.179: webtoon.com.
p.190: Sabena Jane Blackbird/Alamy Stock Photo.
p.197: J. Wardhaugh.
p.204: Juergen Freund/Nature Picture Library.
p.212: Richard Knecht/nunalleq.wordpress.com.
p.219: Money Museum Zurich.
p.226: A. P. Maudslay, *Archaeology-Biologia Centrali-Americana* (Londres 1889–1902), vol. 1, plate 48. Domínio público.

Notas sobre as fontes

Este é um trabalho de síntese, apoiado amplamente em artigos de pesquisa e resumos do tipo manual/guia, suplementado por estudos de caso detalhados por publicações que discutem ou reproduzem fontes específicas. O que se segue é uma lista das principais fontes usadas para cada seção do texto, incluindo as fontes de todas as citações diretas; não lista as fontes secundárias ou suplementares consultadas exaustivamente nem tenta especificar as autoridades que sustentam cada afirmação.

Uma grande proporção dos tópicos abordados aqui tem sido objeto de desacordo entre especialistas, e em algumas situações esse desacordo é contínuo. Em tais casos, tentei seguir o peso da opinião recente, isto é, não apresentei intencionalmente interpretações desatualizadas ou minoritárias. Visões alternativas também são mencionadas em certas ocorrências nestas notas.

Confusões e erros no texto são de minha responsabilidade, naturalmente, não dos acadêmicos citados a seguir, a quem se faz um reconhecimento grato e de quem se pede tolerância. Em um projeto deste tipo, o alcance necessariamente excede a compreensão, e talvez a alguma distância, no entanto, uma de suas premissas é a de que a tarefa de síntese, ainda assim, tem seu valor.

Abreviações

BNP — Cancik, Hubert *et al.*, eds., *Brill's New Pauly* (Leiden, 2012).

CEWAL — Woodard, Roger D., *The Cambridge Encyclopedia of the World's Ancient Languages* (Cambridge, 2004).

CWP — Bahn, Paul e Colin Renfrew, eds., *The Cambridge World Prehistory* (Cambridge, 2014).

EHAS — Rashed, Roshdi, ed., *Encyclopedia of the History of Arabic Science, Volume 2: Mathematics and the Physical Sciences* (Nova York, 1996).

HMC — Campbell, Jamie I. D., *The Handbook of Mathematical Cognition* (Nova York, 2005).

OCD — Hornblower, Simon e Antony Spawforth, *The Oxford Classical Dictionary* (3. ed., Oxford, 2005).

OHHM — Robson, Eleanor e Jacqueline Stedall, eds., *Oxford Handbook of the History of Mathematics* (Oxford, 2009).

OHNC — Kadosh, Roi Cohen e Ann Dowker, eds., *The Oxford Handbook of Numerical Cognition* (Oxford, 2015).

WALS — Dryer, M. S. e M. Haspelmath, eds., *The world atlas of language structures online*, Munique: Max Planck Digital Library; <//wals.info>.

WWS — Daniels, Peter T. e William Bright, *The World's Writing Systems* (Oxford, 1996).

Introdução: O que é contar?

A definição citada de Leibniz aparece em *Confessio philosophi*; veja Wedell, 2015, que cita Leibniz, 2005, p. 102.

Não é viável listar aqui o grande número de relatos públicos sobre números e sua história, muitos dos quais se cruzam com as preocupações deste livro. Além dos que serão mencionados a seguir — sobre pontos específicos —, descobri que os seguintes foram particularmente úteis para se chegar a uma noção da forma geral da história (ou histórias) da contagem: Scriba e Ellis (1969), Flegg (1983), Crump (1990), Ifrah (1998), Chrisomalis (2020).

1 Senso numérico antes de contar

A literatura sobre senso numérico inato é bastante vasta, e constantemente são publicadas novas pesquisas. Coleções de pesquisas úteis são HMC, OHNC e Butterworth *et al.* (2018). Resumos das evidências animais estão no capítulo de Brannon em HMC e no de Agrillo em OHNC. Dentre os diversos artigos citados, usei evidências específicas de Ditz e Nieder (2016) (sobre corvos), Benson-Amram *et al.* (2017) (sobre carnívoros sociais), Hauser *et al.* (2000) (p. 829 para os macacos em Cayo Santiago), Uller *et al.* (2001), Cantlon e Brannon (2007a, 2007b) e Beran *et al.* em OHNC (sobre primatas).

A evidência de neuroimagem é discutida no artigo de Nieder em OHNC, Amalric e Dehaene (2017), Hyde (2011), Anobile *et al.* (2016), Roggeman *et al.* em OHNC, Salillas e Semenza em OHNC e Nieder (2016). A descoberta crucial dos "neurônios numéricos" foi relatada em artigos incluindo Nieder e Miller (2003), Nieder *et al.* (2004) (macacos; veja também Nieder (2013), Nieder *et al.* (2006), Ditz e Nieder (2015) (corvos) e Kutter *et al.* (2018) (humanos); veja também Dehaene *et al.* em HMC, Piazza *et al.* (2004), Nieder e Dehaene (2009), Hyde (2011), Anobile *et al.* (2016), Gallistel (2017), Burr *et al.* (2017) e Amalric e Dehaene (2017).

Simulações de redes neurais são discutidas, por exemplo, em Verguts e Fias (2004), Zorzi *et al.* em HMC, Stoianov e Zorzi (2012), Miller (2013), Hannagan *et al.* (2017) e Zorzi e Testolin (2017).

A evolução do senso numérico é discutida em Beller e Bender (2008), Hubbard *et al.* (2008), Nieder (2018) e Brannon e Park em OHNC.

A subitização é discutida em vários dos textos citados, também em Clements (2019). Um "impasse na literatura" é de Agrillo em OHNC, p. 226.

2 Contando antes de escrever

Dantzig (1930) deve ser mencionado como a fonte subjacente a muitos escritos gerais sobre a história dos números, incluindo suas origens na pré-história humana, embora muito de seu conteúdo, senão todo, esteja agora suplantado. Boyer (1944) e Scriba e Ellis (1969) cobrem parte do mesmo tema; um bom relato recente dos fundamentos dos números é OHHM, cap. 6.1, por Chrisomalis.

Blombos: contando com contas

As contas de Blombos são descritas em d'Errico *et al.* (2005); veja também d'Errico *et al.* (2015). Outros artefatos do sítio são discutidos, por exemplo, em Henshilwood *et al.* (2001), d'Errico *et al.* (2001) e Vanhaeren *et al.* (2013). Outros artefatos comparáveis são discutidos em Vanhaeren *et al.* (2006), Bouzougar *et al.* (2007), d'Errico *et al.* (2008) e d'Errico *et al.* (2009); veja também o texto de Álvarez-Fernández (2019). Tornaram-se um ponto de referência regular para discussões mais amplas sobre a cognição matemática incorporada ou promulgada: Damerow (2007), Carey (2009) (cap. 4 e 7), Núñez (2009), De Cruz *et al.* (2010), Malafouris (2010), Overmann *et al.* (2011), Coolidge e Overmann (2012), Overmann (2013, 2016c, 2017a, 2017b, 2019), d'Errico *et al.* (2017) e Wynn *et al.* (2017) (discussões relacionadas sobre evidências experimentais estão em Zhang e Wang (2005) e Lindemann *et al.* (2007); para discussões mais gerais sobre a evolução da cognição ("moderna"): Balme e Morse (2006), Kuhn e Stiner (2007), Henshilwood (2007) (e outros ensaios em Mellars *et al.* (2007), Botha (2008, 2016, cap. 3), Bednarik (2008) e Jeffares (2010). (Também usei relatos que precederam essa descoberta em particular, incluindo Klein (2000), McBrearty e Brooks (2000), d'Errico (2003) e d'Errico *et al.* (2003). Para estruturas conceituais mais gerais envolvidas aqui, veja Kirsh (1996), Dartnall (2005), Rowlands (2010), Barrett (2011) e fundamentalmente Clark e Chalmers (1998), Shapiro (2019) e Malafouris (2013). O termo "reta numérica selvagem" aparece mais comumente na literatura como "*feral number line*", por exemplo, em Overmann *et al.* (2011, p. 143) e Wynn *et al.* (2013, p. 128).

Do Lago Rutanzige a Laussel: contando com marcas

Estudos relevantes de ossos incisos incluem, por exemplo, Jones (1873), Davis (1974), d'Errico e Cacho (1994), d'Errico (1995), d'Errico *et al.* (2001), Coinman (1996), Reese (2002) e Majkić *et al.* (2018); veja também Robinson (1993), Cain (2006) e d'Errico e Cacho (1994). Para os artefatos de Blombos, veja o item anterior, "contando com contas", com Henshilwood *et al.* (2009); também Bullington e Leigh (2002) propõem uma interpretação de ocre e placas de contagem.

Para o osso Ishango, veja Heinzelin (1957, 1962), Brooks e Smith (1987), Pletser e Huylebrouck (1999) e Huylebrouck (2008, 2019).

Para a mulher de Laussel, veja Duhard (1988, 1989), em particular; e sobre imagens de mulheres nessa arte de forma mais geral, frequentemente com referência específica às esculturas de Laussel Duhard (1990, 1991, 1993, 1994). "Infelizmente, o significado profundo da arte provavelmente se manterá desconhecido para nós" é de <www. musee-aquitaine-bordeaux.fr/en/laussel-venus>.

Cosquer: contando com a mão

Sobre a data da dispersão humana para fora da África, Groucutt *et al.* (2015) é um texto útil.

O papel do gesto na origem e/ou fundamentação dos conceitos numéricos é abordado, por exemplo, em Fischer (2012), Carey (2009), Gibson (2017) e Malafouris (2010).

A caverna Cosquer é descrita em Clottes *et al.* (1992a, 1992b), Clottes e Courtin (1994, 1996), Collina-Girard (1995) e Sartoretto *et al.* (1995) (com detalhes de sua submersão). A segunda campanha de estudo é pesquisada em Clottes *et al.* (2005a — na qual me baseio mais fortemente — e 2005b).

Outros estênceis de mão são descritos em Leroi-Gourhan (1967), Lorblanchet (1980), Groenen (1988), Barrière e Suères (1993), Delluc e Delluc (1993), Garcia e Duday (1993), Pettitt *et al.* (2015) e García-Diez *et al.* (2015). As interpretações dos estênceis de mão incluem Walsh (1979), Groenen (1990, 2011), Gilligan (2010), Cohen (2012), Culley (2016) e McCauley *et al.* (2018); e especificamente sobre a possibilidade de uma função de contagem, Rouillon (2006) e Overmann (2014). "Convidados indesejados" é de Houston (2004, p. 223).

Palavras de contagem

Sobre as origens das línguas, usei as coleções de pesquisas de Botha e Knight (2009a e 2009b); sobre a utilidade da comparação em massa e outras tentativas de reconstrução profunda além das famílias linguísticas ortodoxas, sigo Campbell e Poser (2008).

Trabalhos importantes sobre linguagem e número são de Hurford (1987) e Wiese (2003), este último propondo uma origem puramente linguística para a contagem; ver também Gelman e Butterworth (2005), Wiese (2007), Chrisomalis (2010a) e Wynn *et al.* (2013).

As palavras numéricas universais ou quase universais atualmente observáveis estão documentadas em Greenberg (1978), Corbett (1978), Gvozdanovic (1999),

Hammarström (2008a, 2008b), Donohue (2008), WALS s.v. "Bases numéricas" (por Comrie), Comrie (2020) e Epps *et al.* (2012); sobre ordinais, distributivos etc., ver WALS s.v. "Ordinal Numerals" (por Stolz e Veselinova), "Distributive Numerals" e "Numeral Classifiers" (ambos por Gil). Sobre certas raridades e suas implicações para esses universais, veja Plank (2009) e Hammarström (2010).

A analogia de um arbusto, em vez de uma reta ou escada, é de Bahn (1988, p. 65).

Interlúdio: os números

Uma maneira útil de abordar questões sobre o que são números é encontrada nos artigos da *Stanford Encyclopedia of Philosophy* (<plato.stanford.edu>), em "Philosophy of mathematics", "fictionalism", "formalism", "intuitionism", "nominalism", "structuralism" e "Platonism". Usei da grande literatura recente sobre este assunto de Badiou (2008), De Cruz e De Smedt (2010), De Cruz (2016), Giaquinto (2017) e Overmann (2016b). Também é feita alusão a Benacerraf (1973).

3 Contando com palavras e símbolos no Crescente Fértil

Suméria: contando símbolos

Aqui, sigo essencialmente Nissen *et al.* (1993) e Robson (2008); veja também Chrisomalis (2010b, cap. 7, e 2014). Sobre meu relato a respeito do desenvolvimento posterior da escrita matemática, agradeço particularmente a Robson (2008) e a Englund (2004); veja também os outros capítulos em Hudson e Wunsch (2004), Katz (2007, cap. 2 por Robson) e Valério e Ferrara (2020).

Mais informações sobre a gênese da escrita nessa região são retiradas de Lieberman (1980), Walker (1987, WWS seção 3, p. 37–56, por Michalowski e Cooper) e Overmann (2016a). Segui o que considero ser o equilíbrio da opinião atual; para uma interpretação diferente de evidências e escalas de tempo, veja Schmandt-Besserat (1992) e suas diversas publicações. "As pessoas devem ter percebido..." é do capítulo de Van de Mieroop em Nissen *et al.* (1993, p. 61).

Informações mais amplas sobre a história da região podem ser encontradas em Kuhrt (1995), Van de Mieroop (2004 e CWP cap. 3.7, Oates, cap. 3.8, Oates;

para suas línguas, veja CEWAL (cap. 2 por Michaelowski e cap. 8 por Huehnergard e Woods), e sobre acadiano, Goldenberg (2013) também.

Tiglate-Pileser I: contando pilhagem

A fonte fundamental para este capítulo é De Odorico (1995, veja p. 125 para a cidade de Katmuhu), suplementado por Robson (2008, cap. 5: "a aproximação tendia a ser usada..." está na p. 69; "Tipicamente um escriba sem barba", na p. 141). Mais informações sobre o período e a região são de Kuhrt (1995, veja p. 81–108, 348–65, 473–546), Van de Mieroop (2004, p. 89–98, 169–74, 216–52) e também CWP, cap. 3.8, Oates; "como se fosse um escabelo" está na p. 1503, e cap. 10, Özyar, p. 1545–47). Sobre Tiglate-Pileser I em particular, veja Grayson *et al.* (1987, p. 5–84; "Eu capturei em batalha o rei deles" é da p. 7; "Ganhei controle sobre terras", da p. 6).

Detalhes sobre a língua assíria são de CEWAL (capítulo 8 por Heuhnergard e Woods) e Goldenberg (2013), e sobre suas palavras numéricas, de Goetze (1946), bem como Huehnergard (2011, p. 235–38 e p. 10–11, 30–31, 110 em Goldenberg, 2013). Sua escrita é descrita em WWS (p. 37–56, por Cooper).

Teianti: contando moedas

Para a história do Egito nesse período, me baseio principalmente em Bagnall (1993), CWP (cap. 1.16, Hendrickx, e cap. 1.17, Ikram) e Erskine (2003, cap. 7, Thompson, e cap. 15, Rowlandson); veja também Rowlandson (1998). A linguagem e a escrita são analisadas respectivamente em CEWAL (cap. 7 por Loprieno) e WWS (seção 4, p. 73–83, por Ritner) (veja também Millet, 1990, e Dreyer, 1992); números e matemática, em Katz (2007, cap. 1 por Imhausen), Imhausen (2016; "ai de seus membros" está na p. 144) e Chrisomalis (2010b, cap. 2).

O documento discutido aqui é reproduzido, transcrito e traduzido em Glanville (1939, p. 43–45); a citação é da página 43); as discussões sobre o arquivo estão em Pestman (1989, p. 14–23) e mais detalhadamente em Depauw (2000). Veja também <www.trismegistos.org>, registro 43769, para uma interpretação diferente da data.

4 Cultura da contagem de Atenas ao Atlântico

Filocleon: contando votos

A linha geral de pensamento nesta seção se baseia fortemente em Netz (2002), de onde vem o termo "cultura da contagem" (para uma abordagem amplamente similar sobre materiais romanos — em especial, pompeianos —, veja Bailey, 2013). Discussões adicionais sobre numeracia no grego antigo estão em OHHM (cap. 2.1 por Asper) e Cuomo (2001, 2012, 2019) (veja também Van Berkel, 2017, e Sing *et al.*, 2021).

Palavras numéricas gregas são discutidas em Keyser (2015); veja mais sobre as palavras de contagem protoindo-europeias em Szemerency (1960), Gvozdanović (1992), Mallory e Adams (2006, p. 61–62) e Beekes e de Vaan (2011, cap. 16). Os usos retóricos gregos de números são pesquisados em Hawke (2008); veja também Rubincam (1991, 2001, 2003). A citação de Demóstenes (27.9–11) aparece em Schaps (2004, p. 18–19).

As notações numéricas gregas são discutidas em Tod (1911–12, 1913, 1926–27, 1936–37, 1950, 1954) (todas reimpressas em Tod, 1979), que a maioria das discussões subsequentes toma como ponto de partida. Contribuições recentes incluem Verdan (2017) e Keyser (2018); para a notação romana, Keyser (1988) também é importante. Crucialmente, me baseio em Chrisomalis (2003) quanto à relação dos numerais alfabéticos gregos com os modelos egípcios; veja mais em Chrisomalis (2010b, p. 140–43).

Os tribunais atenienses são discutidos em Boegehold (1995), e a troca de objetos de contagem, em Boegehold (1963); o *kleroterion* também é detalhado em Bishop (1970), Staveley (1972) e Hansen (1991). Muitos dos detalhes do procedimento judicial apresentados aqui para a época de Filocleon podem ser encontrados na *Constituição Ateniense* de Aristóteles; seu nome vem de Aristófanes, em *As vespas*. Outras práticas de votação, como as da Assembleia, são detalhadas em Kroll (1972), Staveley (1972), Lang (1990) e Hansen (1991).

Da imensa literatura sobre moedas gregas, consultei Price (1983), Howgego (1995, cap. 1), Von Reden (1997) e Schaps (2004); veja também Haselgrove e Haselgrove e Krmnicek (2012). As falas sobre "figos, funcionários do tribunal..." aparecem em Schaps (2004, p. 113), citando Eubulus *via* Athenaeus XIV (640b–c). Sobre a contabilidade ateniense e grega mais ampla, usei os ensaios de Davies, Harris, Kallet-Marx e Langdon em Osborne e Hornblower (1994), também Cuomo (2013).

Marco Aurélio: contando anos

A anedota sobre Marco Aurélio é de Cassius Dio, *Roman History* 71.32, traduzido por Earnest Cary. A linha de Beda "muito útil e fácil" é traduzida em Wallis (1999, p. 9). O sistema latino é discutido em Froehner (1884), Friedlein (1869), Bechtel (1909), Richardson (1916), Cordoliani (1942, 1961), Hilton Turner (1951, p. 69), Marrou (1958), Alföldi-Rosenbaum (1971), Williams e Williams (1995), Minaud (2006), Weddell (2012) e BNP s.v. "digitorum computatus"; O relato de Beda em particular em Jones (1937, 1943, p. 329–31) e Cordoliani (1948). Sobre aparições gregas, veja Schöll (1830, p. 345–47), Liddell e Scott (1996 s.v.) "πεμπάζω", Marrou (1958) e Arias e Hirmer (1960, p. 41–42, 54–55); sobre Rabanus Maurus, veja Tannery (1886) e Stevens (1968). Para o sistema em contextos árabes, veja Rödiger (1846), Palmer (1869), Lemoine (1932), Welborn (1932), Saidan (1978, p. 349–50).

"Dê-me mil beijos" é de Catulo 5, 7–8, sobre o qual, veja Minaud (2006); para uma interpretação do tabuleiro de contagem dessa passagem, veja Levy (1941); também (e para o "impudicus" em outro contexto) Turner (1951).

Branca de Castela: contando com prata

Ainda o texto definitivo sobre os tabuleiros de contagem em geral, e sobre *jetons*, é Barnard (1916) (veja também Jack, 1967). Também usei Sugden (1981), Schärlig (2006) e também OCD e BNP s.v. "abacus". Os tabuleiros de contagem gregos são discutidos neste último, bem como em Liddell e Scott (1996 s.v.) "ἄβαξ", e em Schärlig (2001a, 2001b). A controvérsia sobre a identidade de certos ábacos gregos reivindicados pode ser vista em Lang (1957, 1964, 1968) e Pritchett (1965, 1968). "Mais um estado de espírito do que um artefato" é de Netz (2002, p. 327).

Sobre a possibilidade de tábuas de contagem mesopotâmicas, veja Woods e Feliu (2017). Tábuas de contagem romanas são discutidas em Levy (1941), Wyatt (1964) e Fellman (1983), bem como em Schärlig (2006); contabilidade romana em Scheidel (1996), Cuomo (2011) e Bailey (2013).

Para o tabuleiro de contagem medieval, Barnard (1916) pode ser suplementado por Haskins (1912), Baxter (1989), Schärlig (2003) e Periton (2015). Também usei informações do *Oxford English Dictionary* s.vv. "chess" e "exchequer". Meu relato de Köbel (1514) se baseia no próprio livro. O "counting-bord" de Chaucer aparece em "The Shipman's Tale", linha 83; o insulto shakespeariano "counter-caster" em *Othello* 1.1.31.

Mais especificamente sobre jetons, também usei Turckheim-Pey (1997), Barnard (1920), Smith (1921), Freeman (1946), McLellan (2020) e Sarmant e Ploton-Nicollet (2010–).

Sobre Branca de Castela, baseei-me principalmente em Grant (2016). "Notavelmente hábil em garantir que fizessem o que ela queria" é da p. 11; "Ela reagiu corajosamente aos desafios", p. 104; "moda e charme", p. 319. Seus relatos também são discutidos em Bougenot (1889).

5 Símbolos numéricos da Índia

Sobre o nome desse conjunto de símbolos, veja Chrisomalis (2010b, p. 1, nota 1). Tentei, dentro do razoável, chamar os numerais brami, indianos, toledanos e arábicos como as pessoas em minhas histórias os chamavam na época.

Bhaskara II: numerais brami

Para o contexto mais amplo da escrita no sul da Ásia, veja WWS seção 30 (por Salomon) e CEWAL (cap. 26 por Jamison). Sobre os algarismos arábicos em particular, Smith e Karpinski (1911) e Ginsburg (1917) ainda são valiosos; Chrisomalis (2010b, cap. 6) é minha principal fonte.

Para o contexto da matemática na Índia, usei Katz (2007, cap. 4 por Plofker) e Plofker (2009). "Vós, radiante Agni" é citado em Plofker (2009, p. 13, de *Rg-veda* 2.1.8; "Salve, cem", na p. 14, de *Yajur-veda* 7.2.20; para "o universo é criado e destruído", veja p. 53. O *Lilavati* é discutido nas p. 182–91 e em outros lugares; veja também Plofker (2009b). "Ó Lilavati, menina inteligente", "Diga-me, garota astuta" e "Há um buraco" são de Katz (2007, cap. 4 por Plofker, p. 449, 454 e 459; "Um viajante em peregrinação" é de Plofker (2009, p. 185).

A contagem de palavras em sânscrito e relacionados é detalhada em CEWAL (cap. 26 por Jamison).

Ibn Mun'im: numerais em pó

Sobre o período e a localização, usei informações de Bennison (2016), Abun-Nasr (1987) e Fleet *et al.*, s.v. "Almohads"; sobre as ciências no mundo de língua árabe de Katz (2016, cap. 3 por Berggren), Brentjes, em OHHM (2018). Um sistema "que não requer nenhum material" é de Kunitzsch (2003, p. 5), de Muhammad ibn Yahya al-Sali, *Adab al-kuttab*; pessoas "malcomportadas", de Katz (2016, cap. 3 por Berggren, p. 532.

Os símbolos numéricos são discutidos em EHAS s.v. "Numeration and arithmetic" (por Saidan), Kunitzsch (2003) e Burnett (2002a, 2005, 2006); veja também o artigo clássico Gandz (1931). "Sutis descobertas" é de Burnett (2006, 15); "os indianos têm uma compreensão muito sutil", da p. 17 com nota 4 (tradução modificada).

A combinatória de Ibn Mun'im é discutida em Djebbar (1985), com uma tradução francesa do texto. Veja também Djebbar n.d., EHAS s.v. "Numeration and arithmetic" (por Saidan), Katz (2007, cap. 5 por Berggren, p. 660–65) e Katz (2016, cap. 3 por Berggren, p. 427–46).

Hugo de Lerchenfeld: numerais toledanos

Sobre o ábaco de Gerbert, veja Evans (1977a, 1977b, 1979). A trajetória posterior dos numerais arábicos no mundo latino é discutida em Lemay (1982), Burnett (1997, p. 48–53, com figuras 23–25), EHAS s.v. "The influence of Arabic mathematics in the medieval West" (por Allard), Berggren (2002), Kunitzsch (2005), Burnett (2002b), Chrisomalis (2010b, cap. 6), Weddell (2015) e Burnett (2020); veja também Katz (2016, cap. 1 por Folkerts e Hughes). Para a contribuição hispânica, veja Lemay (1977); sobre exemplos gregos, Allard (1977) e Wilson (1981), e sobre transmissão através de Antioch, Burnett (2000, p. 65–66, e 2003.

Sobre as práticas de cálculo com numerais, veja também Allard (1990) e Folkerts (1970, cap. 9–12, e 2001).

O caso específico que discuto aparece em Arrighi (1968) e Nothaft (2014) (cf. Herreman, 2001). Mais informações sobre Hugo de Lerchenfeld e os anais de Ratisbona podem ser encontradas em Von Fichtenau (1937) (veja especificamente p. 321–24) e *Geschichtsquellen des deutschen Mittelalters* (<//www.geschichtsquellen.de>) s.v. "Annales Ratisponenses", "Wolfgerus monachus Prufeningensis".

O material sobre a propagação latina posterior dos numerais é de Mercier (1987), Schärlig (2010), Crossley (2013) e Danna (2019). "Argus, o nobre contador" é de Chaucer, *The Book of the Duchess*, linha 435. Mitos sobre resistência aos numerais são abordados em Nothaft (2020).

A contabilista: contando em papel

Sobre Maes, veja Suchtelen *et al.* (2019); *A Contabilista* é discutida nas p. 92–95 e também em Rathbone (1951). Veja também Watkins *et al.* (1984, p. 218–19, por Robinson), Robinson (1996) e Eikemeier (1984); e a descrição em: <www.slam.org/collection/objects/38142/>.

Os estudos clássicos de livros de cifras são de Ellerton e Clements (2012, 2014). "Divida doze libras" e as duas citações subsequentes são de um livro de cifras norte-americano da década de 1770 descrito neste último; veja p. 67, 73 e 77. O gênero também é estudado em Denniss (2012) e em Wardhaugh (2012, cap. 3).

Caroline Molesworth: contando o clima

A tabulação numérica é pesquisada em Campbell-Kelly *et al.* (2003). Discussões importantes sobre as novas formas de contagem e quantificação no período são de Otis (2013), Porter (1995) e Poovey (1998), bem como para o caso americano, Cohen (1982).

A principal discussão sobre diários meteorológicos é de Golinski (2007). Exemplos específicos são discutidos em Golinski (2001), Brázdil *et al.* (2008), Lee *et al.* (2010), Lorrey (2012), Zhang (2013), Dominguez-Castro *et al.* (2015), Lorrey *et al.* (2016), Thornton *et al.* (2018), Sanderson (2018), Silva (2020) e O'Connor *et al.* (2021–22).

A literatura secundária sobre Molesworth é limitada a Ormerod (1880). "Rispidez e originalidade" é da p. viii; "muito gentil com os pobres", p. viii; e "Os trabalhos da srta. Molesworth não terão sido... em vão", p. xxi–xxii. Seus diários estão online em: <digital.nmla.metoffice.gov.uk/IO_3246bc57-dc56-4ac9- a372-9e5e439a3768/>.

Interlúdio: símbolos numéricos

Menninger (1969), Flegg (1983), Guitel (1975) e (resumidamente) Ifrah (1998) discutem as evidências sobre símbolos numéricos; Chrisomalis (2014) é uma discussão útil sobre o que não sabemos; o esboço de uma classificação nesta seção se baseia em Chrisomalis (2010b, p. 9–14). "Não existe um sistema de notação numérica ideal" é de Chrisomalis (2010b, p. 19).; "não estamos no ponto final", da p. 434.

6 Máquinas que contam: ao redor do Leste Asiático

Hong Gongshou: contando com varetas

O contexto da história da China é de Mote e Twitchett (2008); sobre suas línguas, veja CEWAL (cap. 41 por Peyraube) e sistemas de escrita WWS seção 14 (por Boltz). Notações numéricas são discutidas em Chrisomalis (2010b, cap. 8); veja também Chemla e Ma (2015) e Chemla (2019).

Sobre o governo e a economia do período Ming, usei Mote e Twitchett (2008, cap. 1, Hucker), e Ma e Von Glahn (2022, cap. 9, Lamouroux e Von Glahn); sobre tributação no período, Huang (1974) e Mote e Twitchett (2008, cap. 2, Huang); e sobre os registros do censo em particular, Rhee (2005) e Zhang (2008). A fonte citada aqui é de Rhee (2005); "a realocação de uma estação de imposto comercial específica" e "até 1578 a universidade imperial" são de Huang (1974, p. 176 e 5, respectivamente). "Um pagamento de serviço de 0,0147445814487 taéis de prata" e "fornecia um paraíso para cobradores de impostos e contadores de escalão inferior" são ambos de Mote e Twitchett (2008, cap. 2, Huang, p. 149).

Discussões sobre as varetas de contagem e numerais de varetas são encontradas em Volkov (1994, 2002, 2018); os textos matemáticos chineses clássicos também são discutidos em Libbrecht (1973, p. 447 para "O fazendeiro A cede mais de 407 mou"), Martzloff (1997), OHHM (cap. 7.1, Cullen), Katz (2007, cap. 3 por Dauben), Dauben (2019) e Yiwen (2020). "Unidades são verticais, dezenas horizontais" é citado em Chrisomalis (2010b, p. 264); "podia mover suas varetas de contagem como se estivessem voando" é de Needham e Wang (1959, p. 72); "o método é complicado", está em Katz (2007, cap. 3 por Dauben, p. 376).

Kiyoshi Matsuzaki (e Thomas Wood): contando com contas

As fontes primárias para o concurso são de Anon (1946) e Kojima (1954); o passo atrás para "a era das máquinas" e a "civilização" havia "cambaleado"' são ambos citados na p. 12. Mais informações contextuais são retiradas de Duus (2008), em especial cap. 4 (Fukui), cap. 7 (Coox) e cap. 10 (Kōsai e Goble); Chrisomalis (2020, p. 74) menciona a tradição anterior de tais concursos. Outra fonte primária importante para o uso de *soroban* em meados do século XX é Kojima (1963); histórias úteis incluem Pullan (1968) e Schärlig (2006). "As crianças vão para lá depois da escola" é de Stigler *et al.* (1986, p. 454).

"O caractere 'suan"' é de Dauben (1998, p. 1348, nota 12). Aspectos cognitivos do *suanpan* e *soroban* são discutidos em Hatano *et al.* (1977), Stigler *et al.* (1986), Hatta *et al.* (1989), Hishitani (1990), Miller e Stigler (1991), Yujie *et al.* (2020) e Wang (2020). Questões relacionadas, porém mais gerais, no processamento visual são relatadas em Alvarez e Cavanagh (2005), Halberda *et al.* (2006) e Feigenson (2008). Mais especificamente sobre o ábaco mental, veja Stigler *et al.* (1982), Stigler (1982, 1984), Hatano e Osawa (1983), Hatano *et al.*

(1987), Frank e Barner (2011), Kim (2016), Barner *et al.* (2016), Cho e So (2018), Brooks *et al.* (2018) e Cheng *et al.* (2021).

Hermann Hollerith e Kawaguchi Ichitaro: contando máquinas

A Máquina de Tabulação Elétrica de Kawaguchi é retratada e descrita em: <museum.ipsj.or.jp/en/computer/dawn/0056.html> e <museum.ipsj.or.jp/en/heritage/denkishukeiki.html>. Sobre o censo japonês, veja Matsuda (1981).

Sobre o censo dos EUA de 1890, fontes primárias importantes são de Walker (1888), Wright (1889), Anon (1890) ("Os formulários preenchidos" está na p. 132) e Porter (1891, 1894). Reflexões históricas logo após esse censo incluem Hunt (1899), Wright (1900, p. 69–79), SHCA (1903, veja p. 173–74) e Wilcox (1914). "Uma oficina mecânica bastante arrumada e arejada" e "seus tímpanos tilintam" são citados em Austrian (1982, p. 60–61), respectivamente do *Washington Star* de 26 de junho de 1890 e do *Saginaw (Michigan) Weekly* de 23 de outubro de 1890.

"A área não colonizada" do continente americano é de Turner (1986, p. 1). Histórias modernas do censo estadunidense incluem Anderson (1988), USCB (2002), Schor (2017) e Ruggles e Magnuson (2020). A perda dos registros de 1890 é discutida em O'Mahony (1991), Blake (1996) e Dorman (2008); "poderiam ser queimadas" é de Martin (1891, p. 525).

As próprias descrições de Hollerith sobre suas invenções aparecem em Hollerith (1889a, 1889b, 1894), entre muitas outras fontes. Outras discussões (relativamente) técnicas do período são de Martin (1891), Newcomb (1913, adoção por "quase todos os países civilizados" na p. 82) e Felt (1916). Da volumosa literatura secundária mais recente, apliquei Truesdell (1965), Bashe (1986) (com uma das descrições mais completas de como o sistema realmente funcionava), Reid-Green (1989), Campbell-Kelly (1989), Norberg (1990), Kistermann e Reston (1991), USCB (1991) e Campbell-Kelly *et al.* (2014). Além disso, sobre o próprio Hollerith, usei Austrian (1982) e *American National Biography* (<www.anb.org>).

Sobre o desenvolvimento posterior do cartão perfurado, consultei Lubar (2004) e Heide (2008, 2009).

Sia Yoon: contando curtidas

Sobre a história dos computadores, aproveitei os textos de Akera e Nebeker (2002), Haigh e Ceruzzi (2021), O'Regan (2008) e Campbell-Kelly *et al.* (2014);

sobre a revolução digital, Hobart e Schiffman (1998), Deuze (2006), Gere (2008), Clarke (2012) e George (2020). "Alucinação consensual" é de *Neuromancer* (William Gibson, 1984, p. 5).

Sobre a história coreana, fiz uso de Connor (2002), Kim (2017) (especialmente o capítulo de Zur) e Seth (2020); sobre a tecnologia nele contida, Choi (2017). Sobre K-pop e *manhwa* coreano, Lie (2014), Pasfield-Neofitou *et al.* (2016) e Jin (2016), e sobre o fenômeno *webtoon*, Jin (2015, "em uma viagem movimentada de metrô para o trabalho" é da p. 193), Kim e Yu (2019), Yecies *et al.* (2020), Shim *et al.* (2020) e Cho (2021). A história de Sia está online em: <webtoons.com/en/drama/my-dud-to-stud-boyfriend/list?title_no=4353>.

7 Contando palavras e mais: a região do Pacífico

Ayangkidarrba: contando ovos

Sobre a arqueologia australiana, pesquisei os capítulos 1.35 (White) e 1.37 (Bird) do CWP, e Cochrane e Hunt (2018, capítulos de Cochrane e Hunt, e O'Connor). Uma importante publicação recente sobre a arqueologia mais antiga no continente é Clarkson *et al.* (2017), com comentários e resposta que a acompanham (Clarkson *et al.*, 2018).

Uma fonte antropológica essencial para este capítulo é Keen (2004). Sobre as línguas do continente, é importante estar ciente, por um lado, de Dixon (1980, 2002), e, por outro, de relatos como Bowern e Koch (2004), Campbell e Poser (2008, p. 318–25) e CWP (cap. 1.42, Heggarty e Renfrew). Informações adicionais são retiradas de Hale (1975), Evans (2003), Cunningham *et al.* (2006, cap. 5 e 12), Miyaoka *et al.* (2007, cap. 12 por Walsh) e Leitner e Malcolm (2007). Sobre contagem em línguas australianas, referencio Harris (1982, 1987), Sayers (1982), McRoberts (1990), Bowern e Zentz (2012), Epps *et al.* (2012), Treacy *et al.* (2015) e Zhou e Bowern (2015).

Especificamente sobre Groote Eylandt e os anindilyakwa, usei Worsley (1954), Turner (1974, "acordavam ao nascer do sol", p. 165), e para o contato com o povo macassan, May *et al.* (2009). Sobre sua língua, Leeding (1989) e Van Egmond e Baker (2020). Sobre sua contagem, Stokes (1982), quando descrevo a situação das palavras numéricas e contagem documentadas (incluindo a rejeição de uma fonte macassan para os lexemas e o sistema de base 5). "A mão é erguida frouxamente" e "há uma história em Groote Eylandt" são de Stokes (1982, p. 43 e 39). Butterworth *et al.* (2008)

dá um relato diferente das palavras numéricas nesta língua e afirma que elas não são (agora) ensinadas às crianças, presumivelmente refletindo uma mudança recente.

Oksapmin: contagem de corpos

Para o contexto deste capítulo na etnografia e história da Papua-Nova Guiné, consultei Brongersma e Venema (1962) e Gammage (1998), e sobre as línguas da região as observações no cap. 1.42 do CWP (Heggarty e Renfrew), Dixon (2002) e Campbell e Poser (2008), e especialmente Lean (1992) e Owens *et al.* (2018). Sobre os oksapmin em particular, aproveitei Perey (1973, p. 27 para "uma travessia de jangada descrita como 'muito arriscada'"). Sobre a língua oksapmin, veja também Loughnane e Fedden (2011).

Sobre contagem na Nova Guiné, os estudos clássicos e monumentais são Lean (1992) e Owens (2001), sintetizados em Owens *et al.* (2018). Também me referi a Laycock (1975), De Vries (2014) e Dwyer e Minnegal (2016), e ao clássico Mimica (1988). Sobre o lado cognitivo e educacional, Matang (2005) e Matang e Owens (2014) são valiosos.

A contagem oksapmin em particular foi exaustivamente estudada em Saxe (1981, 1982, 1999), Saxe e Esmonde (2005), e a síntese, em Saxe (2012); veja também em: <culturecognition.com>. "*Tipana, tipnarip, bumrip, hadrip, hatatah*" são citados dessa forma em Saxe (2012, p. 271; veja p. 45 para uma transcrição ligeiramente diferente). "Todo tipo de inutilidades e itens desnecessários" é citado em Saxe (2012, p. 51). O material sobre a mudança no sistema numérico oksapmin é derivado principalmente de Saxe (1982, 2012) e Saxe e Esmonde (2005) (sobre o *fu*, em particular). "Em 1960, quando xelins e libras australianos eram usados" é de Saxe e Esmonde (2005, p. 209–10); "indivíduos iniciando sua participação em uma economia monetária" é de Saxe (2012, p. 30).

Tonga: contando folhas

Sobre a pré-história das ilhas do Pacífico, empreguei o relato clássico de Terrell (1986), bem como Kirch (2000) (de onde vem a frase "caminho dos ventos"), Oppenheimer (2004), CWP (cap. 1.31, Tanudirjo) e Hunt e Cochrane (2018) (artigos de Cochrane e Hunt, Terrell, Rieth e Cochran, Burley e Addison, o último tendo relevância particular para Tonga). Sobre a cultura tonganesa no período histórico, documentos importantes são Mariner (1818), Gifford (1929), Bott e

Tavi (1982); os escritos históricos mais recentes que consultei incluem Rutherford (1977), Petersen (2000), Campbell (2001) e Evans (2001).
Sobre a família de línguas austronésias, usei Lynch (2018), bem como o cap. 1.33 do CWP (Heggarty e Renfrew). Palavras numéricas em línguas oceânicas são discutidas em Harrison e Jackson (1984), Bender *et al.* (2006), Bender (2013) e Bender e Beller (2006a, 2006b, 2014, 2018, 2021); me baseio particularmente em seu 2006b para a interpretação da história complexa dos classificadores numéricos polinésios e micronésios e sistemas de contagem. Especificamente sobre palavras numéricas tonganesas, aplico Bender e Beller (2007); "as folhas de kie são cortadas ainda verdes" e as duas citações subsequentes são de Bender e Beller (2007, p. 230); "uma dessas apresentações", da p. 231, e "alguns não o usam e nem mesmo se lembram dos sistemas tradicionais", da p. 229. "Em Lamotrek e Fais" é de Bender e Beller (2006b, p. 400); "fruta-pão, folhas de pândano", da p. 385.

8 Panorama: contando nas Américas

Sobre a arqueologia das Américas, consultei o capítulo 2.14 do CWP (Collins) com Meltzer (2021). Informações gerais sobre línguas americanas são de Mithun (1999), cap. 2.36 do CWP (Heggarty e Renfrew) e Miyaoka *et al.* (2007); sobre numeracias americanas, de Chrisomalis (2010b, cap. 9), Closs (1986) e DeCesare (1999).

Yup'ik: contando jogos

Sobre a arqueologia yup'ik, veja Shaw (1998) e Masson-MacLean *et al.* (2020); também sobre a região, CWP (cap. 2.15, Anderson). A escavação em andamento de Nunalleq está documentada em <nunalleq.wordpress.com>, em que se dicute o conjunto de palitos de contagem(<nunalleq.wordpress.com/2018/07/23/artfact-of-the-day-20-july/); outras fontes usadas são Knecht e Jones (2019), Mossolova e Knecht (2019) (sobre máscaras) e Sloan (2021). "Pedaços de madeira lascados, estacas afiadas" e "projetando-se dos solos escuros" são de Knecht e Jones (2019, p. 28).

A documentação histórica dos modos de vida na região aparece em Nelson (1899); as descrições dos jogos, incluindo as três citações, são da p. 332. Veja também Funk (2010) sobre a "Guerra do Arco e Flecha"; fontes etnográficas consultadas incluem Fienup-Riordan (1990), Barker e Barker (1993), <yupikscience.org>, Williams (2009), Fienup-Riordan e Rearden (2012) e Jolles e Oozeva (2002).

A contagem em yup'ik é discutida particularmente em Koo e Bartman (1980); veja também (inclusive em línguas relacionadas) Baillargeon *et al.* (1977) ("'Quanto tempo demorou', perguntei", p. 126), Closs (1986, p. 129–80 por Denny), Lipka (1994) e Corbett e Mithun (1996). A tatuagem de contagem mencionada é de Carrillo (2014, p. 65); vários outros objetos de contagem podem ser vistos online no Museu Nacional do Índio Americano, Smithsonian Institution (<americanindian.si.edu>).

Pomo: contando custos

Fontes históricas e etnográficas sobre os pomo incluem Powers (1877), Barrett (1908), Loeb (1926), Stewart (1943), Barrett (1952) e Colson (1974); sobre as palavras numéricas nas sete línguas pomo, veja Dixon e Kroeber (1907, especialmente p. 676, 685, 686).

Fontes históricas sobre conchas monetárias na região incluem Stearns (1869, 1877); a fabricação de contas pomo é discutida em Loeb (1926, incluindo as págs. 176–78, 191–95, 229–30), e em Hudson (1897) e Gifford (1926, p. 329, 377–78, 386–87; p. 378 para "Wokox, o informante pomo do Sudeste"). Sobre as práticas econômicas da região de forma mais geral, Davis (1961) e Vayda (1967) são úteis; "o chefe anfitrião dividiu" é de Loeb (1926, p. 193), e "dois funerais em um mês", de Colson (1974, p. 205). Trabalhos mais recentes sobre o dinheiro pomo e sua história incluem Heizer (1975), Arnold e Munns (1994), Parker (2010), Burns (2019), Trubitt (2003) e Gamble (2020).

Waxaklahun-Ubah-K'awil: a contagem longa

Sobre a história geral dos maias, aproveitei Sharer e Traxler (2006); sobre as línguas maias, CWP (cap. 2.36, Heggarty e Renfrew) e CEWAL (cap. 43 por Bricker); e sobre suas escritas, WWS seção 12 (por Macri). As notações matemáticas também são discutidas em Closs (1986, p. 291–370) e em Chrisomalis (2010b, cap. 9). A questão do zero maia é discutida em Justeson (2010) e Blume (2011), além de Chrisomalis (2010b), em que continuo a questão de se a notação seria posicional e em que sentido.

Os calendários maias são discutidos em vários dos trabalhos citados e também em Gillispie *et al.* (2008), s.v. "Maya Numeration", Aveni (2001), Jones (2005), s.v. "Calendars: Mesoamerican Calendars", Pharo (2014), Normark (2016) e Milbrath (2017). Sobre Copán em particular, consultei Fash e Fash (1991, 2001), Schele e Mathews (1998, cap. 4), Wyllys e Fash (2005) e especialmente Newsome (1991). "Fôlego do rei expirou na guerra" é citado em Blume (2011, p. 51). Stela D também é discutido em Pineda de Carías *et al.* (2017).

Pirahã: a contagem perdida

O relato original da falta de palavras numéricas dos pirahã é de Gordon (2004); "grupos de nozes combinados com a fileira de pilhas" é da p. 498, e "Sentei diante do participante", da p. 497. Veja Pica *et al.* (2004) para uma discussão e Everett (2005) para mais trabalho experimental. "Os pirahã são algumas das pessoas mais brilhantes" é da p. 621; "não conseguiu encontrar ninguém" é da p. 632; "alguém pode pedir um rolo inteiro de tabaco" e "nesta 'relação comercial'" são da p. 626, e "Eu prefiro animais inteiros", da p. 625.

Questões sobre as observações originais são levantadas em Frank *et al.* (2008); veja Everett e Madora (2012) para uma resposta.

Bibliografia selecionada

Abun-Nasr, Jamil M., *A History of the Maghrib in the Islamic Period.* Cambridge, 1987.

Akera, Atsushi e Frederik Nebeker, *From 0 to 1: An Authoritative History of Modern Computing* (Oxford, 2002).

Alföldi-Rosenbaum, Elisabeth, "The finger calculus in antiquity and in the Middle Ages", *Frühmittelalterliche Studien 5* (1971), p. 1–9. Allard, André, "Le premier traité byzantin de calcul indien: classement des manuscrits et édition critique du texte", *Revue d'histoire des textes 7* (1977), p. 57–107.

Allard, André, "La formation du vocabulaire latin de l'arithmétique médiévale", in Olga Weijers, ed., *Méthodes et instruments du travail intellectuel au moyen âge: études sur le vocabulaire* (Turnhout, 1990), p. 137–81.

Alvarez, G. A. e P. Cavanagh, "Independent resources for atten- tional tracking in the left and right visual hemifields", *Psychological Science* 16 (2005), p. 637–43.

Álvarez-Fernández, Esteban, ed., *Special Issue: Personal Ornaments in Early Prehistory: A Review of Shells as Personal Ornamentation during the African Middle Stone Age, PaleoAnthropology* (2019).

Amalric, M. e S. Dehaene, "Cortical circuits for mathematical knowledge: evidence for a major subdivision within the brain's semantic networks", *Philosophical Transactions B* 373 (2017).

Anderson, Margo J., *The American Census: A Social History* (New Haven, 1988).

Anobile, G. *et al.*, "Number as a primary perceptual attribute: a review", *Perception 45* (2016), p. 5–31.

Anon., "To think or not to think?", *Time* (25 nov. 1946), p. 35.

______, "The Census of the United States", *Scientific American* 63 (30 ago. 1890), p. 132.

Arias, Paolo E. e Max Hirmer, *Tausend Jahre griechische Vasenkunst* (Munique, 1960).

Arnold, Jeanne E. e Ann Munns, "Independent or attached specialization: the organization of shell bead production in California", *Journal of Field Archaeology* 21 (1994), p. 473–89.

Arrighi, G., “La numerazione ‘arabica’ degli Annales Ratisbonenses”, *Physis* 10 (1968), p. 243–57.

Austrian, G., *Herman Hollerith: Forgotten Giant of Information Processing* (Nova York, 1982).

Aveni, Anthony, “Time, number, and history in the Maya world”, *KronoScope: Journal for the Study of Time* 1 (2001), p. 29–61.

Badiou, Alain, *Number and Numbers* (Cambridge, 2008).

Bagnall, R., *Egypt in Late Antiquity* (Princeton, 1993).

Bahn, Paul G., *Images of the Ice Age* (Oxford, 1988).

Bailey, Melissa, “Roman money and numerical practice”, *Revue belge de Philologie et d’Histoire* 91 (2013), p. 153–86.

Baillargeon, R. *et al.*, “Aspects sémantiques et structuraux de la numération chez les Inuit”, *Etudes Inuit* 1 (1977), p. 93–128.

Balme, J. e K. Morse, “Shell beads and social behaviour in Pleistocene Australia”, *Antiquity* 80 (2006), p. 799–811.

Barker, J. H. e R. Barker, *Always Getting Ready / Upterrlainarluta: Yup’ik Eskimo Subsistence in Southwest Alaska* (Seattle, 1993).

Barnard, F. P., *The Casting-Counter and the Counting-Board* (Oxford, 1916).

______, “Italian jettons”, *Numismatic Chronicle* 20 (1920), p. 216–72.

Barner, David *et al.*, “Learning mathematics in a visuospatial format: a randomized, controlled trial of mental abacus instruction”, *Child Development* 87 (2016), p. 1146–58.

Barrett, L., *Beyond the Brain: How Body and Environment Shape Human and Animal Minds* (Princeton, 2011).

Barrett, Samuel Alfred, *The Ethno-geography of the Pomo and Neighboring Indians* (Berkeley, CA, 1908).

______, *Material Aspects of Pomo Culture* (Milwaukee, 1952).

Barrière, C. e M. Suères, “Les mains de Gargas”, *Les Dossiers d’Archéologie* 178 (1993), p. 46–55.

Bashe, Charles J., *IBM’s early computers* (Cambridge, MA, 1986). Baxter, W. T., “Early accounting: the tally and checkerboard”, *The Accounting Historian’s Journal 16 (1989)*, p. 43–83.

Bechtel, Edward A., “Finger-counting among the Romans in the fourth century”, *Classical Philology* 4 (1909), p. 25–31.

Bednarik, R. G., “Beads and cognitive evolution”, Time and Mind: *The Journal of Archaeology, Consciousness and Culture* 1 (2008), p. 285–318.

Beekes, R. S. P. e Michiel Arnoud Cor de Vaan, *Comparative Indo-European Linguistics: An Introduction* (2. ed.: Amsterdã, 2011).

Beller, S. e A. Bender, "The limits of counting: numerical cognition between evolution and culture", *Science* 319 (2008), p. 213–15.

Benacerraf, Paul, "Mathematical truth", *Journal of Philosophy* 70 (1973), p . 661–79.

Bender, A., "Two accounts of Mangarevan counting... and how to evaluate them", *Journal of the Polynesian Society* 122 (2013), p. 275–87.

______. *et al.*, 'The cognitive advantages of counting specifically: a representational analysis of verbal numeration systems in Oceanic languages', *Topics in Cognitive Science* 7 (2006), p. 552–69.

______. e S. Beller, "'Fanciful' or genuine? Bases and high numerals in Polynesian number systems", *The Journal of the Polynesian Society* 115 (2006a), p. 7–46.

______, "Numeral classifiers and counting systems in Polynesian and Micronesian languages: common roots and cultural adaptations", *Oceanic Linguistics* 45 (2006b), p. 380–403.

______, "Counting in Tongan: The traditional number systems and their cognitive implications", *Journal of Cognition and Culture* 7 (2007), p. 213–39.

______, "Mangarevan invention of binary steps for easier calculation", *Proceedings of the National Academy of Sciences of the United States of America* 111 (2014), p. 1322–27.

______, "Numeration systems as cultural tools for numerical cognition", in D. B. Berch *et al.*, eds., *Mathematical Cognition and Learning: Language and Culture in Mathematical Cognition* (Cambridge, MA, 2018), p. 297–320.

______, "Ways of counting in Micronesia", *Historia Mathematica* 56 (2021), p. 40–72.

Bennison, Amira K., *The Almoravid and Almohad Empires* (Edimburgo, 2016).

Benson-Amram, S. *et al.*, "Numerical assessment in the wild: insights from social carnivores", *Philosophical Transactions* B 373 (2017).

Berggren, J. Lennart, "Medieval arithmetic: Arabic texts and European motivations", in John J. Contreni and Santa Casciani, eds., *Word, Image, Number: Communication in the Middle Ages* (Florence, 2002), p. 351–65.

Bishop, J. D., "The Cleroterium", *Journal of Hellenic Studies* 90 (1970), p. 1–14.

Blake, Kellee, "'First in the path of the firemen': The fate of the 1890 population census", *Prologue Magazine* 28 (Primavera 1996), parts 1–2.

Blume, Anna, "Maya concepts of zero", *Proceedings of the American Philosophical Society* 155 (2011), p. 51–88.

Boegehold, Alan L., "Toward a study of Athenian voting procedure", *Hesperia* 32 (1963), p. 366–74.

______, *The Lawcourts at Athens* (Princeton, 1995). Botha, R., "Prehistoric shell beads as a window on language evolution", *Language & Communication* 28 (2008), p. 197–212.

Botha, R., *Language Evolution: The Windows Approach* (Cambridge, 2016).

______ e Chris Knight, *The Prehistory of Language* (Oxford, 2009a).

______, *The Cradle of Language* (Oxford, 2009b).

Bott, E., with the assistance of Tavi, *Tongan Society at the Time of Captain Cook's Visits: Discussions with Her Majesty Queen Salote Tupou* (Wellington, 1982).

Bougenot, Etienne S., "Comptes de dépenses de Blanche de Castille", *Bulletin du Comité des travaux historiques et scientifiques: section d'histoire et de philologie* (1889), p. 86–91.

Bouzouggar, A. *et al.*, "82,000-year-old shell beads from North Africa and implications for the origins of modern human behavior", *Proceedings of the National Academy of Sciences of the United States of America* 104 (2007), p. 9964–69.

Bowern, C. e H. Koch, *Australian Languages: Classification and the Comparative Method* (Amsterdã, 2004).

Bowern, Claire e Jason Zentz, "Diversity in the Numeral Systems of Australian Languages", *Anthropological Linguistics* 54 (2012), p. 133–60.

Boyer, Carl B., "Fundamental steps in the development of numeration", *Isis* 35 (1944), p. 153–65.

Brázdil, R. *et al.*, "Weather information in the diaries of the Premonstratensian Abbey at Hradisko, in the Czech Republic, 1693–1783", *Weather* 63 (2008), p. 201–07.

Brentjes, S., *Teaching and Learning the Sciences in Islamicate Societies (800–1700)* (Turnhout, 2018).

Brongersma, L. D. e G. F. Venema, *To the Mountain of the Stars* (Londres, 1962).

Brooks, Alison S. e Catherine C. Smith, "Ishango revisited: new age determinations and cultural interpretations", *The African Archaeological Review* 5 (1987), p. 65–78.

Brooks, N. B. *et al.*, "The role of gesture in supporting mental representations: The case of mental abacus arithmetic", *Cognitive Science* 42 (2018), p. 554–75.

Bullington, Jill e Steven R. Leigh, "Rock art revisited" [carta], *Science* 296 (2002), p. 468.

Burnett, Charles, *The Introduction of Arabic Learning into England* (Londres, 1997).

______, "Antioch as a link between Arabic and Latin culture in the twelfth and thirteenth centuries", in A. Tihon *et al.*, eds., Occident et Proche-Orient: contacts scientifiques au temps des croisades (Louvain-la-Neuve, 2000), p. 1–78.

______, "Indian numerals in the Mediterranean Basin in the twelfth century, with special reference to the 'Eastern forms'", in Y. Dold-Samplonius *et al.*, eds., *From China to Paris: 2000 years' transmission of mathematical ideas* (Stuttgart, 2002a), p. 237–88.

______, "The abacus at Echternach in ca. 1000 A.D.", *SCIAMVS* 3 (2002b), p. 91–108.

______, "The use of Arabic numerals among the three language cultures of Norman Sicily", *Römisches Jahrbuch der Bibliotheca Hertziana* 35 (2005), p. 39–48.

______, "The semantics of Indian numerals in Arabic, Greek and Latin", *Journal of Indian Philosophy* 34 (2006), p. 15–30.

______, "The Palaeography of Numerals", in Frank T. Coulson and Robert G. Babcock, eds., *The Oxford Handbook of Latin Palaeography* (Oxford, 2020), p. 25–36.

Burns, Gregory, "Evolution of Shell Bead Money in Central California: An Isotopic Approach", dissertação Ph.D., University of California, 2019.

Burr, D. C. *et al.*, "Psychophysical evidence for the number sense", *Philosophical Transactions B* 373 (2017).

Butterworth, B. *et al.*, "Numerical thought with and without words: evidence from indigenous Australian children", *Proceedings of the National Academy of Sciences* 105 (2008), p. 13179–84.

Butterworth, B. *et al.*, eds., "Discussion meeting issue 'The origins of numerical abilities'", *Philosophical Transactions* B 373 (2018).

Cain, C. R., "Implications of the marked artifacts of the Middle Stone Age of Africa", *Current Anthropology* 47 (2006), p. 675–81.

Campbell, I. C., *Island Kingdom: Tonga Ancient and Modern* (Christchurch, 2001).

Campbell, Lyle e William J. Poser, *Language Classification: History and Method* (Cambridge, 2008).

Campbell-Kelly, Martin, "Punched-card machinery", in William Aspray, ed., *Computing before Computers* (Ames, 1989), p. 122–55.

______ *et al.*, *Computer: A History of the Information Machine* (3. ed.: Boulder, CO, 2014).

______ *et al.*, eds., *The History of Mathematical Tables: From Sumer to Spreadsheets et al.* (Oxford, 2003).

Cantlon, J. F. e E. M. Brannon, "Basic math in monkeys and college students", *PLoS biology* 5 (2007a), e328.

______, "How much does number matter to a monkey (Macaca mulatta)?", *Journal of Experimental Psychology: Animal Behavior Processes* 33 (2007b), p. 32–41.

Carey, S., *The Origin of Concepts* (Nova York, 2009).

Carrillo, Mariah, "Transformative skin: the ongoing legacy of Inuit and Yupik women's tattoos", dissertação MA, University of New Mexico, 2014.

Chemla, Karine, "Different clusters of text from ancient China, different mathematical ontologies", HAU: *Journal of Ethnographic Theory 9* (2019), p. 99–112.

______ e B. Ma, "How do the earliest known mathematical writings highlight the state's management of grains in early imperial China?", *Archive for History of Exact Sciences 69* (2015), p. 1–53.

Cheng, Dazhi *et al.*, "Chinese kindergarteners skilled in mental abacus have advantages in spatial processing and attention", *Cognitive Development* 58 (2021).

Cho, Heekyoung, "The platformization of culture: webtoon platforms and media ecology in Korea and beyond", *The Journal of Asian Studies* 80 (2021), p. 73–93.

Cho, Philip S. e Wing Chee So, "A feel for numbers: the changing role of gesture in manipulating the mental representation of an abacus among children at different skill levels", *Frontiers in Psychology* 9 (2018), Article 1267.

Choi, Hyungsub, "The Social Construction of Imported Technologies: Reflections on the Social History of Technology in Modern Korea", *Technology and Culture* 58 (2017), p. 905–20.

Chrisomalis, Stephen, "The Egyptian origin of the Greek alphabetic numerals", *Antiquity* 77 (2003), p. 485–96.

______, "Indiscrete infinities: numerical representations and the evolution of language", artigo apresentado no 40th Annual Meeting of the Michigan Linguistics Society (Flint, MI, 2010a).

______, *Numerical Notation: A Comparative History* (Cambridge, 2010b).

______, "Six Unresolved Questions in the Early History of Numeration", artigo apresentado em Signs of Writing: The Cultural, Social, and Linguistic Contexts of the World's First Writing Systems Neubauer Collegium for Culture and Society (Chicago, IL, 2014).

______, *Reckonings: Numerals, Cognition, and History* (Cambridge, MA, 2020).

Clark, A. e D. Chalmers, "The extended mind", *Analysis* 58 (1998), p. 7–19.

Clarke, Michael, "The digital revolution", in Robert Campbell *et al.*, eds., *Academic and Professional Publishing* (Oxford, 2012), p. 79–98.

Clarkson, C. *et al.*, "Human occupation of northern Australia by 65,000 years ago", *Nature* 547 (2017), p. 306–25.

______, Respostas a comentários em Clarkson *et al.* (2017), "Human occupation of northern Australia by 65,000 years ago", *Australian Archaeology* 84 (2018), p. 84–89.

Clements, Douglas H., "Subitizing: The neglected quantifier", in A. Norton and M. W. Alibali, eds., *Constructing Number* (Cham, 2019).

Closs, M., ed., *Native American Mathematics* (Austin, TX, 1986).

Clottes, J. e J. Courtin, *La grotte Cosquer. Peintures et gravures de la caverne engloutie* (Paris, 1994).

______, *The Cave Beneath the Sea: Paleolithic Images at Cosquer* (Nova York, 1996).

Clottes, J. *et al.*, "The Cosquer Cave on Cape Morgiou, Marseilles", Antiquity 66 (1992a), p. 583–98.

______, "La grotte Cosquer datée", *Bulletin de la Société préhistorique française* 89 (1992b), p. 230–34.

______, *Cosquer redécouvert* (Paris, 2005a).

______, "Nouvelles recherches a la Grotte Cosquer (Marseille)", *Munibe Antropologia-Arkeologia* 57 (2005b), p. 9–22.

Cochrane, Ethan E. e Terry L. Hunt, *The Oxford Handbook of Prehistoric Oceania* (Oxford, 2018).

Cohen, Patricia C., *A Calculating People: The Spread of Numeracy in Early America* (Chicago, 1982).

Cohen, Claudine, "Symbolique de la main dans l'art pariétal paléolithique", *Académie des beaux-arts* (2012), p. 61–73.

Coinman, N. R., "Worked bone in the Levantine Upper Paleolithic: Rare examples from the Wadi al-Hasa, West-Central Jordan", *Paléorient* 22 (1996), p. 113–21.

Collina-Girard, J., "La Grotte Cosquer et les sites paléolithiques du littoral marseillais (entre Carry le Rouet et Cassis)", *Méditerranée* 3 (1995), p. 7–19.

Colson, Elizabeth, *Autobiographies of Three Pomo Women* (Berkeley, CA, 1974).

Comrie, Bernard, "Revisiting Greenberg's 'Generalizations about Numeral Systems' (1978)", *Journal of Universal Language* 21 (2020), p. 43–84.

Connor, Mary E., *The Koreas: A Global Studies Handbook* (Santa Barbara, CA, 2002).

Coolidge, F. L. e Karenleigh A. Overmann, "Numerosity, Abstraction, and the Emergence of Symbolic Thinking", *Current Anthropology* 53 (2012), p. 204–25.

Corbett, Greville G., "Universals in the syntax of cardinal numerals", *Lingua* 46 (1978), p. 355–68.

Corbett, Greville G. e Marianne Mithun, "Associative Forms in a Typology of Number Systems: Evidence from Yup'ik", *Journal of Linguistics* 32 (1996), p. 1–17.

Cordoliani, A., "Etudes du comput I: Note sur le manuscrit 7418 de la Bibliotheque Nationale", *Bibliothèque de l'École des chartes* 103 (1942), p. 61–65.

______, "A propos du Chapitre premier du De Temporum ratione, de Bede", *Le Moyen Age* 54 (1948), p. 209–23.

______, "Les manuscrit de comput des bibliotheques d'Utrecht", *Scriptorium* 15 (1961), p. 76–85.

Crossley, John N., "Old-fashioned versus newfangled: reading and writing numbers, 1200–1500", *Studies in Medieval and Renaissance History* 10 (2013), p. 79–109.

Crump, T., The Anthropology of Numbers (Cambridge, 1990). Culley, Elisabeth V., "A Semiotic Approach to the Evolution of Symboling Capacities During the Late Pleistocene with Implications for Claims of 'Modernity'", dissertação Ph.D., Arizona State University, 2016.

Cunningham, D. *et al.*, Language Diversity in the Pacific: Endangerment and Survival (Clevedon, 2006).

Cuomo, Serafina, *Ancient Mathematics* (Londres, 2001).

______, "All the proconsul's men: Cicero, Verres, and account-keeping", in A. Roselli, ed., *L'insegnamento delle technai nelle culture antiche* (Pisa, 2011), p. 165–88.

______, "Exploring ancient Greek and Roman numeracy", BSHM Bulletin: *Journal of the British Society for the History of Mathematics* 27 (2012), p. 1–12.

________, "Accounts, numeracy and democracy in classical Athens", in M. Asper, ed., *Writing Science: Medical and Mathematical Authorship in Ancient Greece* (Berlim, 2013), p. 255–78.

______, "Mathematical traditions in Ancient Greece and Rome", HAU *Journal of Ethnographic Theory* 9 (2019), p. 75–85.

d'Errico, F., "A new model and its implications for the origin of writing: The La Marche antler revisited", *Cambridge Archaeological Journal* 5 (1995), p. 163–206.

______, "The invisible frontier: a multiple species model for the origin of behavioural modernity", *Evolutionary Anthropology* 12 (2003), p. 182–202.

______ e C. Cacho, "Notation versus decoration in the Upper Paleolithic: A case-study from Tossal de la Roca, Alicante, Spain", *Journal of Archaeological Science* 21 (1994), p. 185–200.

________ *et al.*, "An engraved bone fragment from c. 70,000-year-old Middle Stone Age levels at Blombos Cave, South Africa: implications for the origin of symbolism and language", *Antiquity* 75 (2001), p. 309–18.

d'Errico, F. *et al.* "Archaeological evidence for the emergence of language, symbolism, and music: an alternative multidisciplinary perspective", *Journal of World Prehistory* 17 (2003), p. 1–70.

______, "*Nassarius kraussianus* shell beads from Blombos Cave: Evidence for symbolic behaviour in the Middle Stone Age", *Journal of Human Evolution* 48 (2005), p. 3–24.

______, "Possible shell beads from the Middle Stone Age layers of Sibudu Cave, South Africa", *Journal of Archaeological Science* 35 (2008), p. 2675–85.

______, "Additional evidence on the use of personal ornaments in the Middle Paleolithic of North Africa", *Proceedings of the National Academy of Sciences* 106 (2009), p. 16051–56.

______, "Assessing the accidental versus deliberate colour modification of shell beads: a case study on perforated *Nassarius kraussianus* from Blombos Cave Middle Stone Age levels", *Archaeometry* 57 (2015), p. 51–76.

______, "From number sense to number symbols: An archaeological perspective", *Philosophical Transactions B* 373 (2017).

Damerow, P., "The material culture of calculation: A theoretical framework for a historical epistemology for the concept of number", in U. Gellert e E. Jablonka, eds., *Mathematisation and Demathematisation: Social, Philosophical and Educational Ramifications* (Rotterdam, 2007), p. 19–56.

Danna, Raffaele, "Figuring out: the spread of Hindu-Arabic numerals in the European tradition of practical mathematics (13th–16th centuries)", *Nuncius* 36 (2021), p. 5–48.

Dantzig, Tobias, *Number: The Language of Science* (Londres, 1930).

Dartnall, T., "Does the World Leak Into the Mind? Active Externalism, 'Internalism' and Epistemology", *Cognitive Science* 29 (2005), p. 135–43.

Dauben, Joseph W., "Ancient Chinese mathematics: the (*Jiu Zhang Suan Shu*) vs Euclid's Elements. Aspects of proof and the linguistic limits of knowledge", *International Journal of Engineering Science* 36 (1998), p. 1339–59.

______, "The evolution of mathematics in ancient China: from the newly discovered *Shu* and *Suan Shu Shu* bamboo texts to the *Nine Chapters on the Art of Mathematics*", *Revista Brasileira de História da Matemática* 19 (2019), p. 25–78.

Davis, J. T., *Trade Routes and Economic Exchange among the Indians of California* (Berkeley, 1961).

Davis, S. J. M., "Incised bones from the Mousterian of Kebara cave (Mount Carmel) and the Aurignacian of Ha-Yonim cave (Western Galilee), Israel", *Paléorient* 2 (1974), p. 181–82.

DeCesare, Richard Patrick, "Indigenous mathematics of Native North Americans: A sourcebook for educators", dissertação de doutorado, Columbia University, 1999.

De Cruz, Helen, "Numerical cognition and mathematical realism", *Philosophers' Imprint* 16 (2016).

______ e J. De Smedt, "The innateness hypothesis and mathematical concepts", *Topoi* 29 (2010), p. 3–13.

______ *et al.*, "The cognitive basis of arithmetic", in Benedikt Löwe and Thomas Müller, eds, *Philosophy of Mathematics: Sociological Aspects and Mathematical Practice* (Londres, 2010), p. 59–106.

De Heinzelin, Jean, *Les Fouilles d'Ishango* (Brussels 1957).

______, "Ishango", *Scientific American* 206 (1962), p. 105–18.

De Odorico, Marco, *The Use of Numbers and Quantifications in the Assyrian Royal Inscriptions* (Helsinki, 1995).

De Vries, Lourens, "Numerals in Papuan languages of the Greater Awyu family", in Anne Storch and Gerrit J. Dimmendaal, eds., *Number — Constructions and Semantics: Case Studies from Africa, Amazonia, India and Oceania* (Amsterdã, 2014), p. 329–54.

Delluc, B. e G. Delluc, "Images de la main dans notre préhistoire", *Les Dossiers d'Archéologie* 178 (1993), p. 32–45.

Denniss, John, *Figuring It Out: Children's Arithmetical Manuscripts, 1680–1880* (Oxford, 2012).

Depauw, Mark, *The Archive of Teos and Thabis from Early Ptolemaic Thebes: P. Brux. Dem. Inv. E. 8252–8256* (Brussels, 2000).

Deuze, Mark, "Participation, remediation, bricolage: considering principal components of a digital culture", *The Information Society* 22 (2006), p. 63–75.

Ditz, H. M. e A. Nieder, "Neurons selective to the number of visual items in the corvid songbird endbrain", *Proceedings of the National Academy of Sciences* 112 (2015), p. 7827–32.

______, "Numerosity representations in crows obey the Weber–Fechner law", *Proceedings of the Royal Society B* 283 (2016).

Dixon, Robert M. W., *The Languages of Australia* (Cambridge, 1980).

______, *Australian Languages: Their Nature and Development* (Cambridge, 2002).

Dixon, R. B. e A. L. Kroeber, "Numeral systems of the languages of California", *American Anthropologist* 9 (1907), p. 663–90.

Djebbar, A., *L'Analyse combinatoire au Maghreb: L'Exemple d'Ibn Mun'im (XIIe–XIIIe s.)* (Orsay, 1985).

_____, "Les pratiques combinatoires au Maghreb à l'époque de Raymond Lulle'" *Quaderns de la Mediterrània* 9 (n. d.), p. 85–91.

Domínguez-Castro, Fernando *et al.*, "An early weather diary from Iberia (Lisboa, 1631–1632)", *Weather* 70 (2015), p. 20–24.

Donohue, M., "Complexities with restricted numeral systems", *Linguistic Typology* 12 (2008), p. 423–29.

Dorman, Robert L., "The creation and destruction of the 1890 Federal Census", *The American Archivist* 71 (2008), p. 350–83.

Dreyer, Günter, "Recent discoveries at Abydos cemetery U", in Brink, Edwin C. M. van Den, ed., *The Nile Delta in Transition: 4th-3rd Millennium BC* (Tel Aviv, 1992), p. 293–99.

Duhard, J.-P., "Le calendrier obstétrical de la femme à la corne en bas-relief de Laussel", *Bulletin de la société historioue et archéologique du Périgord* 115 (1988), p. 23–39.

_____, "Etude morphologique de la Femme à la corne en bas-relief de Laussel", *Bulletin de la Société Historique et Archéologique du Périgord* 116 (1989), p. 257–75.

_____, "Le corps féminin et son langage dans l'art paléolithique", *Oxford Journal of Archaeology* 9 (1990), p. 241–55.

_____, "The shape of Pleistocene women", *Antiquity* 65 (1991), p. 552–61.

_____, "The Upper Palaeolithic figures as a reflection of human morphology and social organization", *Antiquity* 67 (1993), p. 83–91.

_____, "L'identité physiologique, un élément d'interprétation des figurations féminines paléolithiques", *Trabajos de Prehistoria* 51 (1994), p. 39–53.

Duus, Peter, *The Cambridge History of Japan: Volume 6, The Twentieth Century* (Cambridge, 2008).

Dwyer, P. e M. Minnegal, "Counting systems of the Strickland-Bosavi languages, Papua New Guinea", *Language and Linguistics in Melanesia* 34 (2016), p. 1–36.

Eikemeier, Peter, "von Frans Hals bis Vermeer", *Kunstchronik* 37 (1984), p. 444–48.

Ellerton, Nerida e M. A. (Ken) Clements, *Rewriting the History of School Mathematics in North America 1607–1861: The Central Role of Cyphering Books* (Dordrecht, 2012).

Ellerton, Nerida e M. A., *Abraham Lincoln's Cyphering Book and Ten Other Extraordinary Cyphering Books* (Nova York, 2014).

Englund, R. K., "Proto-cuneiform account books and journals", in M. Hudson and C. Wunsch, eds., *Creating Economic Order: Record-keeping, Standardization and the Development of Accounting in the Ancient Near East* (Bethesda, MD, 2004), p. 23–46.

Epps, P. *et al.*, "On numeral complexity in hunter-gatherer languages", *Linguistic Typology* 16 (2012), p. 41–109.

Erskine, Andrew, ed., *A Companion to the Hellenistic World* (Oxford, 2003).

Evans, G. R., "Difficillima et Ardua: theory and practice in treatises on the abacus 950–1150", *Journal of Medieval History* 3 (1977a), p. 21–38.

______, "From abacus to algorism: theory and practice in medieval arithmetic", *The British Journal for the History of Science* 10 (1977b), p. 114–31.

______, "Schools and scholars: the study of the abacus in English schools c. 980–c.1150", *The English Historical Review* 94 (1979), p. 71–89.

Evans, M., *Persistence of the Gift: Tongan Tradition in Transnational Context* (Waterloo, 2001).

Evans, N., ed., *The Non-Pama-Nyungan Languages of Northern Australia: Comparative Studies of the Continent's Most Linguistically Complex Region* (Camberra, 2003).

Everett, C. e K. Madora, "Quantity recognition among speakers of an anumeric language", *Cognitive Science* 36 (2012), p. 130–41.

Everett, D. L., "Cultural constraints on grammar and cognition in Pirahã", *Current Anthropology* 46 (2005), p. 621–46.

Fash, William L. e Barbara W. Fash, *Scribes, Warriors, and Kings: The City of Copán and the Ancient Maya* (Londres, 1991-2001).

Feigenson, L., "Parallel non-verbal enumeration is constrained by a set-based limit", *Cognition* 107 (2008), p. 1–18.

Fellmann, Rudolf, "Römische Rechentafeln aus Bronze", *Antike Welt* 14 (1983), p. 36–40.

Felt, D. E., *Mechanical Arithmetic, or, The History of the Counting Machine* (Illinois, 1916).

Fienup-Riordan, A., *Eskimo Essays: Yup'ik Lives and how We See Them* (New Brunswick, 1990).

______ e A. Rearden, *Ellavut/Our Yup'ik World and Weather: Continuity and Change on the Bering Sea Coast* (Seattle, 2012).

Fischer, Martin H., "A hierarchical view of grounded, embodied and situated numerical cognition", *Cognitive Processing* 38 (2012).

Fleet, Kate *et al.*, eds., *Encyclopaedia of Islam* (3. ed., brill.com).

Flegg, G., *Numbers, Their History and Meaning* (Nova York, 1983).

Folkerts, M. ed., *"Boethius" Geometrie II: Ein mathematisches Lehrbuch des Mittelalters* (Wiesbaden, 1970).

Folkerts, M., "Early texts on Hindu-Arabic calculation", *Science in Context* 14 (2001), p. 13–38.

Frank, M. e D. Barner, "Representing exact number visually using mental abacus", *Journal of Experimental Psychology* 141 (2011), p. 134–49.

Frank, M. C. *et al.*, "Number as a cognitive technology: Evidence from Pirahã language and cognition", *Cognition* 108 (2008), p. 819–24.

Freeman, S. E., "The jetons of the deans of the old faculty of medicine in Paris", *Bulletin of the History of Medicine* 19 (1946), p. 48–95.

Friedlein, Gottfried, *Die Zahlzeichen und das elementare Rechnen* (Erlangen, 1869).

Froehner, W., "Le Comput digital", *Annuaire de la Société Française de numismatique et d'archéologie* 8 (1884), p. 232–38.

Funk, C., "The Bow and Arrow War Days on the Yukon-Kuskokwim Delta of Alaska", *Ethnohistory* 57 (2010), p. 523–69.

Gallistel, C. R. "Finding numbers in the brain", *Philosophical Transactions B* 373 (2017).

Gamble, Lynn H., "The origin and use of shell bead money in California", *Journal of Anthropological Archaeology* 60 (2020).

Gammage, B., *The sky travellers: Journeys in New Guinea 1938–1939* (Victoria, 1998).

Gandz, Solomon, "The Origin of the Ghubar Numerals, or the Arabian Abacus and the Articuli", *Isis* 16 (1931), p. 393–424.

Garcia, M. A. e H. Duday, "Les empreintes de mains dans l'argile des grottes ornées", *Les Dossiers d'Archéologie* 178, (1993), p. 56–59.

García-Diez, Marcos *et al.*, "The chronology of hand stencils in European Palaeolithic rock art: implications of new U-series results from El Castillo Cave (Cantábria, Espanha)", *Journal of Anthropological Sciences* 93 (2015), p. 1–18.

Gelman, R. e B. Butterworth, "Number and language: How are they related?", *Trends in Cognitive Sciences* 9 (2005), p. 6–10.

George, Éric, ed., *Digitalization of Society and Socio-Political Issues 1: Digital, Communication, and Culture* (Newark, 2020).

Gere, Charlie, *Digital Culture* (Londres, 2008).

Giaquinto, M., "Cognitive access to numbers: the philosophical significance of empirical findings about basic number abilities", *Philosophical Transaction B* 373 (2017).

Gibson, Dominic, "Gesture's Role in Bridging Symbolic and Nonsymbolic Representations of Number", dissertação Ph.D., University of Chicago, 2017.

Gifford, Edward W., *Clear Lake Pomo Society* (California, 1926).

______, *Tongan Society* (Honolulu, 1929).

Gilligan, I., "The prehistoric development of clothing: archaeological implications of a thermal model", *Journal of Archaeological Method and Theory* 17 (2010), p. 15–80.

Gillispie, Charles C. *et al.*, eds., *Complete Dictionary of Scientific Biography* (Detroit, 2008).

Ginsburg, Jekuthial, "New light on our numerals", *Bulletin of the American Mathematical Society* 23 (1917), p. 366–69.

Glanville, S. R. K., *Catalogue of Demotic Papyri in the British Museum. Volume 1, A Theban Archive of the Reign of Ptolemy I, Soter* (Londres, 1939).

Goetze, Albrecht, "Number Idioms in Old Babylonian", *Journal of Near Eastern Studies* 5 (1946), p. 185–202.

Goldenberg, Gideon, *Semitic Languages: Features, Structures, Relations, Processes* (Oxford, 2013).

Golinski, Jan, "'Exquisite Atmography': theories of the world and experiences of the weather in a diary of 1703', *The British Journal for the History of Science* 34 (2001), p. 149–71.

______, *British Weather and the Climate of Enlightenment* (Chicago, 2007).

Gordon, P., "Numerical Cognition Without Words: Evidence from Amazonia", *Science* 306 (2004), p. 496–99.

Grant, Lindy, *Blanche of Castile: Queen of France* (New Haven, 2016).

Grayson, Albert Kirk *et al.*, *Assyrian Rulers of the Third and Second Millennia BC* (to 1115 BC) (Toronto, 1987).

Greenberg, J. H., "Generalizations about numeral systems", in J. H. Greenberg, ed., *Word Structure: Vol. 3. Universals of Human Language* (Stanford, 1978), p. 249–95.

Groenen, Marc, "Les représentations de mains négatives dans les grottes de Gargas et de Tibiran (Hautes-Pyrénées). Approche méthodologique", *Bulletin de la Société royale belge d'Anthropologie et de Préhistoire* 99 (1988), p. 81–113.

______, "Quelques problèmes à propos des mains négatives dans les grottes paléolithiques. Approche épistémologique", *Annales d'Histoire de l'art et d'Archéologie* 12 (1990), p. 7–29.

Groenen, Marc, "Images de mains dans la préhistoire. La part de l'œil", *Revue de pensée des arts plastiques* (2011), p. 56–69.

Groucutt, H. S. *et al.*, "Rethinking the dispersal of Homo sapiens out of Africa", *Evolutionary Anthropology: Issues, News, and Reviews* 24 (2015), p. 149–64.

Guitel, Geneviève, *Histoire comparée des numérations écrites* (Paris, 1975).

Gvozdanović, J., ed., *Indo-European Numerals* (Berlim, 1992).

______, *Numeral Types and Changes* Worldwide (Berlim, 1999).

Haigh, Thomas e Paul E. Ceruzzi, *A New History of Modern Computing* (Cambridge, MA, 2021).

Halberda, J. *et al.*, "Multiple spatially overlapping sets can be enumerated in parallel", *Psychological Science* 17 (2006), p. 572–76.

Hale, K. L., "Gaps in Grammar and Culture", in M. D. Kinkade et al., eds, *Linguistics and Anthropology: In honour of C. F. Voegelin* (Lisse, 1975), p. 295–315.

Hammarström, Harald, "Numerals in the World's Languages: An Update on Status and Interpretation" (2008a), <lingvist- kredsen.ku.dk/pdf/Oplaeg_Hammerstroem_08.pdf>

______, "Complexity in numeral systems with an investigation into pidgins and creoles", in Matti Miestamo *et al.*, eds., *Language Complexity: Typology, Contact, Change* (Amsterdã, 2008b), p. 287–304.

______, "Rarities in numeral systems", in J. Wohlgemuth and M. Cysouw, eds, *Rethinking Universals: How Rarities Affect linguistic Theory* (Berlim, 2010), p. 11–60.

Hannagan, T. *et al.*, "A randommatrix theory of the number sense", *Philosophical Transactions B* 373 (2017).

Hansen, M. H., *The Athenian Democracy in the Age of Demosthenes* (Oxford, 1991).

Harris, John, "Facts and Fallacies of Aboriginal Number Systems", *Language and Culture, Work Papers of SIL-AAB, Series B, Vol. 8* (Darwin, 1982), p. 153–76.

______, "Australian Aboriginal and Islander Mathematics", *Australian Aboriginal Studies* 2 (1987), p. 29–37.

Harrison, Sheldon e Frederick H. Jackson, "Higher numerals in several Micronesian languages", in B. W. Bender, ed., *Studies in Micronesian Linguistics* (Camberra, 1984), p. 59–78.

Haselgrove, Colin e Stefan Krmnicek, "The Archaeology of Money", *Annual Review of Anthropology* 41 (2012), p. 235–50.

Haskins, C. H., "The Abacus and the King's Curia", *English Historical Review* 27 (1912), p. 101–6.

Hatano, G. e K. Osawa, "Digit memory of grand experts in abacus-derived mental calculation", *Cognition* 15 (1983), p. 95–110.

Hatano, G. *et al.*, "Performance of expert abacus operators", *Cognition* 5 (1977), p. 47–55.

_____, "Formation of a mental abacus for computation and its use as a memory device for digits: A developmental study", *Developmental Psychology* 23 (1987), p. 832–38.

Hatta, T. *et al.*, "Digit memory of soroban experts: evidence of utilization of mental imagery", *Applied Cognitive Psychology* 3 (1989), p. 23–33.

Hauser, M. D. *et al.*, "Spontaneous number representation in semi-free-ranging rhesus monkeys", *Proceedings of the Royal Society B* 267 (2000), p. 829–33.

Hawke, Jason, "Number and Numeracy in Early Greek Literature", *Syllecta Classica* 19 (2008), p. 1–76.

Heide, Lars, "Punched cards for professional European offices: revisiting the dynamics of information technology diffusion from the United States to Europe, 1889–1918", *History and Technology* 24 (2008), p. 307–20.

_____, *Punched-Card Systems and the Early Information Explosion, 1880–1945* (Baltimore, 2009).

Heizer, Robert F., "Counterfeiters and shell currency manipulators among California Indians", *Journal of California Anthropology* 2 (1975), p. 108–10.

Henshilwood, C., "Fully symbolic sapiens behaviour: Innovation in the Middle Stone Age at Blombos Cave, South Africa", in P. Mellars et al., eds, *Rethinking the Human Revolution: New Behavioural and Biological Perspectives on the Origin and Dispersal of Modern Humans* (Cambridge, 2007), p. 123–32.

_____ *et al.*, "An early bone tool industry fron the Middle Stone Age, Blombos Cave, South Africa: implications for the origins of modern human behaviour, symbolism and language", *Journal of Human Evolution* 41 (2001), p. 631–78.

_____ "Engraved ochres from the Middle Stone Age levels at Blombos Cave, South Africa", *Journal of Human Evolution* 57 (2009), p. 27–47.

Herreman, Alain, "La mise en texte mathématique: une analyse de l' 'Algorisme de Frankenthal'", *Methodos* 1 (2001).

Hilton Turner, J., "Roman Elementary Mathematics: The Operations", *The Classical Journal* 47 (1951), p. 63–74, 106–08.

Hishitani, S., "Imagery experts: How do expert abacus operators process imagery?", *Applied Cognitive Psychology* 4 (1990), p. 33–46.

Hobart, Michael E. e Zachary Sayre Schiffman, *Information Ages: Literacy, Numeracy, and the Computer Revolution* (Baltimore, 1998).

Hollerith, Herman, "An Electric Tabulating System", *The School of Mines Quarterly* 10 (1889a), p. 238–55.

______, "Art of Compiling Statistics", US Patent n. 395,781 (1889b).

______, "The Electrical Tabulating Machine", *Journal of the Royal Statistical Society* 57 (1894), p. 678–89.

Houston, Stephen D., "The Archaeology of Communication Technologies", *Annual Review of Anthropology* 33 (2004), p. 223–50.

Howgego, C., *Ancient History from Coins* (Londres, 1995). Huang, Ray, Taxation and Governmental Finance in Sixteenth-Century Ming China (Cambridge, 1974).

Hubbard, Edward M. *et al.*, "The evolution of numerical cognition: from number neurons to linguistic quantifiers", *The Journal of Neuroscience* 28 (2008), p. 11819–24.

Hudson, J. W., "Pomo Wampum Makers", *Overland Monthly* 30 (1897), p. 101–08.

Hudson, M. e C. Wunsch, eds., *Creating Economic Order: Record-keeping, Standardization and the Development of Accounting in the Ancient Near East* (Bethesda, 2004).

Huehnergard, John, *A Grammar of Akkadian* (3. ed.: Winona Lake, 2011).

Hunt, Terry L. e Ethan E. Cochrane, *The Oxford Handbook of Prehistoric Oceania* (Oxford, 2018).

Hunt, William C., "The Scope and Method of the Federal Census", *Publications of the American Economic Association* 2 (1899), p. 466–94.

Hurford, James, *Language and Number* (Oxford, 1987).

Huylebrouck, Dirk, "The ISShango project", *Journal of Mathematics and the Arts* 2 (2008), p. 145–52.

______, *Africa and Mathematics: From Colonial Findings Back to the Ishango Rods* (Cham, 2019).

Hyde, Daniel C., "Two systems of non-symbolic numerical cognition", *Frontiers in Human Neuroscience* 5 (2011).

Ifrah, G., *The Universal History of Numbers: From Prehistory to the Invention of the Computer* (Londres, 1998).

Imhausen, Annette, *Mathematics in Ancient Egypt: A Contextual History* (Princeton, 2016).

Jack, Sybil M., "A Note on F. P. Barnard, *The casting counter and the counting board: A Chapter in the History of Numismatics and Early Arithmetic*", *Abacus 3* (1967), p. 80–82.

Jeffares, B., "The co-evolution of tools and minds: Cognition and material culture in the hominin lineage", *Phenomenology and the Cognitive Sciences* 9 (2010), p. 503–20.

Jin, Dal Yong, "Digital convergence of Korea's webtoons: transmedia storytelling", *Communication Research and Practice* 1 (2015), p. 193–209.

______, *New Korean Wave: Transnational Cultural Power in the Age of Social Media* (Baltimore, 2016).

Jolles, Carol Z. e Elinor M. Oozeva, *Faith, Food, and Family in a Yupik Whaling Community* (Seattle, 2002).

Jones, T. Rupert, "On Some Implements Bearing Marks Referable to Ownership, Tallies, and Gambling, from the Caves of Dordogne, France", *The Journal of the Anthropological Institute of Great Britain and Ireland* 2 (1873), p. 362–65.

Jones, Charles W., "The 'Lost' Sirmond Manuscript of Bede's 'Computus'", *English Historical Review* 52 (1937), p. 204–19.

______, ed., *Bedae Opera de temporibus* (Cambridge, MA, 1943).

Jones, Lindsay, ed., *Encyclopedia of Religion* (2. ed.: Detroit, 2005).

Justeson, J., "Numerical cognition and the development of 'zero' in Mesoamerica", in C. Renfrew and I. Morley, eds., *The Archaeology of Measurement: Comprehending Heaven, Earth and Time in Ancient Societies* (Cambridge, 2010), p. 43–53.

Kadosh, Roi Cohen e Ann Dowker, eds., *The Oxford Handbook of Numerical Cognition* (Oxford, 2015).

Katz, Victor J., ed., The Mathematics of Egypt, *Mesopotamia, China, India, and Islam: A Sourcebook* (Princeton, 2007).

______, *Sourcebook in the Mathematics of Medieval Europe and North Africa* (Princeton, 2016).

Keen, I., *Aboriginal Economy and Society: Australia at the Threshold of Colonisation* (Oxford, 2004).

Keyser, Paul, "The Origin of the Latin Numerals 1 to 1000", *American Journal of Archaeology* 92 (1988), p. 529–46.

______, "Compound Numbers & Numerals in Greek", *Syllecta Classica* 26 (2015), p. 113–75.

______, "Numismatic Evidence for Compound Numbers Written in Greek Alphabetic Numerals", in Nathan T. Elkins and Jane DeRose Evans, eds., *Concordia Disciplinarum: Essays on Ancient Coinage, History, and Archaeology in Honor of William E. Metcale* (Nova York, 2018) p. 51–85.

Kim, Ji-Hyeon e Jun Yu, "Platformizing Webtoons: The Impact on Creative and Digital Labor in South Korea", *Social Media + Society* 5 (2019).

Kim, Soomi, "A Comparative Study of Korean Abacus Users' Perceptions and Explanations of Use: Including a Perspective on Stigler's Mental Abacus", dissertação Ph.D., Columbia University, 2016.

Kim, Youna, ed., *The Routledge Handbook of Korean Culture and Society* (Londres, 2017).

Kirch, P. K., *On the Road of the Winds: An Archaeological History of the Pacific Islands Before European Contact* (Berkeley, 2000).

Kirsh, D., "Adapting the environment instead of oneself", *Adaptive Behavior* 4 (1996), p. 415–52.

Kistermann, F. W. e V. A. Reston, "The Invention and Development of the Hollerith Punched Card: In Commemoration of the 130th Anniversary of the Birth of Herman Hollerith and for the 100th Anniversary of Large Scale Data Processing", *Annals of the History of Computing* 13 (1991), p. 245–59.

Klein, Richard G., "Archaeology and the evolution of human behavior", *Evolutionary Anthropology* 9 (2000), p. 17–36.

Knecht, Rick e Warren Jones, "'The Old Village': Yup'ik Precontact Archaeology and Community-Based Research at the Nunalleq Site, Quinhagak, Alaska", in *Études Inuit Studies* 43 (2019), p. 25–52.

Köbel, Jacob, *Ain new geordnet Rechenbiechlin auf den linien mit Rechen pfeningen* (Augsburgo, 1514).

Kojima, Takashi, *The Japanese Abacus: Its Use and Theory* (Rutland, VT, 1954).

______, *Advanced Abacus* (Rutland, VT, 1963).

Koo, J. H. e G. Bartman, "The number system in Yupik Eskimo", *Proceedings of the American Philosophical Society* 124 (1980), p. 48–51.

Kroll, John H., *Athenian Bronze Allotment Plates* (Cambridge, MA, 1972).

Kuhn, S. e M. Stiner, "Body ornamentation as information technology: towards an understanding of the significance of early beads", in: P. Mellars *et al.*, eds., *Rethinking the Human Revolution: New Behavioural and Biological Perspectives on the Origins and Dispersal of Modern Humans* (Cambridge, 2007), p. 45–54.

Kuhrt, Amélie, *The Ancient Near East: c.3000–330 B.C.* (Londres, 1995).

Kunitzsch, Paul, "The transmission of Hindu-Arabic numerals reconsidered", in Jan P. Hogendijk and Abdelhamid I. Sabra, eds, *The Enterprise of Science in Islam: New Perspectives* (Cambridge, MA, 2003), p. 3–21.

______, *Zur Geschichte der "arabischen" Ziffern* (Munique, 2005).

Kutter, Esther F. *et al.*, "Single Neurons in the Human Brain Encode Numbers", *Neuron* 100 (2018), p. 753–61.

Lang, M. L., "Herodotus and the abacus", *Hesperia* 26 (1957), p. 271–87.

______, "The abacus and the calendar", *Hesperia* 33 (1964), p. 146–67.

______, "Abaci from the Athenian Agora", *Hesperia* 37 (1968), p. 241–43.

______, *Ostraka* (Princeton, 1990).

Laycock, D., "Observations on number systems and semantics", *New Guinea Area Languages and Language Study* 1 (1975), p. 219–33.

Lean, Glendon, "Counting systems of Papua New Guinea and Oceania", dissertação DMath, Papua New Guinea University of Technology, 1992.

Lee, D. S. *et al.*, "Trans-hemispheric effects of large volcanic eruptions as recorded by an early 19th century diary", *International Journal of Climatology* 30 (2010), p. 2217–28.

Leeding, Velma, "Anindilyakwa phonology and morphology", dissertação Ph.D., University of Sydney, 1989.

Leibniz, Gottfried Wilhelm, *Confessio Philosophi: Papers Concerning the Problem of Evil, 1671–1678*, edited by R. C. Sleigh *et al.* (New Haven, 2005).

Leitner, Gerhard and Ian G. Malcolm, eds, *The Habitat of Australia's Aboriginal Languages: Past, Present and Future* (Berlim, 2007).

Lemay, Richard, "The Hispanic origin of our present numeral forms", Viator 8 (1977), p. 435–77.

______ "Arabic numerals", in Joseph R. Strayer, ed., *Dictionary of the Middle Ages* (Nova York, 1982), vol. 1, p. 382–98.

Lemoine, J., "Les anciens procedes de calcul sur les doigts en Orient et Occident", *Revue des études islamiques* 6 (1932), p. 1–56.

Leroi-Gourhan, A., "Les mains de Gargas. Essai pour une étude d'ensemble", *Bulletin de la Société préhistorique française* 64 (1967), p. 107–22.

Levy, H. L., "Catullus, 5, 7–11 and the Abacus", *The American Journal of Philology* 62 (1941), p. 222–24.

Libbrecht, U., *Chinese Mathematics in the Thirteenth Century: The Shu-shu chiu-chang of Ch'in Chiu-shao* (Cambridge, MA, 1973).

Liddell, Henry George e Robert Scott et al., *A Greek-English Lexicon* (9. ed.: Oxford, 1996).

Lie, John, *K-pop: Popular Music, Cultural Amnesia, and Economic Innovation in South Korea* (Berkeley, 2014).

Lieberman, Stephen J., "Of clay pebbles, hollow clay balls, and writing: a Sumerian view", *American Journal of Archaeology* 84 (1980), p. 339–58.

Lindemann, Oliver *et al.*, "Getting a grip on numbers: Numerical magnitude priming in object grasping", *Journal of Experimental Psychology: Human Perception and Performance* 33 (2007), p. 1400–09.

Lipka, Jerry, "Culturally Negotiated Schooling: Toward a Yup'ik Mathematics", *Journal for American Indian Education* 33 (1994), p. 14–30.

Loeb, Edwin M., *Pomo Folkways* (Berkeley, 1926).

Lorblanchet, M., "Peindre sur les parois des grottes", *Les Dossiers de l'Archéologie* 46 (1980), p. 32–39.

Lorrey, Andrew, "Late Little Ice Age climate variability in New Zealand documented by the Reverend Davis 'Dirty Weather' diaries", *Quaternary International* 279–80 (2012), p. 290.

______ *et al.*, "The 'dirty weather' diaries of Reverend Richard Davis: insights about early colonial-era meteorology and climate variability for northern New Zealand, 1839–1851", *Climate of the Past* 12 (2016), p. 553–73.

Loughnane, Robyn and Sebastian Fedden, "Is Oksapmin Ok? A Study of the Genetic Relationship between Oksapmin and the Ok Languages", *Australian Journal of Linguistics* 31 (2011), p. 1–42.

Lubar, S., "Do Not Fold, Spindle or Mutilate: A Social History of the Punch Card", *The Journal of American Culture* 15 (2004), p. 43–56.

Lu, Yujie *et al.*, "Can abacus course eradicate developmental dyscalculia", *Psychology in the Schools* 58 (2021), p. 235–51.

Lynch, John, *Pacific Languages: An Introduction* (Honolulu, 2018).

Ma, Debin Ma e Richard von Glahn, eds., *The Cambridge Economic History of China, Volume 1: To 1800* (Cambridge, 2022).

Majkić, Ana *et al.*, "Sequential Incisions on a Cave Bear Bone from the Middle Paleolithic of Pešturina Cave, Serbia", *Journal of Archaeological Method and Theory* 25 (2018), p. 69–116.

Malafouris, Lambros, "Grasping the concept of number: How did the sapient mind move beyond approximation?" in C. Renfrew and I. Morley, eds., *The Archaeology of Measurement: Comprehending Heaven, Earth and Time in Ancient Societies* (Cambridge, 2010), p. 35–42.

______, *How Things Shape the Mind* (Cambridge, MA, 2013).

Mallory, J. P. e D. Q. Adams, *The Oxford Introduction to Proto-Indo-European and the Proto-Indo-European World* (Oxford, 2006).

Mariner, William, *An Account of the Natives of the Tonga Islands* (2. ed.: Londres, 1818).

Marrou, H. I., "l'Evangile de vérité et la diffusion du comput digital dans l'antiquité", *Vigiliae Christianae* 12 (1958), p. 98–103.

Martin, T. C., "Counting a Nation by Electricity", *Electrical Engineer* (11 de novembro de 1891), p. 525.

Martzloff, Jean-Claude, *A History of Chinese Mathematics* (Berlim, 1997).

Masson-MacLean, E. *et al.*, "Pre-Contact Adaptations to the Little Ice Age in Southwest Alaska: New Evidence from the Nunalleq Site", *Quaternary International* 549 (2020), p.130–41.

Matang, R., "Formalising the role of Indigenous counting systems in teaching the formal English arithmetic strategies through local vernaculars: An example from Papua New Guinea", in P. Clarkson *et al.*, eds,. *28th Conference of Mathematics Education Research Group of Australasia* (Adelaide, 2005), p. 505–12.

_____ e K. Owens, K., "The role of indigenous traditional counting systems in children's development of numerical cognition: Results from a study in Papua New Guinea", *Mathematics Education Research Journal* 26 (2014), p. 531–53.

Matsuda, Yoshiro, "Formation of the census system in Japan: 1871– 1945 – development of the statistical system in Japan proper and her colonies", *Hitotsubashi Journal of Economics* 21 (1981), p. 44–68.

May, Sally K. *et al.*, "Boats on Bark: an Analysis of Groote Eylandt Aboriginal Bark-Paintings featuring Macassan Praus from the 1948 Arnhem Land Expedition, Northern Territory, Australia", *International Journal of Nautical Archaeology* 38 (2009), p. 369–85.

McBrearty, Sally e Alison S. Brooks, "The revolution that wasn't: a new interpretation of the origin of modern human behavior", *Journal of Human Evolution* 39 (2000), p. 453–563.

McCauley, Brea *et al.*, "A Cross-cultural Perspective on Upper Palaeolithic Hand Images with Missing Phalanges", *Journal of Paleolithic Archaeology* 1 (2018), p. 314–33.

McLellan, James E., *Old Regime France and its Jetons: Pointillist History and Numismatics* (Nova York, 2020).

McRoberts, Robert, "Counting at Pularumpi: A Survey of a Traditional Mathematics and Its Implications for Modern Learning", *Aboriginal Child at School* 18 (1990), p. 19–43.

Mellars, P. *et al.* eds., *Rethinking the Human Revolution: New Behavioural and Biological Perspectives on the Origins and Dispersal of Modern Humans* (Cambridge, 2007).

Meltzer, David J., *First Peoples in a New World: Populating Ice Age America* (2. ed.: Cambridge, 2021).

Menninger, Karl, *Number Words and Number Symbols: A Cultural History of Numbers* (Cambridge, MA, 1969).

Mercier, R., "Astronomical tables in the twelfth century", in C. Burnett, ed., *Adelard of Bath* (Londres, 1987), p. 87–118.

Milbrath, Susan, "The role of solar observations in developing the preclassic Maya calendar", *Latin American Antiquity* 28 (2017), p. 88–104.

Miller, Kevin e James Stigler, "Meanings of Skill: Effects of Abacus Expertise on Number Representation", *Cognition and Instruction* 8 (1991), p. 29–67.

Miller, P., "Stimulus number, duration and intensity encoding in randomly connected attractor networks with synaptic depression", *Frontiers in Computational Neuroscience* 7 (2013).

Millet, Nicholas B., "The Narmer macehead and related objects", *Journal of the American Research Center in Egypt* 27 (1990), p 53–59.

Mimica, Jardin, *Intimations of Infinity: The Mythopoeia (CulturalMeanings) of the Iqwaye Counting and Number Systems* (Oxford, 1988).

Minaud, Gérard, "Des doigts pour le dire: Le comput digital et ses symboles dans l'iconographie romaine", *Histoire & Mesure* 21 (2006), p. 3–34.

Mithun, Marianne, *The Languages of Native North America* (Cambridge, 1999).

Miyaoka, O. *et al.*, eds, *The Vanishing Languages of the Pacific Rim* (Oxford, 2007).

Mossolova, A. e R. Knecht, "Bridging Past and Present: A Study of Pre-Contact Yup'ik Masks from the Nunalleq Site, Alaska", *Arctic Anthropology* 56 (2019), p. 18–38.

Mote, Frederick W. e Denis C. Twitchett, *The Cambridge History of China: Volume 8, The Ming Dynasty, Part 2, 1368–1644* (Cambridge, 2008).

Needham, Joseph e Ling Wang, *Science and Civilisation in China. Vol. 3, Mathematics and the Sciences of the Heavens and the Earth* (Cambridge, 1959).

Nelson, Edward W., "The Eskimo about Bering Strait", in *Eighteenth Annual Report of the Bureau of American Ethnology 1896–97* (Washington, D.C., 1899).

Netz, Reviel, "Counter culture: towards a history of Greek numeracy", *History of Science* 40 (2002), p. 319–32.

Newcomb, H. T., "The Development of Mechanical Methods of Statistical Tabulation in the United States, with Especial Reference to Population and Mortality Data", in *Transactions of the Fifteenth International Congress on Hygiene and Demography, Washington, September 23–28, 1912: Section IX: Demography* (Washington, DC, 1913), p. 73–83.

Newsome, Elizabeth A., "The Trees of Paradise and the Pillars of the World: Vision Quest and Creation in the Stelae Cycle of 18-Rabbit-God K, Copán, Honduras", dissertação Ph.D., University of Texas, 1991.

Nieder, Andreas, "Coding of abstract quantity by number neurons of the primate brain", *Journal of Comparative Physiology A* 199 (2013), p. 1–16.

______, "The neuronal code for number", *Nature Reviews: Neuroscience* 17 (2016), p. 366–82.

______, "Evolution of cognitive and neural solutions enabling numerosity judgements: lessons from primates and corvids", *Philosophical Transactions B* 373 (2018).

______ e S. Dehaene, "Representation of number in the brain", *Annual Review of Neuroscience* 32 (2009), p. 185–208.

______ e E. K. Miller, "Coding of cognitive magnitude: Compressed scaling of numerical information in the primate prefrontal cortex", *Neuron* 37 (2003), p. 149–57.

Nieder, Andreas *et al.*, "A Parieto-Frontal Network for Visual Numerical Information in the Monkey", *Proceedings of the National Academy of Sciences* 101 (2004), p. 7457–62.

______, "Temporal and spatial enumeration processes in the primate parietal cortex", *Science* 313 (2006), p. 1431–35.

Nissen, H. J. *et al.*, *Archaic Bookkeeping: Early Writing and Techniques of Economic Administration in the Ancient Near East* (Chicago, 1993).

Norberg, Arthur L., "High-Technology Calculation in the Early 20th Century: Punched Card Machinery in Business and Government", *Technology and Culture* 31 (1990), p. 753–79.

Normark, Johan, "Multi-scalar cognitive time: Experiential time, known time, and Maya calendars", *Quaternary International* 405 (2016), p. 52–60.

Nothaft, C. Philipp, "The reception and application of Arabic science in twelfth-century computistics: new evidence from Bavaria", *Journal for the History of Astronomy* 45 (2014), p. 35–60.

______, "Medieval Europe's satanic ciphers: on the genesis of a modern myth", *British Journal for the History of Mathematics* 35 (2020), p. 107–36.

Núñez, R. E., "Numbers and arithmetic: Neither hardwired nor out there", *Biological Theory* 4 (2009), p. 68–83.

O'Connor, Stephen *et al.*, "A weather diary from Donegal, Ireland, 1846–1875", *Weather* 76 (2021–2), p. 385–91.

O'Mahony, Daniel P., "Lost But Not Forgotten: The U.S. Census of 1890", *Government Publications Review* 18 (1991), p. 331–37.

O'Regan, Gerard, *A Brief History of Computing* (Londres, 2008).

Oppenheimer, Stephen, "The 'express train from Taiwan to Polynesia': on the congruence of proxy lines of evidence", *World Archaeology* 36 (2004), p. 591–600.

Ormerod, Eleanor A., ed., *The Cobham Journals, abstracts and summaries of meteorological and phenological observations* (Londres, 1880).

Osborne, Robin e Simon Hornblower, *Ritual, Finance, Politics: Athenian Democratic Accounts Presented to David Lewis* (Nova York, 1994).

Otis, Jessica M., "By the Numbers: Understanding the World in Early Modern England", dissertação Ph.D., University of Virginia, 2013.

Overmann, Karenleigh A., "Material Scaffolds in Numbers and Time", *Cambridge Archaeological Journal* 23 (2013), p. 19–39.

______, "Finger-Counting in the Upper Palaeolithic", *Rock Art Research* 31 (2014), p. 63–80.

______, "Beyond Writing: The Development of Literacy in the Ancient Near East", *Cambridge Archaeological Journal* 26 (2016a), p. 285–303.

______, "Number Concepts Are Constructed Through Material Engagement: A Reply to Sutliff, Read, and Everett", *Current Anthropology* 57 (2016b), p. 352–56.

______, "The role of materiality in numerical cognition", *Quaternary International* 405 (2016c), p. 42–51.

______, "Thinking Materially: Cognition as Extended and Enacted", *Journal of Cognition and Culture* 17 (2017a), p. 354–73.

______, "Materiality and Numerical Cognition: A Material Engagement Theory Perspective", in T. Wynn e F. L. Coolidge, eds., *Cognitive Models in Palaeolithic Archaeology* (Oxford, 2017b), p. 89–112.

______, *The Material Origin of Numbers: Insights from the Archaeology of the Ancient Near East* (Piscataway, NJ, 2019).

______ *et al.*, "The Prehistory of Number Concept", *Behavioral and Brain Sciences* 34 (2011), p. 142–44.

Owens, Kay, "The work of Glendon Lean on the counting systems of Papua New Guinea and Oceania", *Mathematics Education Research Journal* 13 (2001), p. 47–71.

______ *et al.*, *History of Number: Evidence from Papua New Guinea and Oceania* (Cham, 2018).

Palmer, E. H., "Explanation of a difficult passage in Firdausi", *Journal of Philology* 2 (1869), p. 247.

Parker, W., "A study of shell bead context, distribution, and use within Northern California", dissertação de mestrado, California State University, 2010.

Pasfield-Neofitou, Sarah E. *et al.*, *Manga Vision: Cultural and Communicative Perspectives* (Clayton, 2016).

Perey, Arnold, "Oksapmin society and world view", dissertação Ph.D., Columbia University, 1973.

Periton, Cheryl, "The medieval counting table revisited: a brief introduction and description of its use during the early modern period", *Bulletin of the British Society for the History of Mathematics* 30 (2015), p. 35–49.

Pestman, P. W., *Familiearchieven uit het land van Pharao: een bundel artikelen samengesteld naar aanleiding van een serie lezingen van het Papyrologisch Instituut van de Rijksuniversiteit van Leiden in het voorjaar van 1986* (Zutphen, 1989).

Petersen, G., "Indigenous island empires: Yap and Tonga considered", *Journal of Pacific History* 35 (2000), p. 5–27.

Pettitt, P. B. *et al.*, "Are hand stencils in European cave art older than we think? An evaluation of the existing data and their potential implications", in Primitiva Bueno Ramírez and Paul G. Bahn, eds, *Prehistoric Art as Prehistoric Culture: Studies in Honour of Professor Rodrigo de Balbin-Behrmann* (Oxford, 2015), p. 31–43.

Pharo, Lars Kirkhusmo, *The Ritual Practice of Time: Philosophy and Sociopolitics of Mesoamerican Calendars* (Leiden, 2014).

Piazza, M. *et al.*, "Tuning curves for approximate numerosity in the human intraparietal sulcus", Neuron 44 (2004), p. 547– 55.

Pica, P. *et al.*, "Exact and approximate arithmetic in an Amazonian indigene group", *Science* 306 (2004), p. 499–503.

Pineda de Carías, María C. *et al.*, "Stela D: A sundial at Copan, Honduras", *Ancient Mesoamerica* 28 (2017), p. 543–57.

Plank, F. "Senary summary so far", *Linguistic Typology* 13 (2009), p. 337–45.

Pletser, Vladimir e Dirk Huylebrouck, 'The Ishango Artifact: The Missing Base 12 Link', *Forma* 14 (1999), p. 339–46.

Plofker, K., *Mathematics in India* (Princeton, 2009).

_____, "Spoken Text and Written Symbol: The Use of Layout and Notation in Sanskrit Scientific Manuscripts", *Digital Proceedings of the Lawrence J. Schoenberg Symposium on Manuscript Studies in the Digital Age* 1 (2009b), article 3.

Poovey, Mary, *A History of the Modern Fact: Problems of Knowledge in the Sciences of Wealth and Society* (Chicago, 1998).

Porter, Robert P., "The Eleventh Census", *Publications of the American Statistical Association* 2 (1891), p. 330, 339.

_____, "The Eleventh United States Census", *Journal of the Royal Statistical Society* 57 (1894), p. 643–77.

Porter, Theodore M., *Trust in Numbers: The Pursuit of Objectivity in Science and Public Life* (Princeton, 1995).

Powers, Stephen, *Tribes of California* (Washington, DC, 1877).

Price, M., "Thoughts on the beginnings of coinage", in C. Brooke *et al.*, eds., *Studies in Numismatic Method presented to Philip Grierson* (Cambridge, 1983), p. 1–10.

Pritchett, W. Kendrick, "Gaming tables and IG 12 324", *Hesperia* 34 (1965), p. 131–47.

_____, "'Five lines' and IG 12 324", *California Studies in Classical Antiquity* 1 (1968), p. 187–215.

Pullan, J. M., *The History of the Abacus* (Londres, 1968).

Rathbone, Perry T., "The Housekeeper by Nicolaes Maes", *Bulletin of the City Art Museum of St Louis* 36 (1951), p. 42–45.

Reese, D. S., "On the incised cattle scapulae from the East Mediterranean and Near East", *Bonner Zoologische Beitrage* 50 (2002), p. 183–98.

Reid-Green, Keith S., "The History of Census Tabulation", *Scientific American* 260 (1989), p. 98–103.

Rhee, Younghoon, "A comparative historical study of the census registers of early Choson Korea and Ming China", *International Journal of Asian Studies* 2 (2005), p. 25–55.

Richardson, Leon J., "Digital Reckoning among the Ancients", *American Mathematical Monthly* 23 (1916), p. 7–12.

Robinson, J. E., "Neither Use nor Ornament: A Consideration of the Evidence for the Existence of a System of Communication and Notation in the European Upper Palaeolithic", dissertação Ph.D., University of Durham, 1993.

Robinson, William W., "The early works of Nicolaes Maes, 1653 to 1661", dissertação Ph.D., Harvard University, 1996.

Robson, *Eleanor, Mathematics in Ancient Iraq: A Social History* (Princeton, 2008).

Rödiger, Emil, "Ueber die im Orient gebräuliche Fingersprache für den Ausdruck der Zahlen", *Jahresbericht der deutschen morgenländischen Gesellschaft* 1845 (1846), p. 111–29.

Rouillon, A., "Au Gravettien, dans la grotte Cosquer (Marseille, Bouches-du-Rhône), l'Homme a-t-il compté sur ses doigts?", *Anthropologie* 110 (2006), p. 500–09.

Rowlands, M., *The new science of the mind: From extended mind to embodied phenomenology* (Cambridge, MA, 2010).

Rowlandson, Jane, *Women and Society in Greek and Roman Egypt: a Sourcebook* (Cambridge, 1998).

Rubincam, C., "Casualty Figures in the Battle Descriptions of Thucydides", *Transactions of the American Philological Association* 121 (1991), p. 181–98.

______, "The topography of Pylos and Sphakteria and Thucydides' measurements of distance", *The Journal of Hellenic studies* 121 (2001), p. 77–90.

______, "Numbers in Greek Poetry and Historiography: Quantifying Fehling", *Classical Quarterly* 53 (2003), p. 448–63.

Ruggles, Steven e Diana L. Magnuson, "Census Technology, Politics, and Institutional Change, 1790–2020", *The Journal of American history* 107 (2020), p. 19–51.

Rutherford, N., ed., *Friendly Islands: A history of Tonga* (Melbourne, 1977).

Saidan, Ahmad S., *The Arithmetic of Al-Uqlidisi* (Dordrecht 1978).

Sanderson, M. G., "Daily weather in Dublin 1716–1734: the diary of Isaac Butler", 73 (2018), p. 179–82.

Sarmant, Thierry e François Ploton-Nicollet, *Jetons des institutions centrales de l'ancien régime* (Paris, 2010–).

Sartoretto S. *et al.*, "Quand la Grotte Cosquer a-t-elle été fermée par la montée des eaux?", *Revue Méditerranée* 82 (1995), p. 21–24.

Saxe, Geoffrey B., "Body Parts as Numerals: A Developmental Analysis of Numeration among the Oksapmin in Papa New Guinea", *Child Development* 52 (1981), p. 306–16.

______, "Developing Forms of Arithmetic Operations Among the Oksapmin of Papua New Guinea", *Developmental Psychology* 18 (1982), p. 583–94.

______, "Cognition, development, and cultural practices", in E. Turiel, ed., *Development and cultural change: Reciprocal processes* (San Francisco, 1999), p. 19–35.

______ e Indigo Esmonde, "Studying cognition in flux: a historical treatment of fu in the shifting structure of Oksapmin mathematics", *Mind, Culture and Activity* 12 (2005), p. 171–225.

______, *Cultural development of mathematical ideas: Papua New Guinea Studies* (Cambridge, 2012).

Sayers, Barbara, "Aboriginal mathematical concepts: a cultural and linguistic explanation for some of the problems", *Language and Culture: Work papers of SIL-AAB* 8 (1982), p. 183–200.

Schaps, David M., *The Invention of Coinage and the Monetization of Ancient Greece* (Ann Arbor, 2004).

Schärlig, Alain, "Les deux types d'abaques des anciens grecs et leurs jetons quinaires", *Archives des Sciences* 54 (2001a), p. 69–75.

______, *Compter avec des cailloux: Le calcul élémentaire sur L'abaque chez les anciens Grecs* (Lausanne, 2001).

______, *Compter avec des jetons: Tables à calculer et tables de compte du Moyen Age à la Révolution* (Lausanne, 2003).

______, *Compter du bout des doigts - Cailloux, jetons et bouliers, de Périclès à nos jours* (Lausanne, 2006).

______, *Du zéro à la virgule: les chiffres arabes à la conquête de l'Europe: 1143–1585* (Lausanne, 2010).

Scheidel, W., "Finances, Figures and Fiction", *Classical Quarterly* 46 (1996), p. 222–38.

Schele, Linda and Peter Mathews, *The Code of Kings. The Language of Seven Sacred Maya Temples and Tombs* (Nova York, 1998).

Schmandt-Besserat, D., *Before writing: From counting to cuneiform* (Austin, TX, 1992).

Schöll, F., *Geschichte der griechischen Litteratur III* (Berlim, 1830).

Schor, Paul, *Counting Americans: How the US Census Classified the Nation* (Nova York, 2017).

Scriba, Christoph J. e M. E. Dormer Ellis, *The concept of number. A chapter in the history of mathematics* (Mannheim, 1969).

Seth, Michael J., *A Concise History of Modern Korea: From the Late Nineteenth Century to the Present* (3. ed.: Lanham, 2020).

Shapiro, L., *Embodied Cognition* (2. ed.: Londres, Routledge, 2019).

Sharer, Robert J. and Loa P. Traxler, *The Ancient Maya* (6. ed.: Stanford, 2006).

Shaw, Robert D., "An Archaeology of the Central Yupik: A Regional Overview for the Yukon-Kuskokwim Delta, Northern Bristol Bay, and Nunivak Island", *Arctic Anthropology* 35 (1998), p. 234–46.

SHCA (Subcommittee of House Committee on Appropriations), Sundry Civil Appropriation Bill for 1903.

Shim, Aegyung *et al.*, "Cultural intermediation and the basis of trust among webtoon and webnovel communities", *Information, Communication & Society* 23 (2020), p. 833–48.

Silva, Luis P., "Climate and crops in northwest Portugal (1798–1830): A glimpse into the past by the light of two Benedictine diaries", *História Agrária* 82 (2020), p. 99–139.

Sing, Robert *et al.*, eds., *Numbers and Numeracy in the Greek Polis* (Leiden, 2021).

Sloan, Anna C., "Gender, Identity, and Belonging: A Community-Based Social Archaeology of the Nunalleq Site in Quinhagak, Alaska", dissertação Ph.D., University of Oregon, 2021.

Smith, David E., *Computing Jetons* (Nova York, 1921).

______ e Louis Charles Karpinski, *The Hindu-Arabic Numerals* (Boston, 1911).

Staveley, E. S., *Greek and Roman Voting and Elections* (Londres, 1972).

Stearns, Robert E. C., "Shell-money", *The American Naturalist* 3 (1869), p. 1–5.

______, "Aboriginal Shell Money", 11 (1877), p. 344–50.

Stevens, Wesley, "Hrabanus Maurus on reckoning", dissertação Ph.D., Emory University, 1968.

Stewart, Omer C., *Notes on Pomo Ethnogeography* (Berkeley, 1943).

Stigler, James W., "Abacus skill in Chinese children: Imagery in mental calculation", dissertação Ph.D., University of Michigan, 1982.

______, "'Mental abacus': the effect of abacus training on Chinese children's mental calculation", *Cognitive Psychology* 16 (1984), p. 145–76.

______ *et al.*, "Motor and mental abacus skill: A preliminary look at an expert", *Quarterly Newsletter of the Laboratory of Comparative Human Cognition* 4 (1982) p. 12–14.

______ *et al.*, "Consequences of skill: The case of abacus training in Taiwan", *American Journal of Education* 94 (1986), p. 447–79.

Stoianov, I. e M. Zorzi, "Emergence of a 'visual number sense' in hierarchical generative models", *Nature. Neuroscience* 15 (2012), p. 194–96.

Stokes, Judith, "A description of the mathematical concepts of Groote Eylandt Aborigines", *Language and Culture, Work Papers of SIL-AAB, Series B, Vol. 8* (Darwin, 1982), p. 33–152.

Suchtelen, Ariane van *et al.*, Nicolaes Maes (The Hague, 2019).

Sugden, Keith F., "A history of the abacus", *Accounting Historians Journal* 8 (1981), p. 1–22.

Szemerency, O., *Studies in the Indo-European System of Numerals* (Heidelberg, 1960).

Tannery, Paul, "Notice sur les deux lettres arithmétiques de Nicolas Rhabdas", *Notices et Extráits des Manuscripts de la Bibliothèque Nationale* 32 (1886), p. 121–252.

Terrell, John E., *Prehistory of the Pacific Islands* (Cambridge, 1986).

Thornton, Ken *et al.*, "Algernon Henry Belfield and the Eversleigh weather diaries, 1877–1922", *Journal of Australian Colonial History* 20 (2018), p. 139–54.

Tod, Marcus Niebuhr, "The Greek numeral notation", *Annual of the British School at Athens* 18 (1911–12), p. 98–132.

______, "The Greek numeral systems", *Journal of Hellenic Studies* 33 (1913), p. 27–34.

______, “Further notes on the Greek acrophonic numerals”, *Annual of the British School at Athens* 28 (1926–27), p. 141–57.

______, “The Greek acrophonic numerals”, *Annual of the British School at Athens* 37 (1936–37), p. 236–57.

______, “The alphabetic numeral system in Attica”, *Annual of the British School at Athens* 45 (1950), p. 126–39.

______, “Letter-labels in Greek inscriptions”, *Annual of the British School at Athens* 49 (1954), p. 1–8.

______, *Ancient Greek Numerical Systems* (Chicago, 1979).

Treacy, Kaye *et al.*, “Starting points and pathways in Aboriginal students’ learning of number: recognising different world views”, *Mathematics Education Research Journal* 27 (2015), p. 263–81.

Trubitt, Mary B., “The production and exchange of marine shell prestige goods”, *Journal of Archaeological Research* 11 (2003), p. 243–77.

Truesdell, Leon E., *The Development of Punched Card Tabulation in the Bureau of the Census 1890–1940* (Washington, DC, 1965).

Turckheim-Pey, Sylvie de, *Le jeton au Moyen Âge: vers 1250–1498* (Paris, 1997).

Turner, David H., *Tradition and Transformation: A Study of the Groote Eylandt Area Aborigines of Northern Australia* (Canberra, 1974).

Turner, Frederick J., *The Frontier in American History* (Tucson, 1986).

Turner, J. Hilton, “Roman Elementary Mathematics: The Operations”, *The Classical Journal* 47 (1951), p. 63–74, 106–08.

Uller, C. *et al.*, “Spontaneous representation of number in cotton-top tamarins (Saguinus oedipus)”, *Journal of Comparative Psychology* 115 (2001), p. 248–57.

USCB (US Census Bureau), *100 Years of Data Processing: The Punchcard Century* (Washington, DC, 1991).

______, *Measuring America: The Decennial Censuses from 1790 to 2000* (Washington, DC, 2002).

Valério, Miguel e Silvia Ferrara, “Numeracy at the dawn of writing: Mesopotamia and beyond”, *Historia Mathematica* 59 (2020), p. 35–53.

Van Berkel, T. A., “Voiced Mathematics: Orality and Numeracy”, in Niall Slater, ed., *Voice and Voices in Antiquity: Orality and Literacy in the Ancient World, Vol. 11* (Leiden, 2017), p. 321–50.

Van de Mieroop, Marc, *A History of the Ancient Near East, ca. 3000–323 BC* (Oxford, 2004).

Van Egmond, Marie-Elaine e Brett Baker, "The genetic position of Anindilyakwa", 40 (2020), p. 492–527.

Vanhaeren, M. *et al.*, "Middle Paleolithic shell beads in Israel and Algeria", *Science* 312 (2006), p. 1785–88.

______, "Thinking strings: Additional evidence for personal ornament use in the Middle Stone Age at Blombos Cave, South Africa", *Journal of Human Evolution* 64 (2013), p. 500–17.

Vayda, Andrew P., "Pomo Trade Feasts", in G. Dalton, ed., *Tribal and Peasant Economies: Readings in Economic Anthropology* (Garden City, NY, 1967).

Verdan, Samuel, "Counting on Pots? Reflections on Numerical Notations in Early Iron Age Greece", in J. Strauss Clay *et al.*, eds., *Graphê in Late Geometric and Protoarchaic Methone, Macedonia (ca. 700 BCE)* (Berlim, 2017), p. 105–22.

Verguts, T. e W. Fias, "Representation of number in animals and humans: a neural model", *Journal of Cognitive Neuroscience* 16 (2004), p. 1493–504.

Volkov, Alexei, "Large numbers and counting rods", in Alexei Volkov, ed., *Sous les nombres, le monde* (Paris, 1994), p. 71–91.

______, "Le bacchette", in Karine Chemla, ed., *Enciclopedia Italiana, vol. II: La Scienza in Cine, India, Americhe, section I: Storia della Scienza* (Roma, 2002), p. 125–33.

______, "Chinese Counting Rods: Their History, Arithmetic Operations, and Didactic Repercussions", in Alexei Volkov and Viktor Freiman, eds., C*omputations and Computing Devices in Mathematics Education Before the Advent of Electronic Calculators* (Cham, Alemanha, 2018), p. 137–88.

Von Fichtenau, H., "Wolfger von Prüfening", *Mitteilungen des österreichischen Instituts für Geschichtsforschung* 51 (1937), p. 313–57.

Von Reden, S., "Money, Law and Exchange: Coinage in the Greek Polis", *Journal of Hellenic Studies* 127 (1997), p. 154–76.

Walker, C. B. F., *Cuneiform* (Londres, 1987).

Walker, Francis A., "The Eleventh Census of the United States", *Quarterly Journal of Economics* 2 (1888), p. 135–61.

Wallis, Faith, The Reckoning of Time (Liverpool, 1999).

Walsh, G. L., "Mutilated hands or signal stencils? A consideration of irregular hand stencils from central Queensland", *Australian Archaeology* 9 (1979), p. 33–41.

Wang, Chunjie, "A Review of the Effects of Abacus Training on Cognitive Functions and Neural Systems in Humans", *Frontiers in Neuroscience* 14 (2020).

Wardhaugh, Benjamin, *Poor Robin's Prophecies: A Curious Almanac, and the Everyday Mathematics of Georgian Britain* (Oxford, 2012).

Watkins, Jane I. *et al.*, *Masters of Seventeenth-Century Dutch Genre Painting* (Philadelphia, 1984).

Weddell, Moritz, "Actio – loquela digitorum – computatio: Zur Frage nach dem numerus zwischen Ordnungsangeboten, Gebrauchsformen und Erfahrungsmodalitäten", in Moritz Weddell, *Was zählt: Ordnungsangebote, Gebrauchsformen und Erfahrungsmodalitäten des »numerus« im Mittelalter* (Colônia, 2012), p. 15–63.

______, "Numbers", in Albrecht Classen, ed., *Handbook of Medieval Culture: Fundamental Aspects and Conditions of the European Middle Ages* (Berlim, 2015), p. 1205–60.

Welborn, Mary C., "Ghubar numerals" [letter], *Isis* 37 (1932), p. 260–63.

Wiese, Heike, *Numbers, Language, and the Human Mind* (Cambridge, 2003).

______, "The co-evolution of number concepts and counting words", *Lingua* 117 (2007), p. 758–72.

Wilcox, Walter F., "The Development of the American Census Office since 1890", *Political Science Quarterly* 29 (1914), p. 438–59.

Williams, B. P. e R. S. Williams, "Finger numbers in the Greco- Roman world and the Early Middle Ages", *Isis* 86 (1995), p. 587–608.

Williams, Maria S. T., *The Alaska Native Reader: History, Culture, Politics* (Durham, NC, 2009).

Wilson, N. G., "Miscellanea Palaeographica", *Greek, Roman and Byzantine Studies* 22 (1981), p. 395–404.

Woods, C. e L. Feliu, "The abacus in Mesopotamia: considera- tions from a comparative perspective", in L. Feliu *et al.*, eds., *The First Ninety Years: A Sumerian Celebration in Honor of Miguel Civil* (Berlim, 2017), p. 416–78.

Worsley, Peter, "The Changing Social Structure of the Wanindiljaugwa", dissertação Ph.D., Australian National University, 1954.

Wright, Carroll D., "How a Census Is Taken", *North American Review* 148 (1889), p. 727–37.

______, *The History and Growth of the United States Census, prepared for the Senate Committee on the Census* (Washington, DC, 1900).

Wyatt, W. F., "Fractional Quantities on the Abacus", *The Classical Journal* 59 (1964), p. 268–71.

Wyllys Andrews, Edward e William Leonard Fash, *Copán: The History of an Ancient Maya Kingdom* (Santa Fe, 2005).

Wynn, Thomas *et al.*, "The archaeology of number concept and its implications for the evolution of language", in R. Botha e M. Everaert, eds., *The Evolutionary Emergence of Human Language: Evidence and Inference* (Oxford, 2013), p. 118–38.

_____, "Bootstrapping Ordinal Thinking", in T. Wynn and F. L. Coolidge, eds., *Cognitive Models in Palaeolithic Archaeology* (Oxford, 2017), p. 197–213.

Yecies, Brian *et al.*, "Global transcreators and the extension of the Korean webtoon IP-engine", *Media, Culture and Society* 42 (2020), p. 40–57.

Yiwen, Zhu, "On Oin Jiushao's writing system", *Archive for History of Exact Sciences* 74 (2020), p. 345–79.

Zhang, Jiajie e Hongbin Wang, "The effect of external representations on numeric tasks", *The Quarterly Journal of Experimental Psychology A: Human Experimental Psychology* 58 (2005), p. 817–38.

Zhang, Wenxian, "The Yellow Register Archives of Imperial Ming China", *Libraries & the Cultural Record* 43 (2008), p. 148–75.

Zhang, Xue-Zhen, "Precipitation variations in Beijing during 1860–1897 AD revealed by daily weather records from the Weng Tong-He Diary", *International Journal of Climatology* 33 (2013), p. 568–76.

Zhou, K. e C. Bowern, "Quantifying uncertainty in the phylogenetics of Australian numeral systems", *Proceedings of the Royal Society B: Biological Sciences* 282 (2015).

Zorzi, M. e A. Testolin, "An emergentist perspective on the origin of number sense", *Philosophical Transactions B* 373 (2017).

Índice

N

O

P

R

S

T

U

V

W

Y

Z

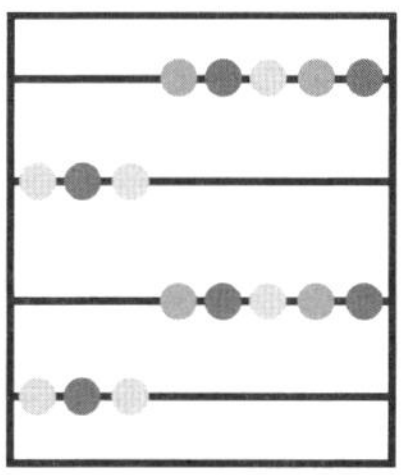

Este livro foi impresso nas oficinas gráficas da Editora Vozes Ltda.,
Rua Frei Luís, 100 – Petrópolis, RJ.